"十四五"国家重点出版规划项目

上海市促进文化创意产业发展财政扶持资金支持项目（2022360384V0）

纺织先进技术与高端装备丛书

# 可穿戴柔性传感器技术及其功能装备

刘皓　何鉴 著

东华大学出版社

·上海·

## 内容提要

本书以当前可穿戴电子技术及设备的发展为背景，针对柔性传感及相关技术在医疗健康、军工国防等重要领域的应用需求，简要介绍可穿戴电子纺织品的发展历程和特点、关键技术和应用方向，系统介绍柔性压力应变传感器、柔性生物电干电极、柔性加热元件及柔性电化学传感器的工作原理、材料选择、制备工艺、性能分析、应用案例等，并展望了柔性传感技术的发展前景。

本书可为从事柔性材料和柔性传感器件的研究、制备和开发等相关领域的研究人员、从业人员及专业院校师生等提供参考。

## 图书在版编目（CIP）数据

可穿戴柔性传感器技术及其功能装备 / 刘皓, 何釜著 . —— 上海 : 东华大学出版社 , 2025.1

（纺织先进技术与高端装备丛书）

"十四五" 国家重点出版规划项目　上海市促进文化创意产业发展财政扶持资金支持项目

ISBN 978-7-5669-2318-9

Ⅰ . ①可… Ⅱ . ①刘… ②何… Ⅲ . ①传感器—移动终端—智能终端 Ⅳ . ① TP212.6 ② TN87

中国国家版本馆 CIP 数据核字 (2024) 第 020860 号

责任编辑：符芬
装帧设计：上海程远文化传播有限公司

刘皓　何釜　著

出　　　版：东华大学出版社（上海市延安西路 1882 号，200051）
网　　　址：http://dhupress.dhu.edu.cn
天猫旗舰店：http://dhdx.tmall.com
营销中心：021-62193056　62373056　62379558
印　　　刷：上海盛通时代印刷有限公司
开　　　本：787 mm×1092 mm　1/16
印　　　张：12.25
字　　　数：300 千字
版　　　次：2025 年 1 月第 1 版
印　　　次：2025 年 1 月第 1 次印刷
书　　　号：ISBN 978-7-5669-2318-9
定　　　价：98.00 元

# 推荐序

  "纺织技术与装备"是我国整体步入世界领先行列的重点领域之一，工信部、国家发展改革委员会发布的纺织相关行业高质量发展的指导意见中明确指出要"推动数字化、智能化制造"，多部门联合印发的《工业领域碳达峰实施方案》提出要推广一批减排效果显著的低碳零碳负碳技术工艺装备产品。

  "纺织先进技术与高端装备丛书"立足于"四个面向"，着眼于推动产业高质量发展和复合型人才培养要求，基于纺织产业链，聚焦产业链自主可控，落地实际工程应用，各个分册选取于原料、制造、后处理、交叉应用、循环利用等环节，从全新视角解读纺织领域取得的最新科技成就，尤其是能够产业化大规模生产、促进科技成果转化的工程技术与装备领域近年的重大突破成果。

  作者队伍来自教学、科研、工程一线，包括中国工程院院士、学术带头人、创新团队带头人、领军人才等，具有广泛认可的学术能力和专业技术，是所在研究领域的权威专家，深谙产业科技创新特点和现代育人理念，具有编写著作、教材的经验。此系列专著内容是从各作者团队突出科技成果中提炼出适合产学研联动发展的知识和实践经验。

  "纺织先进技术与高端装备丛书"的出版也是纺织作为国内产业链最为完整的行业的知识传播担当，服务企业自主、高端化发展，反哺高校、科研院所专业科技人才培养。

中国工程院院士

# 推荐序

《中国制造业重点领域技术创新绿皮书——技术路线图（2019）》指出"纺织技术与装备"成为我国将整体步入世界领先行列的五个优先发展方向之一。纺织产业链环节甚多，其先进技术的突破包括前端的纤维材料技术与后端的印染技术及终端制品如安全防卫用品、柔性传感器件的创新应用及其回收利用技术的发展。这些关键共性技术的掌握及推广，既是行业转型升级发展的必需，也是面向未来发展的颠覆性创造。

"纺织先进技术与高端装备丛书"以纺织先进制造产业链为主线，围绕传统纺织产业转型升级过程中的新材料制备、新技术突破、装备智能化高端化发展及废旧纺织品的循环再生利用、产业提效降耗的实现等主题，内容涉及新理论、新方法、新技术、新装备，提炼新知识，体现纺织与材料、化学、机械、信息等学科交叉发展特点，在阐明科学原理的同时，侧重工程系统设计。丛书整理总结的先进技术的推广有利于促进整个纺织行业转型升级和科技进步，体现了清洁化、绿色化、环保化的现代加工理念。

丛书各册专著的作者均具有丰富的科研、工程经验，是纺织领域用科学理论武装工程、推动科技成果转化的表率先锋，具有承担国家科技重大专项、国家重点研发计划项目、国家科技支撑计划项目、国家自然科学基金等重大国家级科技项目经验，均获得过国家科学技术进步奖，成果来源于国家重点实验室研究，熟悉并掌握专业领域的前沿动态，富有创新思维。此系列专著提炼出产业链各环节相应领域的知识要点和技术精髓，符合国家科学传播、教学、产业推广所需。

中国科学院院士

东华大学材料科学与工程学院院长

朱美芳

# 前　言

　　智能可穿戴技术是材料、纺织、服装、传感器、互联网、人工智能、人机工效等多学科技术的交叉融合，现已成为军事、医学、航空航天、新材料等领域的研究热点。智能可穿戴产品可以实现对人体健康状况、运动状况以及所处环境参数的监测，并能对环境和使用者的状态进行评估和干预，可以有效预防疾病和降低病患的死亡率，是推动未来疾病治疗向疾病预防转变的关键技术之一，同时，智能可穿戴产品也能为特种环境作业人员提供安全保障，提升执行任务的效率。

　　本书共分为五章，书中内容为团队近几年研究成果的系统梳理和汇总，第一章由朱亚南整理，第二章由乔智超、郑晓颖整理，第三章由牛鑫、刘思琪整理，第四章由罗丹整理，第五章由方纾、王探宇整理，全书由刘皓教授、何崟副教授统稿、梳理、撰写、修正。

　　感谢科技部重点研发项目、国家自然科学基金委员会项目、天津市科学委员会项目等各级各类科研计划的支持。感谢天津工业大学校领导、纺织科学与工程学院领导的支持和关心。

　　仅以此书献给广大读者，并希望本书能够为可穿戴柔性传感器及其相关领域的科研工作者及学生们提供一些帮助和支持。由于著者水平和经验有限，书中难免存在不足之处，敬请读者批评指正。

2024 年 9 月

# 目录

# 第 1 章　可穿戴柔性传感器概述

## 1.1　绪论

可穿戴技术（Wearable Technology，WT），最早是在 20 世纪 60 年代由美国麻省理工学院媒体实验室提出的创新技术，但实际上，人们使用可穿戴技术已有数百年历史，例如，自 11 世纪以来，人们通过佩戴眼镜来改善视力；16 世纪以来，计时技术（即手表）也已被广泛应用；如今，随着计算机技术的发展，可穿戴技术被迅速传播到人类生活的各个方面。可穿戴技术集传感、处理、储存和通信于一体，通过使用者与设备的接触以获取数据，并将数据进行实时传输或存储。目前，可穿戴系统主要是利用可穿戴设备从人体获取生理和环境数据，再通过无线传输至手机，并通过因特网传输到服务器、家庭或者医疗中心 [图 1-1（a）]。

2012 年谷歌眼镜的诞生标志着"可穿戴设备元年"的开启。随后，可穿戴设备不断推陈出新，如苹果公司的手表（AppleWatch）、三星的智能手表（Gear2）、索尼的智能手环（SmartBand）、华为的智能手环（TalkBandB1）等设备纷纷上市，进入大众的消费视野。近年来，随着计算机软硬件标准化以及互联网技术的高速发展，可穿戴式智能设备形态开始变得多样化，主要包括智能眼镜、手环、手表、智能服装、腰带、绷带、手套、鞋子和袜子 [图 1-1（b）]，在工业、医疗健康、军事、教育、娱乐等诸多领域呈现出重要的研究价值和应用潜力。根据智能穿戴设备行业市场分析数据，2020 年智能穿戴设备全球出货量达到了 14.8 亿件，同比增长 11.4%。预计到 2024 年，全球智能穿戴设备市场规模将达到 91.3 亿美元。从 2015 年开始，我国可穿戴市场规模不断扩大，互联网数据中心（IDC）发布的《中国可穿戴设备市场季度跟踪报告》显示，近年来，中国可穿戴设备出货量一直保持增长趋势，2021 年中国可穿戴设备市场出货量约为 1.4 亿件，同比增长 25.4%，预计到 2027 年将超过 6 亿件。由此可见，可穿戴设备将会有更好的市场发展前景。

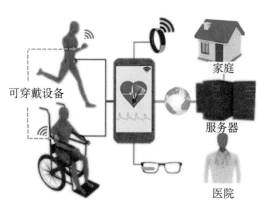

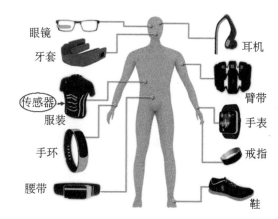

（a）可穿戴设备应用原理　　　　　　（b）人体各部位佩戴的可穿戴设备

图 1-1　可穿戴设备应用原理及其应用场景

　　智能服装是所有可穿戴设备当中最具潜力的类别之一。20 世纪 30 年代初，由于航空和军工等领域的应用需求，国外科研专家开始着手研究智能服装。当时的电子技术比较落后，可穿戴智能服装功能单一、体积庞大，其应用受到了很大的限制，因此，发展比较缓慢。1993 年，美国麻省理工学院研制出一种智能背心，其由传统布料与外部设备相结合，再与计算机控制系统融合，可以采集人体的一些生理数据。然而，这种智能背心的数据收集准确性差，集成度和功能性比较低，穿戴体验感较差。将艺术与电子科技充分结合的智能服装在满足基本服用功能的同时，也要满足穿戴者对审美和健康的需求，随着对智能服装的研究不断深入，有专家预测智能服装在未来几年将会引领新的服装时尚潮流。

　　智能服装通过在服装中嵌入各种类型的传感器，在保障穿戴者穿着舒适性的前提下，具有感知外界及人体自身信息的功能，可同时获取心电信号、脉搏信号、血压和体温等生理信息，手势活动、走路、跑步等运动信息以及温度、湿度、气压等环境信息，并且能够通过相应的系统对这些信息进行处理和分析，以满足各种应用需求。智能服装包括八种关键技术，分别是柔性传感器、柔性发电与储能装置、柔性显示器件、低功耗芯片与柔性电路板、柔性可拉伸导线、柔性器件加工与封装技术、新型检测仪器与检测标准及信息安全，如图 1-2 所示。其中柔性传感器是智能服装获取人体包括心电、脉搏、呼吸、皮肤表面的汗液成分、足压力分布、人体关节运动、面部表情变化等信号的关键部件，具有质软、灵活、易形变、轻薄便携、制造成本低、相容性良好、能与柔软的人体生理器官（肢体、皮肤）有效贴合的优点，最关键的是传感器所应用的柔性材料对人体无毒无害，安全指数较高。柔性发电与储能装置可为智能服装中的电子设备提供电能，其功率密度和能量密度分别决定了智能服装的负载能力和续航能力。柔性发电装置包括柔性染料敏化太阳能电池、柔性摩擦纳米发电机和柔性仿电鳗凝胶发电机，柔性储能装置包括织物基超级电容器、纤维基超级电容器和纱线基超级电容器。柔性显示器件是智能服装与用户交互和信号输出的一种重要手段，包括柔性显示器、柔性屏幕，但柔性显示器件与服装大面积集成导致的舒适性差仍是亟待解决的问题。智能服装中电子元器件是功率消耗的主要部件，用于信号处理的 CPU 和信号传输的无线通信模块都会消耗大量电能，通过优化电路、流程算法和使用低功耗微处理器，可有效降低功率消耗，并提高续航能力。其中蓝牙 4.0BLE 技术因传输距离较长、传输速率较快、功耗低、安全性高和成本低等优点，最适合智能服装服饰近距离数据传输。柔性导线连接智能服装中的传感器与信号采集系统，在信号传输中起桥梁作用，应用于智能服装服饰时应具有电阻率低、可拉伸性好、柔软和耐水洗性好等特点。柔性器件的加工及导线和电子元器件的封装决定了产品的质量，柔性加工技术决定了柔性器件的可复制性、精度、稳定性和尺寸，而封装技术则保护了智能服装服饰中易于氧化和破坏的器件。新型检测仪器和检测方法对于智能服装服饰的技术创新和产品质量改进具有重要推动作用。智能服装服饰存有用户个人基本信息及其健康指标信息，并且实时接入互联网，因此，保护好用户隐私和确保智能服装服饰的安全使用是智能服装服饰应用推广中要解决的一个重要的问题。

图 1-2　智能服装的关键技术

## 1.2　柔性应力-应变传感器分类及特点

柔性应力-应变传感器作为柔性电子器件的重要部分，在人体健康监测、人体运动检测、人机交互、电子皮肤等方面发挥着重要的作用。目前，柔性应力-应变传感器已经得到广泛的研究，并引入多种传感原理和结构设计，使得其能够覆盖在任意物品表面。

柔性应力-应变传感器是将外界受到的机械变形按照一定的规律转化成电阻或电容等电学信号的电子器件，根据传感原理的不同，可分为电阻型、电容型、压电型、摩擦电型等。其中，电阻型、电容型和压电型柔性应力-应变传感器的研究较为广泛。图 1-3 所示为三种常见柔性应力-应变传感器的传感机理。电阻型柔性应力-应变传感器的工作机理是外界刺激引发了传感元件内部接触点或接触面积的变化，导致电阻减小或增大。当传感器受到拉伸时，导电路径减少，并且可能伴随部分导电材料出现不可逆转的撕裂，从而导致电阻增大。当传感器受到压缩时，导电材料在挤压过程中接触面积增大，导电路径增多，导致电阻降低。电容型柔性应力-应变传感器的工作机理是夹在两柔性导电板之间的电介质材料在机械形变下产生电容变化，当传感器受到拉伸或压缩时，导电板之间距离的变化会引发电容的减小或增大。压电型柔性应力-应变传感器是利用压电效应制得的一类传感器。压电材料受到外部压力作用产生形变后，内部会发生正负电荷分离，从而在材料表面形成电势差，根据产生的电势差可以反馈传感器的压力信息。

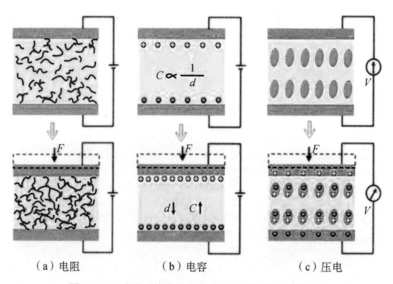

（a）电阻　　　　　　　（b）电容　　　　　　　（c）压电

图1-3　三种常见的柔性应力-应变传感器的传感机理

## 1.2.1 电阻型柔性应力-应变传感器

基于压阻效应的电阻型柔性压应力-应变传感器通过施加外力使敏感元件内部结构发生改变，间接改变内部导电填料的分布和接触状态，从而导致敏感元件的电阻有规律地发生变化。与电容型和压电型相比，这种传感器的工作原理简单，压力测试范围广，制造工艺简单，因而得到了广泛的研究与应用。

电阻型柔性应力-应变传感器的传感材料种类较多，包括金属纳米材料、导电聚合物和碳材料等。WU 等人开发的电阻型柔性应力-应变传感器由 3D 网络的金导电填料和聚氨酯（PU）基底材料组成。该传感器具有出色的弹性、快速响应时间（9 ms）、超低检测限（0.568 Pa），以及 1 000 次循环的良好重复性。PAN 等人基于聚吡咯（PPy）水凝胶制备了一种超灵敏的电阻型柔性应力-应变传感器。这种基于弹性微结构薄膜的电阻型柔性应力-应变传感器能够检测出低至 1 Pa 的压力，并具有响应时间短、重复性好、循环稳定性好等优点。JIAN 等人提出了一种基于仿生分层结构和高导电活性膜的高性能电阻型柔性应力-应变传感器，其中碳纳米管 / 石墨烯用作活性材料，微结构化聚二甲基硅氧烷（m-PDMS）用作柔性基质，显示出高灵敏度（0.3 kPa 下 19.8 kPa$^{-1}$）、低检测限（0.6 Pa）、快速响应时间（<16.7 ms）、低工作电压（0.03 V）和出色的稳定性，可承受超过 35 000 次的加载 / 卸载循环。

## 1.2.2　电容型柔性应力–应变传感器

电容型柔性应力–应变传感器一般是以导电纤维、纱线、织物等柔性导电材料作为电极板，以泡沫、间隔织物、橡胶等弹性材料为电介质层，其具有响应速度快、动态范围广等优点，但易受生物电容的干扰。电容型应力–应变传感器的传感方式包括面积变化型、介质变化型以及极板距离变化型，其中极板距离变化型是电容型柔性应力–应变传感器最常用的传感机理，其与纺织品结合后，能够把压力产生的微小位移，转化成电容的变化，从而反映外界条件的变化。

近年来，关于电容型柔性应力–应变传感器的研究主要集中在电极片和微结构电极、电介质的制备。LEE 等人通过在导电纤维表面涂覆聚二甲基硅氧烷（PDMS）用作介电层，成功开发出一种电容型织物应力–应变传感器，其显示出 0.21 kPa$^{-1}$ 的高灵敏度，毫秒级的快速响应时间和超过 10 000 次循环的高耐久性，可作为人机界面无线控制机器应用于智能手套和衣服中。PARK 等人介绍了一种用于呼吸监测系统的可穿戴电容型应力–应变传感器，其以多孔 Ecoflex 为传感器的介电层，银纳米线和碳纤维薄膜为传感器的电极，在 10 kPa 下灵敏度为 0.161 kPa$^{-1}$，可适应小于 200 kPa 的宽工作压力范围，并具有超过 6 000 次循环的高耐久性，可将其集成到腰带中实时监测人的呼吸信号。ZHUO 等人以 m-PDMS 弹性体为介电层设计了一种电容型柔性应力–应变传感器，该设备具有非常低的检测极限，快速的响应 / 恢复速度，出色的耐久性以及对环境温度和湿度变化的良好耐受性，从而能够应用于人体微弱生理信号的实时监测。

## 1.2.3　压电型柔性应力–应变传感器

压电型传感器是利用某些电介质受力后产生的压电效应制成的传感器。压电效应是指某些电介质在受到某一方向的外力作用而发生形变（包括弯曲和伸缩形变）时，由于内部电荷的极化现象，在其表面会产生电荷的现象。聚偏二氟乙烯（PVDF）、钛酸钡（BaTiO$_3$）、锆钛酸铅（PZT）和氧化锌（ZnO）等通常作为压电传感器的压电材料。由这些材料制备而成的压电传感器工艺简单、成本低、电信号采集方便，但由于压电效应的间歇性，只能检测瞬态、动态变形。

WU 等人基于垂直氧化锌纳米线开发的压电型柔性应力–应变传感器矩阵可以应用在人机电子接口、智能皮肤以及纳米机电系统中。PERSANO 等人报告了一种由聚偏二氟乙烯—三氟乙烯共聚物的静电纺纤维片组成的柔性压电材料，该材料在低至 0.1 Pa 的压力下也能感应到压力，显示出优异的压电特性。WANG 等人介绍了一种基于 PVDF 织物的应力–应变传感器，该传感器不仅具备出色的柔韧性和透气性，还具有优异的灵敏度，从而在血压、心跳速率、呼吸速率等方面显示出巨大的应用潜力。

## 1.3 柔性生物电干电极分类及特点

生物电信号是人体最基本的生理信号之一，通过对人体生物电信号的分析，可以及时对多种生理疾病（如脑血栓、心肌梗塞、心律失常以及心脏骤停等心脑血管疾病）进行诊断和预防。采集的人体生物电信号主要有心电信号（ECG）、脑电信号（EEG）、肌电信号（EMG）和眼电信号（EOG）。其中，ECG 直接反映心脏的健康状态；EEG 可为癫痫、痴呆和肿瘤等脑部疾病提供重要的诊断信息；EMG 与肌肉疲劳密切相关，通常用于监测运动员的肌肉状况；EOG 可用于婴儿快速眼动的检测、人的睡意检测等。

生物电电极可以采集生物电信号。根据测量原理，生物电电极主要可分为湿电极、干电极和电容式电极。湿电极由于成本低、极化效应小、电极 / 皮肤界面阻抗低和使用方便，而被广泛应用于医疗机构内的生理电信号采集。但是，在生理电信号的长期监测中，湿电极存在皮肤需要预处理、凝胶电极容易变干和刺激皮肤等问题。电容式电极在使用过程中不需要与皮肤进行物理接触。早在 20 世纪 70 年代，KO 等就通过将电压跟随器集成到电极背后，制作出电容式电极。但是，与湿电极相比，电容式电极的电极与皮肤界面阻抗较高且不稳定，在使用过程中容易产生噪声和运动伪影，导致实际人体生理电信号与通过电容式电极获得的人体生理电信号之间存在较大的差异。柔性表面生物电干电极使用时不需要进行皮肤预处理和应用导电凝胶，并且具有可拉伸性好、体积小、成本低、皮肤接触界面稳定等优势，有望满足人体表面生物电信号长期监测的需求。

按照电极的结构，可将柔性表面生物电干电极分为平面薄膜干电极、微纳米结构干电极和织物干电极（图 1-4）。

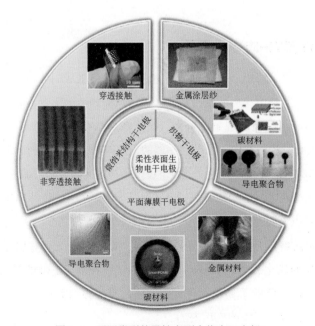

图 1-4　不同类型的柔性表面生物电干电极

### 1.3.1　平面薄膜干电极

平面薄膜干电极具有柔性、贴合性好的特点。近年来，表面接触式平面薄膜干电极的研究取得了很大进展。平面薄膜干电极与皮肤表面角质层直接接触，随着电极与皮肤的接触时间变长，皮肤表面的汗液可以填充皮肤与电极之间的空隙，从而降低信号噪声。在平面薄膜干电极的制备方法上，研究人员大多选择光刻、溅射、沉积、共混、静电纺丝、静电喷涂、化学镀、丝网印刷等方法，将导电材料（金属材料、碳材料、导电聚合物材料等）与柔性基底相结合。

### 1.3.2　微纳米结构干电极

在使用过程中，当附着在皮肤表面的电极发生形变或者有相对位移时，电极接触阻抗会发生相应的变化，从而引入较多的测量噪声。另外，毛发和粗糙的皮肤表面也会导致电极/皮肤接触电阻的增加。因此，动态噪声和电极/皮肤阻抗是微弱生物电信号采集中亟待解决的问题。电极表面微纳米结构是其中一个解决方案，当干电极表面存在微纳米结构时，毛发可以被容纳在微纳米结构间而不影响电极与皮肤的直接接触，从而降低毛发对测量的影响。电极表面的微纳米结构能增加电极与皮肤之间的摩擦系数，在相同的正压力下，皮肤与电极之间的摩擦力更大，从而减少电极与皮肤之间的滑移，以此保证电极与皮肤间的稳定接触。

### 1.3.3　织物干电极

近年来，织物干电极因其良好的柔韧性、透气透湿性以及易于集成等优点而受到研究人员的青睐，而且织物干电极还具有可水洗、可重复使用等优点，适用于长期的生物电信号监测。但是，由天然纤维（如棉、羊毛等）或合成纤维［聚酯胺纤维（锦纶）、聚酯纤维（涤纶）］制成的织物是电的不良导体，其电阻一般大于 $1 \times 10^8\,\Omega$。因此，需要使用导电材料（如金属包纱、碳材料、导电聚合物等）来制备织物干电极。

## 1.4　柔性电化学传感器分类及特点

柔性电化学传感器是通过被测物质与电极发生氧化还原反应或单纯的离子迁移过程产生浓度响应电信号的装置。电化学传感器可以通过电极表面修饰的选择性物质（如酶和离子选择载体），来实现生物标记物的选择性和敏感性分析。柔性电化学传感器主要由柔性基底和传感功能层组成。柔性电化学传感器的分类方法很多，按照输出信号，可以分为电位型传感器、电流型传感器、电导型传感器；按照被检测物种类和状态可分为气体传感器、离子传感器和生物传感器。

最早的电化学传感器要追溯到 20 世纪 50 年代，当时，电化学传感器用于氧气监测；到了 20 世纪 80 年代，电化学传感器开始应用于监测各种各样的有毒性气体，并显示出了良好的敏感性与选择性。电化学传感器的工作原理是其与通过传感器的被测气体反应并产生与浓度成正比的电信号。典型的电化学传感器由工作电极与反电极组成，并由薄电解层隔开。近年来，研究人员一直致力于开发各种汗液传感器，用于非侵入检测个体的健康水平和生理状态，分析汗液中各种标志物，如钠离子、葡萄糖、乳酸、重金属离子等物质的浓度。目前，最具代表性的是用于皮肤表面的柔性传感设备，如集成在眼镜上的乳酸盐和钾离子传感器、基于生物燃料细胞基可拉伸自供电乳酸传感器、基于卷对卷印刷技术的 pH 传感器、用于乳酸盐或葡萄糖分析的柔性微流体传感器等。

在众多传感器类型中，电化学传感器因其体积小、灵敏度高、装配便捷，已成为研究领域最多、应用范围最广、技术最为成熟的一类传感器，在农业、环境监控和医疗领域展现出巨大的应用价值。未来，在小型化、微型化、智能化发展推动下，具有特殊性能和优势的电化学传感器将有更广阔的市场前景。

## 1.5  柔性电加热元件分类及特点

随着全球范围内健康意识的提升，人们对于服装保健提出更高的要求，轻薄且防寒保暖的智能加热服装成为研究热点。智能加热服装可实时采集人体生理信息和环境温度信息，自动调节人体微气候，提高穿戴者的热舒适性，有效避免低温环境对人体带来的伤害，也可缓解风湿性疾病患者的疼痛。柔性电加热元件是智能加热服装的关键部件，其加热性能直接影响加热服装的安全性和舒适性。柔性电加热元件主要分为柔性电加热织物、柔性加热薄膜和多功能柔性电加热元件三类。

### 1.5.1  柔性电加热织物

柔性电加热织物具有能耗低、抗撕裂、柔软舒适、可重复使用、环境友好、无污染等特点，具有广阔的市场前景。加热纺织品有两种生产方式：一种是生产一件织物并在其中加入电子装置；另一种是生产具有电子特性的纱线并生产纺织产品。目前，研究人员研究了金属基、导电聚合物基和碳基柔性电加热织物。这些导电材料通过涂层、沉积、印刷和镀层等方法沉积在纺织品表面，也可以利用编织、刺绣或非织造方法将电子的功能融入纺织产品中。BAI 等将温度敏感的细铜通过简单的热键合方法集成到两片柔性黏合衬布中制备柔性电加热织物（FHF-TP），结果表明：FHF-TP 的温度与电阻、负载电压和功耗呈较强的线性相关性，且 FHF-TPs 的预设平衡温度与服装在寒冷环境下的能耗呈显著线性相关性。XIE 等采用原位聚合法制备柔性聚吡咯 / 棉织物，结果表明：施加电压为 5 V 时，该织物在 3 min 内可快速从室温升至 168.3 ℃，且其抗拉强度达到 58 MPa，远远超过原棉织物。TIAN 等采用纺织成型技术，添加多巴胺改性，合理构造出一种柔性、高效、耐磨的红外辐射加热碳织物，该织物在 10 V 电压下，在 10 min 内可快速从室温升至 59.5 ℃。

### 1.5.2 柔性电加热薄膜

柔性电加热薄膜具有电热转换效率高、升温速度快、温度稳定、无电磁辐射等优异特性，在安全性和使用可靠性上具有其他加热材料无可比拟的巨大优势。此外，柔性电加热薄膜厚度很薄、质量很小，在加热产品中几乎可以不考虑其重量的存在。JIN 等将高导电性银纳米线（AgNWs）网络夹在光固化聚合物层中，制备机械耐用且灵活的透明薄膜加热元件，该加热元件具有优异的产热性能，在 4 V 电压下，15 s 内可升温至 130 ℃，兼具防水性能。HA 等采用电纺纯碳纳米管（CNTs）工艺制备碳纳米管膜加热元件，该加热元件具有快速升温、加热均匀（温度偏差小于 3%）的特性，且可任意弯曲。LIANG 等以氧化石墨烯和阳离子纤维素纳米纤维为材料，采用超声分散和吸滤技术，制备低电压生物质基质柔性电热复合薄膜，结果表明：该薄膜能在 50 s 内快速升温至目标温度，辐射和对流传递的热量为 21.62 mW/℃，表现出优异的电加热响应。

### 1.5.3 多功能柔性电加热元件

随着柔性电子工业的快速发展，材料的多功能应用范围日益广泛。JIA 等采用喷涂工艺制备以银片（Ag）和水性聚氨酯（WPU）为载体的导电聚合物复合薄膜。该膜厚度仅为 50 μm，具有良好的柔性和屏蔽电磁干扰的效果，屏蔽效能可达 68.9 dB；显著的电热效果，施加 2 V 的电压，可升温至 120 ℃；该膜还具有较高的灵敏度因子（229.2），良好的耐久性和重复性（≥1 000 次）与较快的响应时间（50 ms），可用于人体运动监测和可穿戴电子设备领域。GAO 等采用简单的喷涂工艺制备了柔性多层 MXene/TPU 薄膜。该膜的电导率为 1 600 S/m，具有 50.7 dB 的 X 波段电磁干扰屏蔽效能和 7 276 dB·cm$^2$/g 的卓越比屏蔽效能。同时，该膜在 5 V 低压下 10 s 内可升温至 113 ℃，具有优异的焦耳加热性能和加热稳定性。ZHAO 等通过特殊的 MXene–纤维素纤维相互作用，将 2DTi$_3$C$_2$T$_x$ 纳米片沉积在纤维素纤维非织造布上，制备出一种多功能 MXene 基智能织物。该织物对由水引起的 MXene 中间层之间通道的膨胀/收缩表现出敏感和可逆的湿度响应，同时，具有快速稳定的电热响应。

# 第 2 章　柔性应力-应变传感器

随着传感技术和智能可穿戴技术的发展，柔性应力-应变传感器作为柔性电子的一个重要领域得到了广泛的研究。近年来，柔性应力-应变传感器在医疗保健、电子皮肤、人机交互、工业检测等领域显示出巨大的应用前景。

柔性应力-应变传感器通常由导电材料、基底材料以及电极构成。导电材料是柔性应力-应变传感器的关键部分。目前，常用的导电材料主要是碳材料、金属纳米材料以及导电高聚物。其中石墨烯、碳纳米管、炭化材料、金属银纳米线和聚吡咯（PPy）因具有良好的导电性、机械性能和化学稳定性而广泛应用于柔性传感器中。基底材料是柔性应力-应变传感器重要的组成部分，轻薄、柔软、弹性好、绝缘、耐腐蚀等性质是柔性基底的关键指标。其中，柔性传感器基底的常用材料可分为两类：一类是已经商业化的聚合物弹性体，如聚二甲基硅氧烷（PDMS）、聚甲基丙烯酸甲酯（PMMA）、聚氨酯（PU）和 Ecoflex 等，这些聚合物的共性就是具有较高的弹性和稳定的化学性质，所获得的柔性应力-应变传感器表现出优异的力学性能；另一类是纺织品类，包括纤维、纱线和织物等，可通过纺织工艺获得不同结构的柔性应力-应变传感器。柔性应力-应变传感器中电极所呈现的方式包括双面电极结构和单面电极结构。双面电极结构是指将传感材料置于两个电极之间，形成"三明治"夹层结构；单面电极结构是指具有一定电路图案的电极与传感材料单侧集成。电极一般以金属材料（银、铜等）和碳材料（石墨烯、碳纳米管等）为导电材料，采用喷墨打印、丝网印刷、化学气相沉积和光刻等工艺，在聚酰亚胺、聚对苯二甲酸乙二醇酯和织物等基底上形成所需的电极结构。此外，近年来传感材料的类型和微观结构成为研究的热点，研究人员发现具有微纳米结构的压阻材料可有效提高传感器的灵敏度和检测范围，如规整的纳米锥阵列结构和正弦波结构，或不规整的孔洞和拱状等微结构。这些特殊的微观结构材料使传感器具有更高的灵敏度、更低的检测限以及更宽的检测范围，在传感领域具有广泛的应用市场。

## 2.1　工作原理和性能指标

### 2.1.1　传感器的工作原理

目前，柔性应力-应变传感器是由柔性聚合物纳米复合材料制成的，并具有多相结构和由纳米导电填料构成的导电网络，它的传感机制不仅依赖几何效应和压阻效应，对于可拉伸的柔性传感器而言，还依赖导电填料的断开、大应变下的裂纹传播以及导电填料之间的隧道效应。

不同的材料类型、微观结构和制备方法，使得传感器对施加应力的响应有着不同的机理。压阻传感器的电阻变化由材料的几何形变和电阻率决定。由结构变形导致的材料电阻变化称作压阻效应。几何效应由材料内部纳米颗粒的尺寸变化决定，当材料的颗粒尺寸减小时，其表面原子数占总原子数的比例增大，配位不饱和程度增加，导致材料性质发生变化。柔性导电膜内的裂纹在拉伸方向产生和传播，称为裂纹传播效应，拉伸会导致薄膜中裂纹开口和扩大，微纳米边缘的分离导致通过薄膜的电子被限制，因此薄膜的电阻随着应力的施加而增大。隧穿效应是指电子横穿一个非导电层而形成导电连接的效应，电子能够在具有一定距离的纳米粒子之间以隧道形式进行转移。

## 2.1.2 传感器的性能指标

（1）灵敏度

灵敏度是评价柔性传感器重要的性能指标之一，灵敏度（$S$）是指传感器在稳定工作的情况下，其输出变量和导致此变化的输入变量的比值。

对于柔性应力式传感器来说，电阻-应变曲线的斜率被定义为反映应变传感器灵敏度的规格因子（$GF$）。传感器的 $GF$ 越大，就越容易检测到小变形。灵敏度的表示形式有两种，分别如式（2-1）、式（2-2）所示。

$$S = \frac{\Delta X - X_0}{\Delta P} \tag{2-1}$$

$$GF = \frac{\Delta R / R_0}{\Delta \varepsilon} \tag{2-2}$$

式中：$\Delta X$、$X_0$、$\Delta P$、$\Delta \varepsilon$ 分别为传感器受力时电阻（$\Omega$）或电容（F）的变化量，其中电阻变化量为 $\Delta R$（$\Omega$）、传感器的初始电阻 $R_0$（$\Omega$）或初始电容（F）、压强的变化（Pa）和应变的变化率（%）。

对于柔性应变式传感器来说，其输出变量就是电阻变化值，而导致电阻变化的应变量是输入变量，两者的比值被用来评价传感器的灵敏程度。传感器的灵敏度越大，表示在输入变量相同的情况下，输出变量的变化范围越大，响应程度也越大，就越容易检测到细微的变化。对于电阻-应变曲线呈高度线性的传感器来说，曲线的斜率就表示传感器的灵敏度。灵敏度计算公式如式（2-3）、式（2-4）所示。

$$GF = \frac{\Delta R / R_0}{\varepsilon} \tag{2-3}$$

$$\varepsilon = \frac{\Delta L}{L_0} \tag{2-4}$$

式中：$R_0$ 是柔性应变式传感器的初始电阻（Ω）；$\Delta R$ 是柔性应变式传感器在应变条件下相对初始电阻的电阻变化值（Ω）；$\varepsilon$ 为拉伸率（%）；$L_0$ 为柔性应变式传感器的初始长度（m），即为拉伸的基准长度；$\Delta L$ 为柔性应变式传感器的相对变化长度（m）。

（2）检测限

柔性应力-应变传感器的检测限是指传感器能够稳定检测应力的大小。在实际应用中，需要柔性压力传感器具有宽检测限。宽检测限是指柔性应力-应变传感器的最低检测限较小，最大检测限较大。

（3）线性度

线性度通常被用来表征传感器输出—输入特性曲线与其拟合直线之间的偏差程度。线性度是反映传感器静态特性的一个重要指标，在规定条件下，表示为传感器校准曲线与拟合直线间的最大偏差（$\Delta Y_{max}$）与满量程输出（$Y$）的百分比，该线性度值越小，表明线性特性越好。线性度如式（2-5）所示：

$$\gamma = \frac{\Delta Y_{max}}{Y} \times 100\% \tag{2-5}$$

理想传感器的输入量和输出量具有严格的线性关系，但就实际情况来说，受材料特性等各种因素影响，绝大多数传感器的输出—输入特性曲线是非线性的。进行线性拟合的方法主要有最佳直线法、理论直线法、端点直线法和最小二乘法。对于拉伸应变传感器，当需要适应非常大的应变时，其非线性将导致复杂而困难的校准过程。

（4）迟滞性

迟滞是指在拉伸和回复的过程中，输入的曲线与输出的曲线之间的不重合度。迟滞误差计算公式如式（2-6）所示：

$$\gamma_H = \frac{\Delta H_{max}}{y_{FS}} \times 100\% \tag{2-6}$$

式中：$\gamma_H$ 表示传感器的迟滞误差；$\Delta H_{max}$ 表示传感器正反行程输出量的最大差值；$y_{FS}$ 表示输入—输出特性曲线的最大值。

当传感器承受动态负载，迟滞是非常重要的。传感器具有迟滞性原因有两种：第一种是由聚合物材料自身结构引起的本征滞后，如大应变下银纳米线和聚二甲基硅氧烷纳米复合材料传感器在响应中具有高的迟滞性，这是由聚二甲基硅氧烷弹性体本身的迟滞行为形成的；第二种是纳米填料和聚合物基体之间的相互作用形成的迟滞，对有纳米材料填充在高聚物弹性体中形成的纳米复合材料的柔性拉伸应变传感器而言，纳米填料与聚合物之间的摩擦对传感器迟滞性能起着重要的作用。在拉伸作用下，纳米填料在聚合物介质中滑动，在释放过程中，由于传感器的摩擦力较大，其渗流网络不能突然被重建，产生滞后效应。纳米填料（如碳纳米管和石墨烯）和聚合物之间的强界面约束变弱时，纳米填料能够沿着大拉伸的方向滑移，而在完成应变释放之后，纳米填料不能快速滑回到其初始位置，从而导致高的迟滞行为。

（5）稳定性

柔性应力-应变传感器的稳定性包括重复性和重复性误差。重复性是指传感器在加载-卸载工作过程中能够准确工作的次数。重复性误差是指传感器在重复加载-卸载过程中每次输出数据之间的误差。具有高重复性、低重复性误差的柔性应力-应变传感器稳定性好。

对于柔性拉伸应变传感器而言，稳定性表示传感器有稳定的电功能性和长期拉伸 / 释放循环的耐疲劳性。柔性拉伸应变传感器要适应非常大且复杂的动态应变，因此，稳定性对于可穿戴皮肤应变传感器是非常重要的。

## 2.2　平面结构柔性压阻传感器

复合导电薄膜由聚合物基体和导电填充材料复合而成，其中微纳米导电填料的含量、尺寸及其在基体内部的分布情况都会影响传感器的性能。针对微纳米导电材料在聚合物基体内部导电通道的网络分布和导电方式的理论模型展开的研究，对于定量了解柔性压阻传感器的性能和优化传感器的制备工艺至关重要。

碳材料作为柔性压阻传感器的导电填料具有很多优势。例如，石墨具有良好的导电性且价格低廉，将石墨掺杂到高分子聚合物中并且调控其掺杂质量百分比可以获得不同导电率的石墨-聚合物复合导电膜，这类复合导电膜可被用来制备低成本、高精度的柔性压阻传感器。此外，碳纳米管（CNTs）也很适合作为导电填料，因为它有较大的比表面积、优良的力学性能和导电性能。然而，石墨片的尺寸、含量和团聚现象会导致其在聚合物基体中分布不匀，从而严重影响复合导电膜的导电率和传感性能。同样，碳纳米管在聚合物中的分散均匀性以及纳米导电填料与聚合物基体之间的界面相互作用会显著影响复合导电膜的压阻行为。因此，将石墨片和多壁碳纳米管改性后，用获得的改性材料可制备均匀分散的聚合物溶剂，进一步制成导电膜，能够提高传感器的灵敏度和可靠性，获得性能优良的柔性压阻敏感元件。

### 2.2.1　平面结构柔性压阻传感器的制备工艺

（1）导电材料的改性

将原始的石墨粉末或碳纳米管加入按无水乙醇：蒸馏水：硅烷偶联剂（KH550）为 9：1：2.5 的质量比制备的改性溶液中，未改性的多壁碳纳米管则用十二烷基苯磺酸钠（SDBS）（1%）和 KH550（1%）以相同质量分数添加到乙醇中制成的改性溶液处理。然后超声处理混合溶液，使用磁力搅拌器搅拌分散溶液，再离心处理混合溶液，真空烘箱中干燥，干燥后收集改性后的材料。

（2）复合薄膜的制备

采用溶液配制法制备复合薄膜：

① 将改性后的石墨或碳纳米管在 $N$, $N$-二甲基甲酰胺（DMF）溶剂中超声分散；

② 将聚氨酯（PU）树脂加入改性材料 /DMF 的溶液中进行混合，磁力搅拌；

③ 将混合溶液超声分散，使石墨或碳纳米管能更好地分散在混合溶液中；

④ 将分散好的悬浮液置于真空烘箱中抽真空，以脱去溶液中的气泡；

⑤ 将脱泡后的混合溶液浇铸在玻璃模具上，使用涂布棒从上往下刮涂后形成薄膜，将导电膜放在真空烘箱中干燥。

### 2.2.2 压阻材料的平面结构

（1）改性材料形貌

扫描电子显微镜（SEM）是一种电子显微镜，它通过用聚焦电子束扫描表面来产生样品的图像。电子与样品中的原子相互作用，产生包含样品表面形貌和成分信息的各种信号。通过 SEM，可以观察到所制备样品的表面形貌。图 2-1 为原始和改性石墨的 SEM 图像。正如图 2-1（a）所示，大多数天然石墨是薄片，有些是多层颗粒。石墨片的尺寸不均匀，直径的平均值约为 20 μm。在图 2-1（b）中观察到，改性石墨粉末基本上具有随机片状结构，片状直径 <10 μm。石墨层之间存在明显的剥离，片材的厚度约为 500 nm。

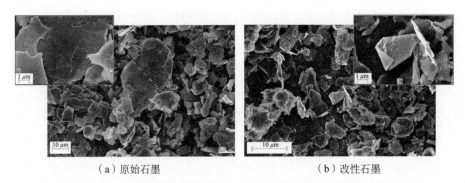

（a）原始石墨 （b）改性石墨

图 2-1 原始石墨和改性石墨的 SEM 图像

傅里叶变换红外光谱（FTIR）、粒度分析和 SEM 结果表明，KH550 的水解硅醇已成功涂覆在石墨片的表面，其直径可达到 3～4 μm，约为原始石墨的 16%。改性石墨片可以很好地分散到聚氨酯基体中，以改善填料和聚合物的相互作用。

和石墨的改性稍有不同，多壁碳纳米管的改性增加了 SDBS。未经处理的多壁碳纳米管（raw MWNTs）会在 DMF 溶液中聚集。然而，使用 KH550 + SDBS 组合处理后的改性多壁碳纳米管（m-MWNTs）的直径可以达到（62.05 ± 0.45）nm，约为 raw MWNTs 的 36%。同时，使用 KH550 + SDBS 组合处理后的改性 MWNTs［m-MWNTs（KH550 + SDBS）］的直径小于单独使用 KH550 或 SDBS 处理后的改性 MWNTs［m-MWNTs（KH550）或 m-MWNTs（SDBS）］的直径，表明改性剂能有效地减少碳纳米管的聚集。

图 2-2（a）～（c）显示了 m-MWNTs 和 raw MWNTs 在 DMF 溶剂中分散 20 min，然后静置 24 h 的图像。图 2-2（a）显示，m-MWNTs（1#、2#、3# 试剂瓶）比 raw MWNTs（4# 试剂瓶）在 DMF 中分散得更好。沉淀 12 h 后，raw MWNT（1# 试剂瓶）的沉积物如图 2-2（b）

所示。24 h 后，m-MWNTs（1#、2#、3# 试剂瓶）分散在 2# 和 3# 瓶中有沉淀，如图 2-2（c）所示。因此，同时使用 KH550+SDBS 改性的多壁碳纳米管的分散性比未改性的多壁碳纳米管要好得多，这表明同时使用 KH550 和 SDBS 对多壁碳纳米管进行表面处理可以改善多壁碳纳米管在聚合物中的均匀和稳定分布。

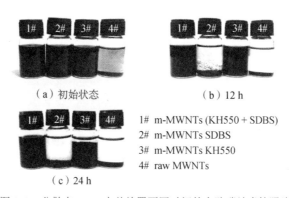

（a）初始状态　　　　　　　　　　　（b）12 h

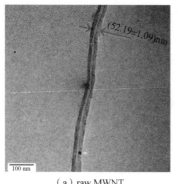

1# m-MWNTs (KH550 + SDBS)
2# m-MWNTs SDBS
3# m-MWNTs KH550
4# raw MWNTs

（c）24 h

图 2-2　分散在 DMF 中并放置不同时间的多壁碳纳米管照片

图 2-3（a）和（b）为单个 raw MWNT 和 m-MWNT（KH550 + SDBS）的透射电子显微镜（TEM）图像。raw MWNTs 和 m-MWNTs（KH550 + SDBS）样品从 0.001% 的 DMF 溶液中浇铸在铜网上。图 2-3（a）显示，raw MWNT 具有相对光滑和清洁的表面。经过 10 次测量后，单个 raw MWNT 和 m-MWNT 的平均直径分别为（52.19 ±1.09）nm 和（64.37 ± 3.39）nm。m-MWNT 的直径大于 raw MWNT 的直径，表明 MWNT 的表面被一层 SDBS 包裹。此外，由于 KH550 在 MWNT 上附着基团，m-MWNT（KH550+SDBS）的边缘出现粗糙表面。SDBS 包裹了 MWNT 以防止羟基附着在 MWNT 上，当 MWNT 表面缺陷略微增加时，这可以改善 MWNT 的分散性。

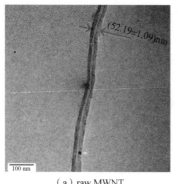
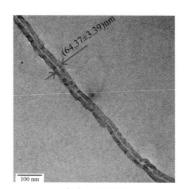

（a）raw MWNT　　　　　　　　　　　（b）m-MWNT

图 2-3　单个 raw MWNT 和 m-MWNT（KH550 + SDBS）的 TEM 图像

m-MWNT/PU 不只是 MWNT 和 PU 的结合，二者之间还存在很强的化学相互作用。m-MWNT 的表面与更多的碳基相连以提供氢键，与 PU 的 N—H 键存在相互作用。因此，功能化 MWNT 可以改善纳米填料在聚氨酯基体中的分散性。

（2）复合薄膜形貌

图 2-4（a）显示纯 PU 的表面是光滑的。对于改性石墨 / 聚氨酯（MG/PU）复合材料，通过向 PU 基体中添加改性石墨可以看到更粗糙的表面，如图 2-4（b）～（f）所示。尽管表面粗糙度随着复合材料中改性石墨含量的增加而增加，在改性石墨含量为 30% 的复合材料中，观察到分散良好的改性石墨片，如图 2-4（d）所示。然而，当改性石墨的含量达到40%～50% 时，复合材料表面会出现明显的重叠石墨片，如图 2-4（e）和（f）所示，这表明改性石墨片由于其含量高而紧密连接，它和聚氨酯的相容性变差，因此会发生聚集。同样的现象也可以从复合材料横截面 SEM 图像中获得，如图 2-4（g）～（l）所示。图 2-4（g）～（i）显示，随着石墨含量的增加，可以看到更多的重叠石墨片出现在原始石墨 /PU（G/PU）中。然而，改性石墨在聚氨酯中具有更好的分散性和相容性，如图 2-4（j）～（l）所示。

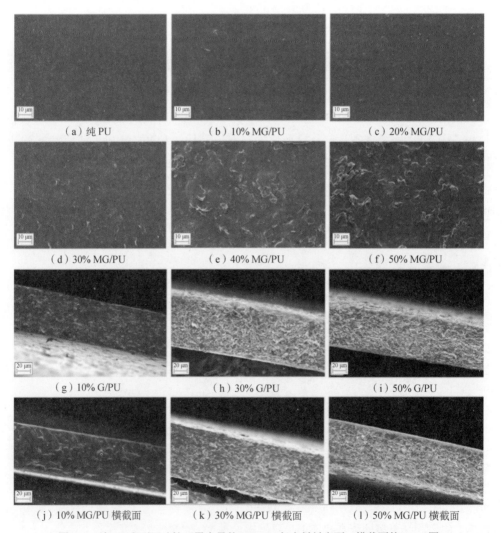

图 2-4　纯 PU 和不同改性石墨含量的 MG/PU 复合材料表面、横截面的 SEM 图

图 2-5 显示了纯 PU 薄膜和 1% raw MWNT/PU 与 1% m-MWNT/PU 导电膜表面和横截面的 SEM 图像。在图 2-5（a）中没有加碳纳米管的纯 PU 薄膜具有光滑平整的表面形态。图 2-5（b）中 raw MWNT/PU 导电膜的表面十分粗糙，可以看到明显的未改性碳纳米管突出（圆圈标记所示）。这显示了未改性碳纳米管和聚氨酯之间的明显界面区域。图 2-5（c）显示，m-MWNT/PU 导电膜表面只有极少改性碳纳米管突出，用 KH550 + SDBS 双改性剂改性的碳纳米管均匀分散在表面。从截面 SEM 图像来看，图 2-5（d）显示纯 PU 薄膜的横截面光滑。图 2-5（e）显示 raw MWNT/PU 导电膜截面可以看到明显的未改性碳纳米管团聚现象（圆圈标记所示）。图 2-5（f）中 m-MWNT/PU 可观察到改性碳纳米管均匀分散在聚合物中。因此，用 KH550 + SDBS 改性碳纳米管有助于其在聚氨酯基体中有更好的分散性和相容性。

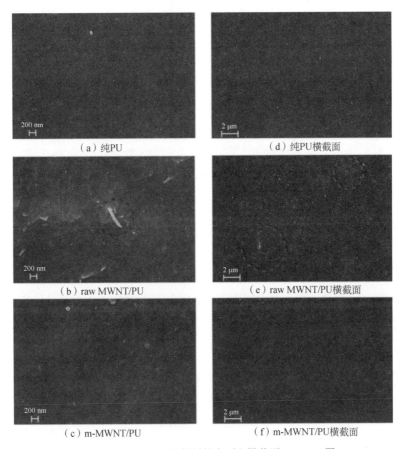

（a）纯PU　　　　　　　　　（d）纯PU横截面

（b）raw MWNT/PU　　　　　（e）raw MWNT/PU横截面

（c）m-MWNT/PU　　　　　　（f）m-MWNT/PU横截面

图 2-5　经不同处理的材料的表面和横截面 FE-SEM 图

## 2.2.3　平面结构柔性压阻传感器的性能

（1）力学性能

图 2-6（a）显示，随着石墨含量的增加，复合薄膜的拉伸强度先增加后降低。当石墨填料的含量为 20% 时，应力在（68 ± 1.7）MPa（MG/PU）和（58.07 ± 1.5）MPa（G/PU）时达到峰值，这表明添加改性石墨填料对复合材料力学性能具有增强作用。当石墨含量不断增

加时，拉伸应力呈下降趋势。如图 2-6（b）所示，随着石墨填料的增加，复合膜的断裂伸长率呈下降趋势，与纯 PU 膜的断裂伸长率（870%）相比，MG/PU 的断裂伸长率下降到 250% 左右，G/PU 的断裂伸长率大约降至 170%。与纯 PU 膜相比，改性石墨质量分数为 20% 的复合膜的拉伸强度提高了 36%，断裂伸长率损失小于 17%。

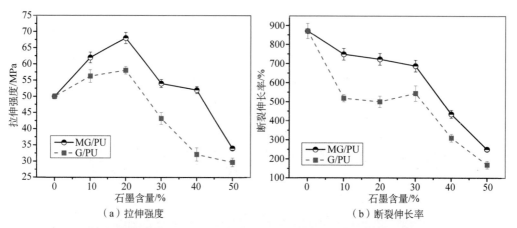

图 2-6 MG/PU 和 G/PU 复合材料的填料含量与拉伸强度和断裂伸长率的关系

如图 2-7（a）显示了 m-MWNT/PU 与 raw MWNT/PU 导电膜的填料含量与拉伸强度的关系。其中 raw MWNT/PU 导电膜的拉伸强度随着未改性碳纳米管的增加而逐渐减小。这与 m-MWNT/PU 导电膜的拉伸强度曲线的趋势并不一致，随着改性碳纳米管掺杂含量的增加，m-MWNT/PU 导电膜的拉伸强度先增加后减小。当导电填料的含量为 1% 时，raw MWNT/PU 拉伸强度最强，为（1 554.24 ± 14.06）MPa。而 m-MWNT/PU 导电膜在 10% 的填充含量时拉伸强度值最高，（1 114.43 ± 29.36）MPa，比 10% raw MWNT/PU 导电膜的拉伸强度增加了 46.7%。并且，采用 KH550 + SDBS 改性的 m-MWNT/PU 导电膜的拉伸强度在不同填料含量时均大于其他改性方法制备的导电膜强度。在填料含量都为 10% 时，KH550 + SDBS 改性的 m-MWNT/PU 导电膜的拉伸强度比单独用 KH550 和 SDBS 改性的导电膜的拉伸强度大 18.2% 和 50.2%。

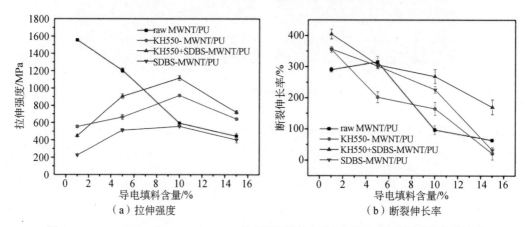

图 2-7　m-MWNT/PU 和 raw MWNT/PU 导电膜的填料含量与拉伸强度和断裂伸长率的关系

图 2-7（b）显示了 m-MWNT/PU 与 raw MWNT/PU 导电膜的填料含量与断裂伸长率的关系。图中，raw MWNT/PU 导电膜的断裂伸长率随着未改性碳纳米管的增加而先增加后减小，5% raw MWNT/PU 的断裂伸长率达到最大值 355.5%。这与 m-MWNT/PU 的断裂伸长率曲线趋势也不一致，随着填料含量的增加，m-MWNT/PU 导电膜的断裂伸长率呈现逐渐下降的趋势，由 KH550＋SDBS 改性的 m-MWNT/PU 导电膜的断裂伸长率大约从 404% 降到 169%。当填料含量达到 15% 时，m-MWNT/PU 导电膜的断裂伸长率比 raw MWNT/PU 导电膜的断裂伸长率高 62.5%。

导电膜的拉伸强度和断裂伸长率都因为有石墨或碳纳米管的改性而得到提升，且提升程度较为明显。

（2）电学性能

图 2-8 显示了不同填料质量分数的 G/PU 和 MG/PU 导电膜的电导率与激励信号频率的关系。从图中可以看出，导电膜的导电性随着填充物含量的增加而增加。当导电膜的填料含量小于 30% 时，导电膜的电导率随着激励信号频率的增加而呈非线性增加，且填料越少，其出现非线性增加点对应的频率越低。

当填料含量低时，在复合导电膜的填料网络中，石墨片之间存在微小的间距，当施加的激励电压信号的频率增加时，未导通通道表现出电容器具有的高频导通低频截止特性。因此，在较高频率时，由于微电容效应，同一导电膜达到更高的电导率。当填料含量大于或等于 30% 时，导电膜中的填料网络通道中石墨片直接接触形成欧姆导通的导电通道占据了绝大多数，因此，表现出其电导率不随激励信号频率变化的纯电阻特性。

图 2-9 显示了不同填料含量的 raw MWNT/PU 复合材料和 m-MWNT/PU 复合材料电导率的频率依赖性。随着 MWNTs 填充量和填充频率的增加，复合材料的电导率显著增加。PU 是一种电绝缘材料，测得的电导率约为 $10^{-11}$ S/cm。图 2-9 显示，添加 MWNTs 可以被视为填充到电绝缘 PU 中的导电体。然后以 $10^{-1}$ S/cm 的数量级将其传输至 15% raw MWNT/PU 导电复合材料。

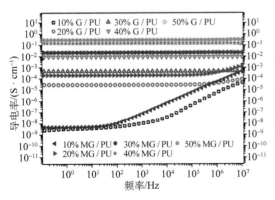

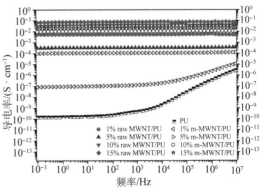

图 2-8　不同填料质量分数（%）的 G/PU 和 MG/PU 薄膜室温电导率的频率依赖性

图 2-9　不同填料含量的 MWNT/PU 复合材料和 m-MWNT/PU 复合薄膜的电导率频率依赖性

然而，无论填料的浓度如何，raw MWNT/PU 复合材料的导电性都优于 m-MWNT/PU 复合材料。虽然 SDBS 进一步改善了 m-MWNTs 的良好分散性，以提高导电性，但由于 KH550 改性剂的存在，一些 MWNTs 和 PU 分子链之间的相互作用可能会导致 PU 层内出现隧穿现象。因为电子传输被能量阻挡，更好的界面相互作用会使复合材料的导电性变差。m-MWNT/PU 复合材料的导电性并不比未加工的 raw MWNT/PU 复合材料的导电性好，这是合理的。

通过 KH550 改性的石墨导电性并未明显增强，同样，KH550 + SDBS 改性的 m-MWNT/PU 复合材料导电性能也并不优于未经改性的 MWNT/PU 复合材料。但不论是添加石墨还是碳纳米管，不同含量的导电填料，会给复合薄膜的导电性能带来较大的变化。

（3）传感性能

MG/PU 导电膜的电阻相对变化率随压强的增加而逐渐增加，即导电膜受到外界施加的应力而产生的应变使聚合物内部的改性石墨片之间的距离变小，形成更多的导电通道，最终导致其导电性的变化。但当改性石墨含量为 30% 时，导电膜的电阻相对变化率增加最明显。这同样符合微电容效应模型，由于改性石墨能够在聚氨酯内部形成稳定的连通网络，当压力增加之后，网络中原有的电容效应和隧穿效应的石墨片概率减少，取而代之的是改性石墨片之间的直接接触电阻增加，此时导电膜的电阻相对变化率增加。

导电膜对不同压力响应的灵敏度见表 2-1，并且所有复合导电膜在低载荷时有更高的灵敏度。当压强为 0.2 kPa 时，20% MG/PU 的灵敏度为 1.45 kPa$^{-1}$，30% MG/PU 的灵敏度约为 6.38 kPa$^{-1}$，40% MG/PU 和 50% MG/PU 的灵敏度分别为 4.56 kPa$^{-1}$ 和 4.99 kPa$^{-1}$。此外，改性石墨含量影响电阻率-应力曲线斜率的变化。如表 2-1 所示，在 0～0.2 kPa 负载下 30% MG/PU 的压阻灵敏度最高。因为复合导电膜在渗透阈值附近时，其压阻响应对施加的载荷最敏感。

表 2-1　不同填料含量的 MG/PU 导电膜在一定压强下的压阻灵敏度

单位：kPa$^{-1}$

| MG/PU | 相应压强 | | | |
|---|---|---|---|---|
| | 0.2 kPa | 1 kPa | 5 kPa | 10 kPa |
| 20% MG/PU | 1.45 | 1.35 | 0.81 | 0.13 |
| 30% MG/PU | 6.38 | 5.76 | 3.85 | 1.21 |
| 40% MG/PU | 4.56 | 4.26 | 2.79 | 0.95 |
| 50% MG/PU | 4.99 | 4.68 | 3.13 | 1.20 |

此外，30% MG/PU 复合材料的压阻稳定性通过在不同加载速度下超过 10 000 s 的自动按压和释放进行测试，从图 2-10 中可以看出，在每个循环中，电阻率随压力增大而减小，随压力减小而增大。通过将加载速度提高到 20 mm/min，电阻率曲线变化会加快。然而，变化率的范围在 0.2～1.0，这与 10 mm/min 时的范围相同。因此，30% MG/PU 复合材料对重复压力

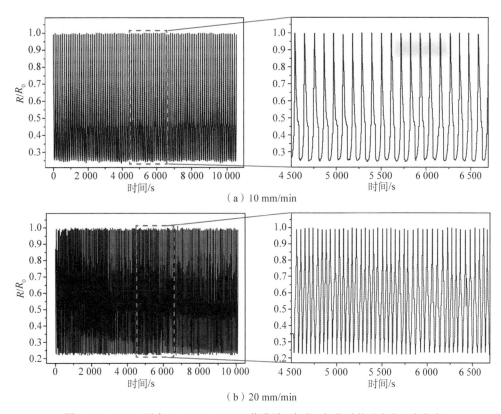

图 2-10 64 kPa 压力下，30% MG/PU 薄膜循环加载 / 卸载时的动态电阻变化率

表现出很强的响应性和阻力保持能力，总体上几乎保持不变。这种现象被认为是由于构成稳定导电网络的填料更均匀分散所致。

在线性单轴压缩下，30% MG/PU 复合薄膜的压力压阻灵敏度为 0.274 kPa$^{-1}$，在小压力范围内具有更好的稳定性和滞后性。对于单轴压缩试验，无论是静态力还是动态力，通过增加复合材料的填料含量，压阻效应都得到增强，并且在渗流阈值约为 30% 附近的机电一致性显示出良好的灵敏度、稳定性和恢复性能。

图 2-11 显示了 MWNT/PU 复合材料在压缩方向的正压力传感能力。电阻变化率曲线可以随着压力的增加而增加，因为在复合材料压缩变形期间，MWNT 有效地重建了基体中的导电路径，并改变了 MWNT 之间的隧穿距离。raw MWNT/PU 复合材料的电阻变化率曲线在低压下变得尖锐。随后，持续施加的压力呈缓慢趋势，但 m-MWNT/PU 复合材料的电阻变化率曲线持续上升，因为改性后的 MWNT 与 PU 具有更好的分散性和更强的界面作用。

raw MWNT/PU 和 m-MWNT/PU 复合材料在三次压力载荷（63 kPa）下的压阻性如图 2-12 所示。所有复合材料在加载 / 卸载过程中都表现出稳定性和不可逆漂移。图 2-12（a）显示，raw MWNT/PU 复合材料的压阻点在加载和卸载之间的过渡不稳定。图 2-12（b）显示，m-MWNT/PU 复合材料的压阻响应的振幅小于原始 MWNT/PU 复合材料，但不受噪声影响。这些结果清楚地表明，m-MWNT/PU 复合材料的重复压阻行为归因于由更均匀改性的

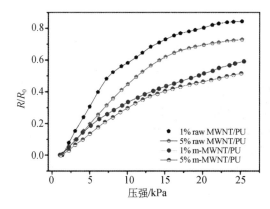

图 2-11　不同填料含量的 MWNT/PU 和 m-MWNT/PU 复合薄膜在外加压力下的压阻响应

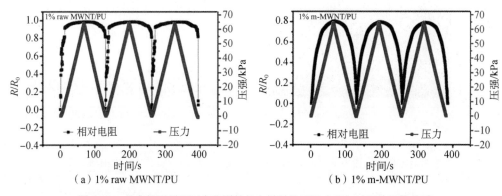

（a）1% raw MWNT/PU　　　　　（b）1% m-MWNT/PU

图 2-12　具有相同循环压力范围的复合材料的压阻响应与时间的函数关系

MWNT 构成的稳定导电网络。

此外，对 m-MWNT/PU 复合材料施加不同的压力水平（即 25 kPa、38 kPa 和 63 kPa），并测量复合传感器在压缩和释放循环下的响应。显示了一个较窄的窗口，这表明复合材料的良好恢复性能归因于 m-MWNT 在整个 PU 基体中的高分散状态。

在每个加载 / 卸载循环中，电阻率随压力增加而降低，随压力降低而增加。通过长期加压测试了复合材料的压阻稳定性。1% m-MWNT/PU 复合材料的重复性误差小于 ± 6.63%。相反，1% raw MWNT/PU 复合材料的电阻变化率曲线在变化率范围内显示出较大的偏差。1% MWNT/PU 复合材料的重复性误差为 ± 61.58%。m-MWNT 良好的分散性可以构建稳定的导电网络，从而精确地解释这一现象。

## 2.2.4　平面结构柔性压阻传感器的应用

为了说明此种平面结构复合膜的压阻传感器的适用性，通过使用两个 1% m-MWNT/PU 膜的银电极并用 PDMS 膜密封两侧，制造了柔性压力传感器 [ 图 2-13（a）和（b）]。图 2-13（c）~（f）显示了基于 1% m-MWNT/PU 的柔性压力传感器的数据。

m-MWNT 传感器可以检测并区分静态压力和微小压力。图 2-13（c）显示了将两个 1 g 标准砝码和一个 2 g 标准砝码逐个放置在传感器的传感区域上。压力传感器的响应显示三次加载的重量，其中三个峰值对应较小的电阻变化率。此外，m-MWNT/PU 传感器可以连接到人类拇指上，以检测运动［图 2-13（d）］。手握住空烧杯后，拇指按压烧杯，电阻变化率增加。然后，手拿着装满水的烧杯，电阻变化率继续增加。

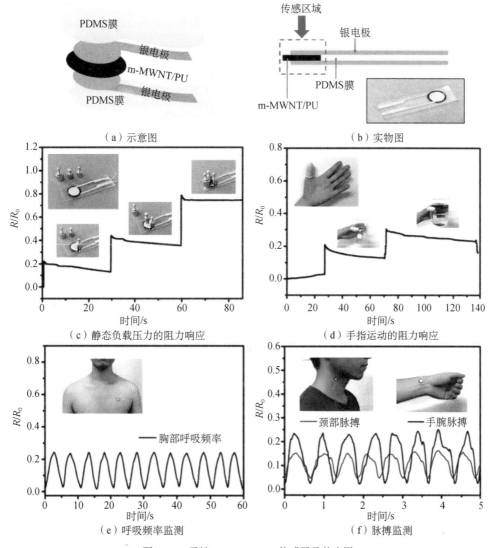

图 2-13　柔性 m-MWNT/PU 传感器及其应用

　　这种柔性压力传感器也可以安装在人体上，用作可穿戴医疗设备。图 2-13（e）显示，传感器安装在志愿者的胸部，用于监测呼吸频率信号。压阻测试的每个周期代表一次呼吸。志愿者胸部的呼吸频率约为 0.2 Hz。这种灵活的传感器也能检测到颈部或手腕的生理脉搏波细微的变化［图 2-13（f）］。该传感器能清晰地记录脉冲频率的可重复电阻信号，并能区分颈部脉冲信号和手腕脉冲信号。因此，此类平面结构复合传感器有望应用于医疗保健和人体运动监测、电子皮肤或智能服装。

## 2.3 微结构柔性压阻传感器

构筑微结构是提高柔性传感器性能的一种简单有效的方法。这是由于压阻材料发生形变时，微结构使得材料间的接触面积发生改变，产生界面微纳米结构的应力集中效应，从而建立比平面结构中更多的导电通路，导致材料内部更大的内阻变化。基于此可设计具有不同微结构的柔性压阻传感器。近年来，研究人员为了提高传感器的性能，研究制备出多种不同类型的微结构导电膜，可分为规整结构柔性压阻传感器和非规整结构柔性压阻传感器。

### 2.3.1 规整结构柔性压阻传感器

规整结构是指在导电膜表面形成有序排列的结构，一般是柔性基体在模具的辅助下制备出微纳米结构高聚物薄膜，然后在微纳米结构高聚物薄膜表面涂覆一层微纳米厚度的导电层，或者是由弹性基体掺杂导电填料，在模具的协助下，制备出与模具相同的微纳米结构导电薄膜。

#### 2.3.1.1 规整结构柔性压阻传感器的制备工艺

（1）铜模板

采用混合溶液模板法，由多壁碳纳米管/银纳米线/聚氨酯（MWNTs/AgNWs/PU）制备了具有一维立方体表面的微结构杂化纳米复合膜（MNF）。然后，将 MNF 和单面叉指电极组装成一个灵敏、稳定的柔性压阻传感器。图 2-14 所示为 MNF 柔性压阻传感器的制备流程。

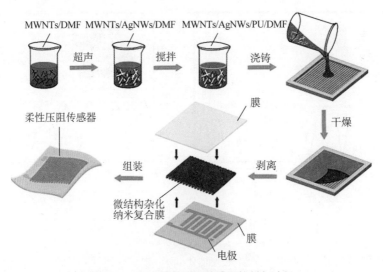

图 2-14 MNF 柔性压阻传感器的制备过程

铜模板采用机械雕刻制作，使其具有一维立方体结构。然后制备流延膜溶液，将一定质量的 MWNTs 添加到 5 mL DMF 溶液中，超声分散 30 min。然后，将 AgNWs 添加到 MWNTs/

DMF 溶液中，超声分散 30 min。向 MWNTs/AgNWs/DMF 溶液中加入一定质量的 PU，混合并磁力搅拌 90 min。为了避免混合溶液中出现气泡，进行 3 次真空处理，每次 15 min。最后，将 MWNTs/AgNWs/PU 溶液均匀地浇铸在金属铜模板中。在 85 ℃干燥箱中干燥 30 min。在室温下自然冷却后，将 MNF 从模具上剥离。

单面叉指电极采用聚酰亚胺（PI）材料作为柔性基底。同时，采用化学腐蚀铜电路，电路模式是交互式的。MNF 的微观结构表面与单面电极结合，采用热压封装技术将聚对苯二甲酸乙二醇酯（PET）透明膜密封在传感器表面和 PI 层上，以隔离湿气和污染。由于材料的耐热性，柔性单面电极可以通过引线焊接与外部实现可靠的导电连接。由此，制备出 MNF 传感器。

（2）AAO 模板

利用阳极氧化铝（AAO）模板制备出互锁纳米锥结构 PPy/PMMA 压阻传感器，通过调整 AAO 模板的结构，利用原位聚合制备高度有序的纳米锥 PPy/PMMA 阵列（OCA），并通过互锁纳米锥 PPy/PMMA 阵列（IOCA）来制备高灵敏度的柔性压力传感器。图 2-15 为 IOCA 传感器的制备流程示意图和单个 OCA 示意图的放大图片。

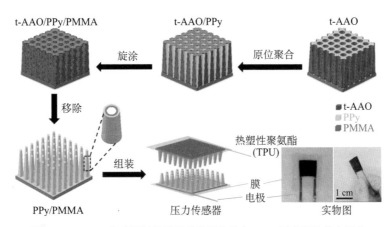

图 2-15　IOCA 传感器制备流程示意图和单个 OCA 示意图的放大图片

AAO 模板是在酸性、盐类或在添加有机溶液为电解质的环境下，以钛板或碳等惰性物质为阴极、金属铝为阳极，施加最优氧化电压，采用电化学法制备得到的。AAO 模板的纳米结构尺寸可以通过控制工艺参数（如氧化时间、扩孔时间、电解质和氧化电压）进行连续调节，通过调节工艺参数可以制备锥形 AAO 模板（t-AAO），如图 2-16 所示为 t-AAO 模板的制备流程，具体的步骤如下：准备长 30 mm、宽 15 mm、厚 0.2 mm 的高纯铝板（99.999%），用丙酮脱脂，去离子水洗涤，再用 1 mol/L 氢氧化钠溶液去除自然氧化层。随后，这些铝板在体积比为 1：4 体积的高氯酸和乙醇混合物中进行电抛光。第一步阳极氧化是在 1% 磷酸电解液中加入 0.03 mol/L 草酸来完成的，阳极氧化电位为 195 V，反应 6 h，然后在 60 ℃环境下，在磷酸混合溶液中去除氧化铝膜和氧化铬；铝板再氧化条件与第一步相同。t-AAO 模板是通过交替进行阳极氧化工艺和孔径扩大工艺制造的。氧化 2 min、1.5 min 或 1 min 后，在 60 ℃

下，5% 磷酸溶液中孔径扩大 45 min。阳极氧化过程和扩孔过程交替进行 3 次，最后一次扩孔时间延长至 90 min。使用氯化铜饱和溶液去除铝碱后获得 t-AAO 模板。

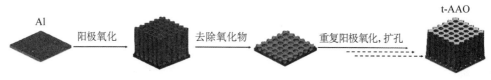

图 2-16　t-AAO 模板制备流程

利用原位聚合法和旋涂法将 PPy 和 PMMA 掺杂在 t-AAO 模板中，制备流程为将 t-AAO 模板浸入 10 mL 吡咯单体水溶液中，并在室温下保持 30 min，然后逐滴添加 10 mL 浓度为 0.5 mol/L 的掺杂剂（对甲苯磺酸和三氯化铁氧化剂的混合水溶液）以引发聚合，聚合反应在室温下进行 1 h。然后用水清洗 t-AAO/PPy，并在室温下干燥。t-AAO/PPy/PMMA 是通过在 t-AAO/PPy 上旋涂 PMMA/DMF 溶液，使用 SD-1B 旋涂机以 800 r/min 的速度旋转 30 s，然后在 150 ℃下真空干燥 2 h 制得的。随后，在 30 ℃下使用 50% 磷酸溶液去除 t-AAO 模板后，获得导电 OCA。

互锁纳米锥结构 PPy/PMMA 导电膜柔性压阻传感器的制备流程为：将微纳米锥阵列 PPy/PMMA 导电膜与导电性极好的铜片作电极，用导电银胶进行黏合，然后，把两片微纳米锥阵列 PPy/PMMA 导电膜的微纳米锥结构以面对面的方式，通过 TPU 透明薄膜双面密封来制备一个具有互锁结构的柔性压阻传感器。

### 2.3.1.2　规整结构压阻材料的形貌

（1）正弦波形貌

利用铜模板制备的导电膜结构为正弦波结构，图 2-17（a）～（d）显示了 MNF 的表面和截面 SEM 图。从截面图可以看出，MNF 的两侧具有不同的形貌特征。一面显示立方体结构，另一面显示正弦波结构。MNF 与模具接触的一侧结构与模具形状基本相同，如图 2-17（b）所示。相对而言，另一侧的正弦波可能是薄膜形成时浇铸溶液的挥发引起的，如图 2-17（c）所示。采用超视场深度显微镜测量了 MNF 的一维立方结构尺寸。图 2-17（d）显示了 MNF 的实物图片和超视场深度显微镜图像。结果表明，MNF 的平均厚度为（150.000 ± 2.450）μm，一维立方体的宽度为（208.770 ± 10.230）μm，一维立方体结构的间距为（137.457 ± 14.910）μm。

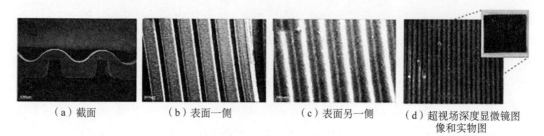

（a）截面　　　　（b）表面一侧　　　　（c）表面另一侧　　　（d）超视场深度显微镜图像和实物图

图 2-17　MNF 的 SEM 图

（2）纳米锥结构

采用 AAO 模板制备的导电膜为纳米锥结构，图 2-18 以总氧化时间为 6 min 的 t-AAO 模板为例，由图可以看出 t-AAO 模板是骨架呈六边形、孔洞为圆柱形排列且高度有序均匀的多孔纳米结构薄膜。图 2-18（a）表明 t-AAO 是高度规则的多孔结构薄膜，前孔径为（440.4 ± 33.7）nm，高度为（1.17 ± 0.04）μm，孔径从（260.4 ± 13.2）nm 逐渐增大到（440.4 ± 33.7）nm。图 2-18（b）显示 t-AAO/PPy 的内径约为（280.8 ± 15.6）nm，小于 t-AAO 模板的最大孔径 [（440.4 ± 33.7）nm]，表明 PPy 在 t-AAO 中聚合，呈一个中空结构。t-AAO/PPy 的高度为（1.35 ± 0.03）μm。在图 2-18（c）中，t-AAO/PPy/PMMA 的俯视图显示，旋涂 PMMA 导致 t-AAO/PPy 的孔径进一步减小至（139.8 ± 15.3）nm，仍为中空结构，t-AAO/PPy/PMMA 的高度为（1.46 ± 0.04）μm。OCA 是通过从 t-AAO/PPy/PMMA 中去除 t-AAO 获得的。图 2-18（d）显示 OCA 是纳米锥结构，外孔径从（260.4 ± 13.2）nm 逐渐增加到（440.4 ± 33.7）nm。此外，OCA 的高度为（1.46 ± 0.04）μm。图 2-18（e）显示了 PPy 微纳米锥阵列薄膜具有高度有序结构、均匀分布和大比表面积特点。图 2-18（f）为平面 PPy 薄膜 SEM 图，没有规则的纳米结构和大的比表面积。

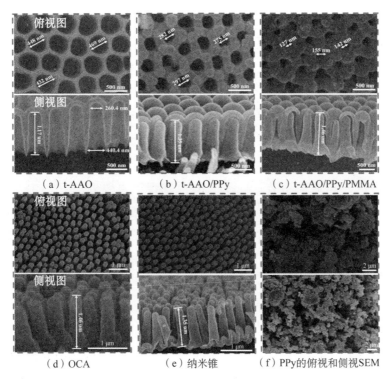

图 2-18　AAO 模板制备的纳米锥结构导电膜

### 2.3.1.3　规整结构柔性压阻传感器的性能

（1）力学性能

为了探究 MNF 传感器的力学性能，利用 ANSYS 软件建立了五种不同结构参数的 MNF

有限元模型（图 2-19）。基于 MNF 传感器的立方体参数建立模型 A。模型 B、模型 C 和模型 D 分别为通过改变模型 A 的立方体宽度、间距和高度参数而得。模型 E 是与模型 A 具有相同长度、宽度和高度的平面膜。MNF 模型的具体尺寸参考图 2-19（a）。图 2-19 中的颜色表示施加在 MNF 的载荷：深蓝色表示应力为最小载荷，绿色和黄色表示应力为中间载荷，红色表示应力为最大载荷。

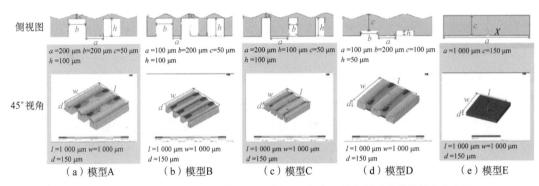

图 2-19　侧视图中 MNF 有限元模型的尺寸及 45°视角下的有限元模型的压力分布图

图 2-20 显示了五种 MNF 有限元模型在压缩载荷过程中的应力-应变曲线。图中曲线的斜率是 MNF 的应力-应变响应灵敏度。从图中可以发现，平面薄膜的应变响应灵敏度最

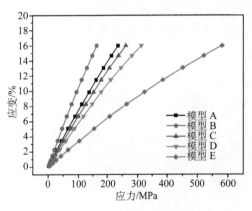

图 2-20　MNF 有限元模型的应力-应变曲线

小，曲线斜率相对最小。微结构薄膜的应力-应变曲线斜率大于平面薄膜的应力-应变曲线斜率。其中，B 型曲线的应变响应斜率最大，灵敏度最高。换句话说，微结构可以降低 MNF 的等效弹性模量。在相同应变下，微结构薄膜比平面薄膜需要更小的应力。因此，微结构薄膜容易变形，内部导电网络容易改变。从图 2-20 中的应力-应变曲线也可以看出，在相同应变下，模型 B 的应力最小，而模型 E 的应力最大。

为了探究 IOCA 传感器的性能，利用 ANSYS 建立了基于 1 460 nm 纳米锥的单 OCA（SOCA）和联锁结构，并进行比较。图 2-21 显示了施加压力为 2 kPa 时 SOCA 有限元模拟的局部应力分布情况。应力分布情况显示，随着载荷的增加，SOCA 的接触面积增加，高度降低。此外，在加载状态下，局部应力集中在 OCA 和平面之间的接触面附近。图 2-21（b）显示：IOCA 和 SOCA 的应变（$\Delta L/L_0$）均随压强增加而增加，SOCA 的应变约为 2 000 Pa 压强下 IOCA 应变的 6%。图 2-21（c）显示：IOCA 和 SOCA 的接触面积随压力增加而增加。在相同载荷下，IOCA 的接触面积明显大于 SOCA。

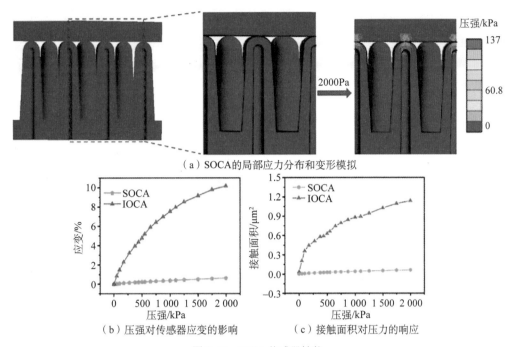

（a）SOCA的局部应力分布和变形模拟

（b）压强对传感器应变的影响　　　（c）接触面积对压力的响应

图 2-21　IOCA 传感器性能

（2）电学性能

图 2-22 显示了 MNF 有限元模型在施加载荷过程中的压强和接触面积变化率的关系曲线。在相同压强下，模型 B 的接触面积变化率曲线上升最快，曲线的斜率最大。在施加压力过程中，模型 B 的变形速度更快，内部导电网络变化更大，增加了 MNF 的电阻变化率，提高了 MNF 传感器的灵敏度。

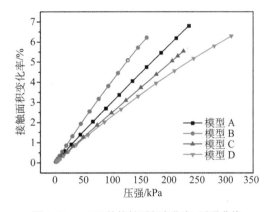

图 2-22　MNF 的接触面积变化率-压强曲线

（3）传感性能

对于利用铜模板制备的 MNF 传感器，为了探究其性能，制备四个不同纳米填料含量的 MWNTs/AgNWs/PU 膜：质量分数为 5% 的 MWNTs（$MWNT_{0.05}$/PU）、质量分数为 5% 的 MWNTs 和 1% 的 AgNWs/PU（$MWNT_{0.05}$/$AgNW_{0.01}$/PU）、质量分数为 5% 的 MWNTs 和 3% 的 AgNWs/PU（$MWNT_{0.05}$/$AgNW_{0.03}$/PU）、质量分数为 5% 的 MWNTs 和 5% 的 AgNWs/PU（$MWNT_{0.05}$/$AgNW_{0.05}$/PU）的 MNF。在四个传感器中，即使 MWNT 0.05/PU 传感器在 0～2 kPa 压力范围内表现出极高的响应，但其非线性误差较大，达到 ± 59.72%，而其他传感器具有明显的线性响应。当 AgNWs 含量为 1%、3% 和 5% 时，MNF 传感器的耐压响应非线性误差分别达到 ± 16.50%、± 15.57% 和 ± 12.58%。

图 2-23 显示了施加压缩载荷后传感器的循环电阻响应曲线。从图中可以看出，随着 AgNWs 含量的增加，电阻响应曲线的滞后误差逐渐减小。经计算，$MWNT_{0.05}$/PU 传感器的

滞后误差为 ± 68.85%；MWNT$_{0.05}$/AgNW$_{0.01}$/PU 传感器的滞后误差为 ± 17.04%；MWNT$_{0.05}$/AgNW$_{0.03}$/PU 传感器和 MWNT$_{0.05}$/AgNW$_{0.05}$/PU 传感器滞后误差分别为 ± 5.18% 和 ± 4.15%。MWNT$_{0.05}$/AgNW$_{0.05}$/PU 传感器的滞后误差比 MWNT$_{0.05}$/PU 传感器降低 93.97%，表明随着 AgNWs 含量的增加，传感器的滞后问题得到改善。

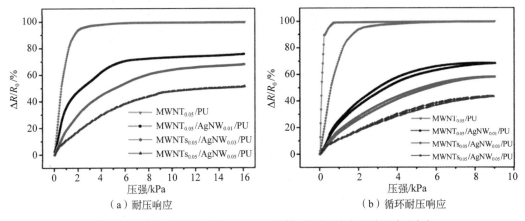

图 2-23　不同纳米填料含量的 MNF 传感器的耐压响应和循环耐压响应

　　图 2-24 显示了 MNF 传感器的灵敏度拟合曲线，这些传感器是具有不同纳米填料杂化含量的薄膜。由图显示，试验数据和二次幂拟合曲线具有良好的重复性，相关性超过 0.998，传感器在 0～2 kPa 压力范围内表现出良好的响应。当压力为 0.5 kPa 时，MWNT$_{0.05}$/PU 传感器的最大灵敏度为 87.63 kPa$^{-1}$。随着 AgNWs 含量的增加，传感器的压阻响应范围逐渐增大。当压力为 4 kPa 时，MWNT$_{0.05}$/AgNW$_{0.03}$/PU 和 MWNT$_{0.05}$/AgNW$_{0.05}$/PU 传感器的灵敏度分别为 4.13 kPa$^{-1}$ 和 4.60 kPa$^{-1}$。当压力为 11 kPa，且混合 AgNWs 含量达到 5% 时，传感器的灵敏度为 0.67 kPa$^{-1}$。

　　图 2-25 显示了传感器灵敏度对环境参数（温度、湿度）的依赖性。在图 2-25（a）中，在 25 ℃恒温条件下，不同纳米填料含量的 MNF 传感器在不同相对湿度下的灵敏度不同。相对湿度为 50% 时，传感器的灵敏度最高。较低的相对湿度和较高的相对湿度下，传感器的灵敏度略微降低。在图 2-25（b）中，当湿度恒定为 50% 时，具有不同纳米填料含量的传感器在较高温度（50 ℃）下，灵敏度显著增加。这是由聚合物弹性模量随温度变化引起的。弹性聚氨酯基体中分子链段的运动能力随温度升高而增大，弹性模量随应力增大而减小，变形随应力增大而增大。大变形可导致 MNF 内部导电网络变化幅度增加，从而使传感器的灵敏度增加。

　　为了探究利用 AAO 模板制备的互锁纳米锥结构 PPy/PMMA 压阻传感器的最佳性能，制备了不同纳米锥高度和平面结构的传感器，纳米锥的高度分别为 460 nm、750 nm、1 460 nm。图 2-26 显示：微纳米锥阵列 PPy/PMMA 导电膜的灵敏度均随着压力增大而逐渐减小，纳米阵列的灵敏度高于平面结构的灵敏度，且微纳米锥长度越长，灵敏度越大。当压

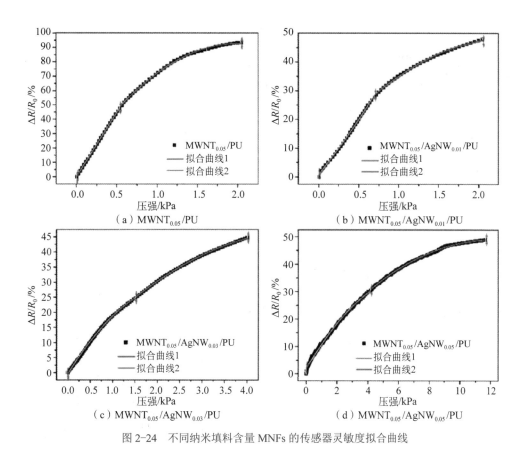

（a）MWNT_0.05/PU

（b）MWNT_0.05/AgNW_0.01/PU

（c）MWNT_0.05/AgNW_0.03/PU

（d）MWNT_0.05/AgNW_0.05/PU

图 2-24　不同纳米填料含量 MNFs 的传感器灵敏度拟合曲线

（a）不同相对湿度下的灵敏度

（b）不同温度下的灵敏度

图 2-25　MNF 传感器的灵敏度

强为 200 Pa 时，平面 PPy/PMMA 导电膜的灵敏度为 $0.22\ \text{kPa}^{-1}$，长度为 1 460 nm 的微纳米锥阵列 PPy/PMMA 导电膜灵敏度为 $268.36\ \text{kPa}^{-1}$，长度为 750 nm 和 460 nm 的微纳米锥阵列 PPy/PMMA 导电膜的灵敏度分别为 $175.66\ \text{kPa}^{-1}$ 和 $149.94\ \text{kPa}^{-1}$；当压强为 500 Pa 时，平面 PPy/PMMA 导电膜的灵敏度为 $0.14\ \text{kPa}^{-1}$，长度为 1 460 nm 的微纳米锥阵列 PPy/PMMA 导电膜灵敏度约为 $119.93\ \text{kPa}^{-1}$，长度为 750 nm 和 460 nm 的微纳米锥阵列 PPy/PMMA 导电膜的

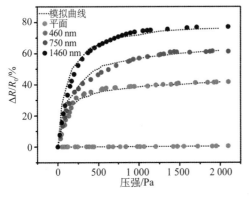

图 2-26 不同高度的微纳米锥阵 PPy/PMMA 导电膜互锁结构的压阻灵敏度曲线

灵敏度分别为 94.41 kPa$^{-1}$ 和 75.98 kPa$^{-1}$；当压强为 1 000 Pa 时，平面 PPy/PMMA 导电膜的灵敏度为 0.11 kPa$^{-1}$，长度为 1 460 nm 的微纳米锥阵列 PPy/PMMA 导电膜灵敏度约为 70.58 kPa$^{-1}$，长度为 750 nm 和 460 nm 的微纳米锥阵列 PPy/PMMA 导电膜的灵敏度分别为 56.96 kPa$^{-1}$ 和 35.44 kPa$^{-1}$；当压强为 2 000 Pa 时，平面 PPy/PMMA 导电膜的灵敏度为 0.26 kPa$^{-1}$，高度为 1 460 nm 的微纳米锥阵列 PPy/PMMA 导电膜的灵敏度约为 36.70 kPa$^{-1}$，长度为 750 nm 和

460 nm 的微纳米锥阵列 PPy/PMMA 导电膜的灵敏度分别为 32.41 kPa$^{-1}$ 和 21.31 kPa$^{-1}$。综上可以看出，在 0～200 Pa 的压载下，纳米锥的高度为 1 460 nm 时，传感器的灵敏度最高为 268.36 kPa$^{-1}$。

在约 0.98 Pa 负载下，IOCA 压力传感器的电阻变化率约为 0.286%，这是传感器能够感知的最小检测极限。在传感器上加载和卸载 20 Pa 以研究传感器的快速响应时间，当施力时，电阻变化率从 0 迅速上升到稳定值，响应时间为 48 ms。当力被移除时，电阻变化率迅速下降到初始值，恢复时间为 56 ms。图 2-27 显示了 IOCA 压力传感器在压缩和释放循环下分别在 0.45 kPa、

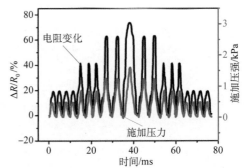

图 2-27 传感器在连续压力下的电阻变化

0.85 kPa、1.25 kPa 和 1.6 kPa 下的电阻响应。随着外加载荷的增加，相对电阻的变化呈上升趋势，表明 IOCA 压力传感器能够灵敏地识别不同外加载荷的响应。结果表明，IOCA 压力传感器响应稳定，重复性好。

此外，IOCA 压力传感器在不同应用速度（0.025～0.4 mm/s）下对 2 kPa 的压力做出响应，如图 2-28（a）所示，并在不同的应用速度下，通过稳定、连续和高度可再现的信号实现压力和电阻之间的极好匹配，压力-电阻率响应曲线显示，在图 2-28（b）中，加载/卸载循环

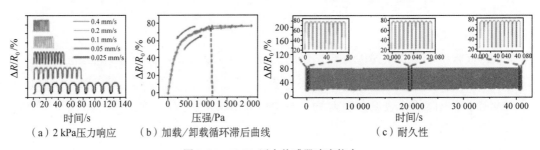

（a）2 kPa压力响应　　（b）加载/卸载循环滞后曲线　　（c）耐久性

图 2-28 IOCA 压力传感器响应能力

的回路几乎重叠，压缩 / 释放循环下曲线的滞后误差为 ± 3.156%。IOCA 压力传感器在 2 kPa 的重复压力下加载 / 卸载 5 000 次，以研究长期稳定性，在 5 000 次循环中未发现任何漂移。图 2-28（c）中的插图显示了重复测试的三个不同阶段的信号，显示出非常相似的振幅和波形，证实了 IOCA 压力传感器的高再现性和耐久性。

综上，MNF 传感器在 0～2 kPa 的压力范围内，传感器的灵敏度高达 42.6 $kPa^{-1}$。含 5% MWNTs 和 5% AgNWs 的传感器的滞后误差和非线性误差分别可低至 ± 4.15% 和 ± 12.5%。IOCA 压阻传感器在 0～200 Pa 的压力范围内表现出 268.36 $kPa^{-1}$ 的高灵敏度、± 3.156% 的低滞后、5 000 次加载循环下的稳定性、不同负载和加载速度下的连续性和重复性。MNF 传感器较 IOCA 传感器的量程宽，IOCA 传感器较 MNF 传感器的灵敏度高，迟滞性低。同时，通过实验对比也可以发现具有微结构的传感器比平面结构的灵敏度高，迟滞性低，重复性和稳定性好。

#### 2.3.1.4　规整结构柔性压阻传感器的应用

这类传感器在区分风速、监测弯曲角度以及区分人体不同类型的手腕活动方面有着广泛的应用前景。为了验证其应用，利用 IOCA 压阻传感器进行监测，在没有自然风的情况下，电阻波动的振幅约为 0.73 kΩ，在有自然风的情况下，电阻波动的振幅为 2.96 kΩ，在弱风速下实时检测信号，没有明显的波动信号，表明 IOCA 压力传感器工作稳定。将 IOCA 压阻传感器固定在一本书的折叠线上，使书本弯曲角度 3°、15°、30°、60° 和 90° 来研究电阻值。IOCA 压力传感器能够识别的最小弯曲角度为 3°，相应的电阻变化率为 0.05。安装在男性手腕前部的 IOCA 压力传感器可以检测和区分不同类型的手腕运动，如手指触摸、扭转、前弯和后弯。当 IOCA 压力传感器接触手指时，相对电阻变化增加，手腕的扭转导致相对电阻变化增加。扭转导致互锁纳米锥之间的横向挤压，导致电阻变化。这些响应不同机械刺激的不同信号模式归因于 OCA 独特的互锁几何形状和机械应力的方向，为区分人体运动提供了新的应用方向。

### 2.3.2　非规整结构柔性压阻传感器

与规整结构不同的是，非规整结构大多基于柔性基底进行设计，合理设计的微结构弹性体对强压、弱压都很敏感，因此，可以提高传感器灵敏度和检测限。目前，已研究出多种非规整结构，其中，多孔结构一直是研究的热门，但均匀的孔隙结构导致弹性材料内部的能量耗散较大，电信号响应滞后。微结构的分层设计可以有效地减小柔性压阻传感器的响应滞后，进一步提高传感器的实用性能。HE 等人采用非溶剂相分离法，制备了一种基于聚氨酯 / 碳纳米管（PU/CNT）分层微孔薄膜的柔性压阻传感器。织物具有特殊纹理结构以及成本低廉、舒适柔软和可再生的优势，CHANG 等人通过简便、低成本和可扩展的制备工艺制造了一种使用炭化棉织物（CCF）的柔性电阻式压力传感器，其高导电性、天然多孔网络和低黏弹柔性基板，赋予柔性压阻传感器卓越的机电性能，包括超高灵敏度（高达 74.80 $kPa^{-1}$）和超低滞后（3.39%）。除了多孔结构，褶皱结构也是开发高性能压阻传感器的主要设计结构，在单一微凸体结构表面形成褶皱型接触，增加活性材料的粗糙程度，也是进一步提高柔性压阻传感器灵敏度的有效方法。

### 2.3.2.1　非规整结构柔性压阻传感器的制备工艺

（1）非溶剂致相分离

非溶剂致相分离技术是一种常见的制作多孔结构的技术。其技术原理是配制一定组成的均相溶液，通过一定的物理方法使溶液在周围环境中进行溶剂和非溶剂的传质交换，改变溶液的热力学状态，使其从均相的聚合物溶液中发生相分离，转变成一个三维大分子网络凝胶结构，最终固化成膜。其影响因素有三点：聚合物浓度、温度以及非溶剂的种类。其中，聚合物浓度是最重要的影响因素。表现为当浓度偏低时，聚合物 / 凝固浴界面以瞬时分相体系为主，膜表面有不均匀的大孔出现，断面呈现指状孔结构。随着聚合物浓度增加，聚合物 / 凝固浴界面存在瞬时分相与延时分相同时进行，膜中的大孔结构受到抑制，大孔结构底下的海绵状结构尺寸增加。基于此技术，以实验室自制蒸馏水为非溶剂，制备聚氨酯多孔膜，通过超声的方式将导电材料碳纳米管附着在多孔聚氨酯上制备多孔聚氨酯 / 碳纳米管（PU/CNT）薄膜，将 PU/CNT 薄膜和单面电极组装成透气、灵敏、稳定且柔韧的压阻式传感器。该传感器的具体制作过程分为两步。首先是制备 PU/CNT 多孔膜，主要包括非溶剂致相分离和浸渍两部分。先将 DMF 溶液和 PU 溶液混合物按照 PU 浓度为 10%～18% 的比例混合搅拌，形成稳定、均匀的溶液。再将溶液倒入提前制好的玻璃模具中，并放入蒸馏水，在 20 ℃下保温形成多孔 PU 膜后，将多孔 PU 膜从模具上剥离并烘干。表面活性剂 SDBS 和 CNT 在蒸馏水中经超声分散制得 CNT 分散液；然后将多孔 PU 膜浸泡其中，使 CNT 均匀地附着在PU 微孔膜上。最后将导电多孔 PU 薄膜用蒸馏水清洗多次，以去除多余的 CNT，并烘干。第二步是使用丝网印刷在非织造布衬上印刷单面叉指电极作为柔性电极，采用热压的方式对PU/CNT 膜用非织造布衬进行封装以制作 PU/CNT 柔性压阻传感器。图 2-29 为多孔 PU/CNT传感器的制造工艺及实物图。

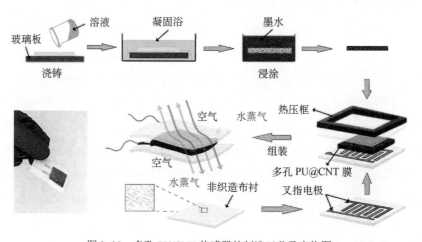

图 2-29　多孔 PU/CNT 传感器的制造工艺及实物图

（2）炭化工艺

采用炭化工艺制备柔性电子器件已成为近几年的研究热点，该工艺简单便捷，所获得的炭化材料因具有类石墨结构，显示出优异的导电性和柔韧性，在柔性传感器领域被科研工作者不断实践。炭化工艺是指在隔绝氧气的高温环境下，将材料内部非碳元素蒸发并进一步转变成石墨类碳材料的工艺。将原材料置于管式电炉中并通入氮气或惰性气体，设定工艺参数，使得材料在无氧条件下进行高温热解。升温速率、炭化时间和炭化温度是炭化处理的重要工艺参数，影响碳材料的含碳量及结构组成。

采用炭化工艺分别制备炭化棉织物/热塑性聚氨酯（CCF/TPU）和炭木气凝胶/热塑性聚氨酯（CWA/TPU）柔性压阻传感器。其具体制作过程分为三步。首先是制备 CCF 和CWA。将棉织物（CF）在丙酮中超声去除油脂杂质，然后依次用无水乙醇和去离子水冲洗数次，待干净的 CF 烘干后，将其置于箱式电阻炉中进行预氧化。木气凝胶（WA）是采用冷冻干燥法制得的：将巴尔沙轻木先后在无水乙醇溶液和去离子水中进行超声清洗，以去除木块表面的杂质和碎屑。然后用冰乙酸调节配制好的 $NaClO_2$ 溶液的 pH 使其呈酸性。将木块放入配制好的溶液中，在高温下处理，以完全去除木块中的木质素；再配制一定质量分数的氢氧化钠溶液，在高温下除去木块中的半纤维素。处理完成后，用去离子水将样品中的化学成分洗涤干净，直到样品呈中性。最后，将样品放置在冰箱中进行预冷冻，结束后在真空条件下冷冻干燥，得到 WA。之后将 CF 和 WA 置于管式炉中进行炭化处理，从室温分别加热到700 ℃、800 ℃、900 ℃和 1 000 ℃，这个过程是在氮气（99.99%）氛围下进行的，得到的炭化棉织物（CCF）和炭木气凝胶（CWA）。第二步是制备 CCF/TPU 和 CWA/TPU 复合材料。先配制热塑性聚氨酯（TPU）溶液。将一定质量的 TPU 颗粒溶解在 DMF 溶液中，放入转子，密封后以一定温度和转速匀速磁力搅拌，直至 TPU 颗粒完全溶解，分别获得质量分数为2%、4%、6%、8% 的 TPU 溶液作为柔性基底。接下来采用浸渍-干燥法，将 CCF 和 CWA 分别浸入不同浓度的 TPU 溶液中干燥几分钟（CWA 需要先用真空抽滤的方法过滤掉缝隙间多余的溶液）。重复操作 3 次，保证 TPU 完全均匀包覆 CCF 和 CWA，最后等其彻底固化以制备CCF/TPU 和 CWA/TPU 复合材料。第三步是制作柔性压阻传感器，将制备好的复合材料充当敏感元件，采用丝网印刷技术制备柔性电极，将其组装成柔性压阻传感器。

### 2.3.2.2　非规整结构柔性压阻传感器的形貌

（1）分层多孔结构

图 2-30（a）~（d）显示了 PU/CNT 薄膜的表面形态 SEM 图像。10 %-PU/CNT 的最大孔径为 556 µm，最小孔径为 98 µm，最大孔径与最小孔径之比为 5.67。12 %-PU/CNT 的最大孔径为 325 µm，是最小孔径的 3.91 倍。15 %-PU/CNT 的最大孔径为 35 µm，最小孔径为 12 µm，最大孔径与最小孔径之比为 2.91。18 %-PU/CNT 的最大孔径为 24 µm，是最小孔径的 2 倍。从这些数据可以看出，随着 PU 浓度的增加，PU/CNT 膜表面的孔径在逐渐减小，最大孔径与最小孔径的比值也逐渐减小，且膜的孔分布逐渐集中和趋于均匀。

图 2-30（e）～（h）显示 PU/CNT 薄膜的横截面 SEM 图像。从截面可以看出，PU/CNT 薄膜的结构可以分为上中下三层结构，中层表现为形状不一的大孔结构。当 PU 浓度为 10% 时，较大的孔在膜的横截面中表现为层状结构。当 PU 浓度为 12% 时，薄膜倾向于大孔结构。当 PU 浓度增加至 15% 时，膜中出现水滴状结构。当 PU 浓度为 18% 时，膜中形成树枝状结构。膜的上下层统一表现为较小的孔状结构，截面放大图所呈现的结构与理论结果一致。

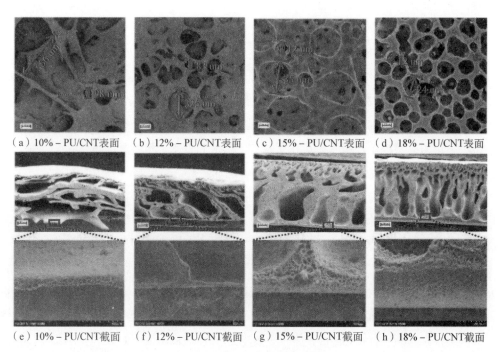

| （a）10%－PU/CNT表面 | （b）12%－PU/CNT表面 | （c）15%－PU/CNT表面 | （d）18%－PU/CNT表面 |

| （e）10%－PU/CNT截面 | （f）12%－PU/CNT截面 | （g）15%－PU/CNT截面 | （h）18%－PU/CNT截面 |

图 2-30　表面及截面 SEM 图像

为了进一步描述 PU/CNT 膜的结构，采用三维 X 射线显微镜（micro-CT）对其进行三维重组以分析 PU/CNT 膜的 3D 结构。图 2-31（a）～（d）是经过三维重组之后多孔 PU/CNT 薄膜透视图，包括深灰色的骨架和浅灰色的孔体积。图 2-31（e）～（h）显示了多孔 PU/CNT 薄膜的相应孔隙空间。其中，PU/CNT 膜孔隙率为孔隙与固体体积的比率。经过 micro-CT 计算，10%－PU/CNT、12%－PU/CNT、15%－PU/CNT 和 18%－PU/CNT 薄膜的孔隙率分别为 64.25%、58.03%、52.40% 和 40.27%。从数据可以看出，PU/CNT 薄膜随 PU 浓度增加，其孔隙率逐渐降低。结果表明，PU 浓度会影响薄膜的孔隙率。图 2-31（e）～（h）中不同颜色表示的是总孔隙体积和相互连接的孔隙区域，从图下方的色彩尺度可以看出，颜色的深浅代表的是薄膜的孔体积的大小。其中，颜色越深，孔体积越小；颜色越浅，孔体积越大。

（2）多孔网络结构

图 2-32（a）～（d）显示了不同炭化温度下炭化织物的 SEM 图像。从图中可以看出，高温炭化后织物的经纬向结构和纤维形态仍然清晰可见，随着炭化温度的升高，碳纤维变得越来越细，变形程度也随着炭化温度的升高而增大。此外，织物结构没有损坏，但观察到高温

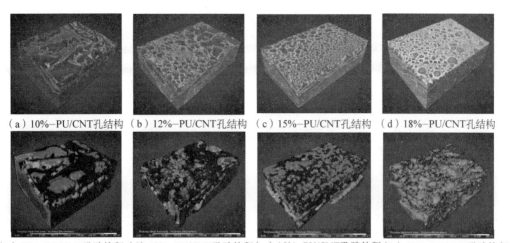

（a）10%-PU/CNT孔结构　（b）12%-PU/CNT孔结构　（c）15%-PU/CNT孔结构　（d）18%-PU/CNT孔结构

（e）10%-PU/CNT孔隙体积（f）12%-PU/CNT孔隙体积（g）15%-PU/CNT孔隙体积（h）18%-PU/CNT孔隙体积

图 2-31　micro-CT 成像多孔结构重组及孔隙体积

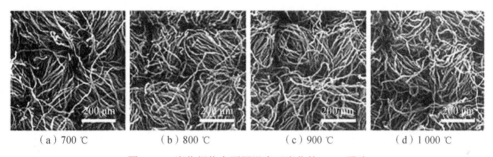

（a）700 ℃　　　　（b）800 ℃　　　　（c）900 ℃　　　　（d）1 000 ℃

图 2-32　炭化织物在不同温度下炭化的 SEM 照片

热解引起的碳纤维断裂。

图 2-33（a）～（d）显示了不同 TPU 浓度下的 CCF-800/TPU 复合材料的 SEM 图像。如图 2-33 所示，TPU 均匀地涂在 CCF 上，并且 TPU 的覆盖率随着其浓度增加而增加。在 10% 的 CCF/TPU 复合材料中，过量的 TPU 阻碍了碳纤维之间的相互接触。

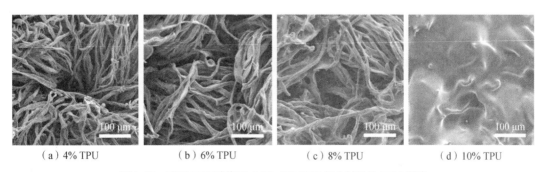

（a）4% TPU　　　（b）6% TPU　　　（c）8% TPU　　　（d）10% TPU

图 2-33　不同 TPU 浓度下 CCF-800/TPU 复合材料的 SEM 图像

（3）多层拱状结构

不同炭化温度及底物浓度下，CWA 具有不同微观结构，从图 2-34（a）～（d）可以看出，随着炭化温度的升高，在相同的放大倍数下，CWA 单位距离内的多层拱状结构越来越紧密。炭化温度越高，CWA 中流失的非碳元素就越多，体积也随着炭化温度升高而缩小，所以，电镜图中的微观结构越来越紧密。相同的原理，CWA 的拱形片层结构也应随着炭化温度升高而逐渐变薄，但由于生物质材料的多样性而无法对其进行准确比较。

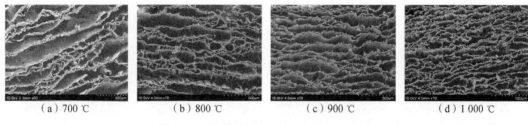

| （a）700 ℃ | （b）800 ℃ | （c）900 ℃ | （d）1 000 ℃ |

图 2-34  不同炭化温度下的 CWA 的 SEM 图像

图 2-35（a）～（d）为不同 TPU 浓度下 CWA/TPU 复合材料的 SEM 图像，从图像中可以看出，随着 TPU 浓度的增加，CWA 表面的 TPU 含量逐渐增多。当 TPU 浓度为 8% 时，TPU 密集地覆盖在 CWA 孔隙中间；TPU 浓度为 2% 时，复合材料中存在微量的 TPU。

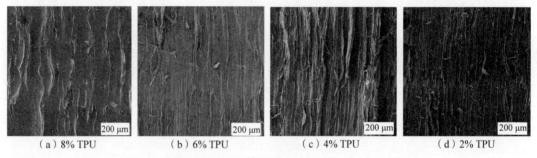

| （a）8% TPU | （b）6% TPU | （c）4% TPU | （d）2% TPU |

图 2-35  不同 TPU 浓度下 CWA/TPU 复合材料的 SEM 图像

### 2.3.2.3  非规整结构的柔性压阻传感器的性能

（1）力学性能

弹性高聚物具有良好的力学性能，常作为柔性传感器的支撑基底材料，因此，基底浓度会影响传感器的力学性能。对于 PU/CNT 膜，不同基底浓度制备的膜的孔体积大小不同。从图 2-36（a）可以看出，PU/CNT 膜随着聚氨酯浓度的增加，应力也逐渐增加，拉伸应力从 10%-PU/CNT 的 7.80 MPa 增加到 18%-PU/CNT 的 23.07 MPa，断裂伸长率从 10%-PU/CNT 的 133.5% 增加到 18%-PU/CNT 的 473.0%。其中，样品 18%-PU/CNT 的拉伸应力和应变达到了最大值，分别为 23.07 MPa 和 473.0%。这是因为，当聚氨酯浓度较低时，大孔体积抵抗拉伸的能力较弱，所承受的拉伸应力较低；而当聚氨酯浓度较高时，膜中小孔体积占多数，表现出较高的抗拉伸能力。对于炭化材料，由于炭化过程中，一些非碳元素的消失，因此，炭化材料结构更加致密，其压缩回复性得到改善，但是力学性能下降。热塑性聚氨酯的加入改善了炭化材料的力学性能，并且其浓度对复合材料的力学性能有影响，图 2-36（b）为不同 TPU 浓度 CCF-800/TPU 复合材料的应力-应变曲线。从图中可以看出，CCF-800/TPU 复合材料的断裂强度和断裂伸长率都随着 TPU 浓度增加而增大。图 2-36（c）显示了炭化温度为 800 ℃时添加不同浓度 TPU 复合材料的应力-应变曲线。从图可以看出，随着 TPU 浓度的升高，复合材料的模量逐渐升高，可见 TPU 的加入能明显改善复合材料的力学性能。

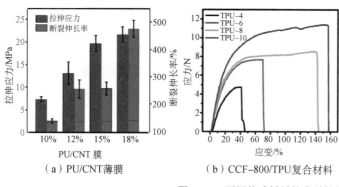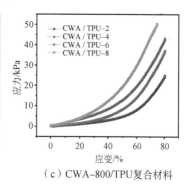

（a）PU/CNT薄膜　　　　（b）CCF-800/TPU复合材料　　　（c）CWA-800/TPU复合材料

图 2-36　不同传感材料的力学性能

（2）电学性能

传感材料的电学性能主要与导电材料有关。对 PU/CNT 复合材料来说，其表面积影响 CNT 的附着量。图 2-30 显示在 PU 浓度较低时，PU/CNT 表现为不规则的大孔，表面积较小，CNT 上载量较少，电阻较大。随着 PU 浓度增加，PU 膜孔径逐渐减小且趋于规整，表面积逐渐增大，CNT 上载量较为均匀，导电性随之增加。图 2-37 中数据表明，电阻由 10%-PU/CNT 的（2.600 ± 0.050）MΩ 逐渐下降到 12%-PU/CNT 的（70.000 ± 0.020）kΩ 以及 15%-PU/CNT 的（20.000 ± 0.002）kΩ 和 18%-PU/CNT 的（8.000 ± 0.007）kΩ，与理论结果一致。炭化处理将绝缘织物转化为导电材料，因此，对于 CCF/TPU 和 CWA/TPU 复合材料来说，其导电性主要受到炭化温度的影响。表 2-2 显示了不同炭化温度下炭化材料的电导率，经 700 ℃、800 ℃、900 ℃和 1 000 ℃炭化的炭化棉织物的电导率分别为 007 S/m、1 360 S/m、5 359 S/m 和 5 931 S/m，炭化棉织物的电导率随着炭化温度升高而增大。CWA 在 700 ℃、800 ℃、900 ℃和 1 000 ℃炭化处理后的方块电阻率分别为 2 581 002.000 Ω/□、128.220 Ω/□、19.322 Ω/□ 和 10.132 Ω/□。从数据可以看出，CWA 的方块电阻率随着炭化温度升高而逐渐降低，导电性能越来越好，当炭化温度为 700 ℃时，样品几乎处于绝缘状态。

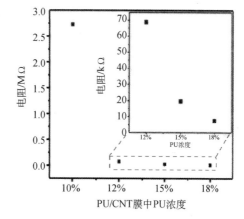

图 2-37　不同 PU 浓度下 PU/CNT 膜的电阻

表 2-2　CCF 和 CWA 在不同炭化温度下的电阻率

| 炭化温度 /℃ | | 700 | 800 | 900 | 1 000 |
|---|---|---|---|---|---|
| CCF | 电导率 / (S·m⁻¹) | 0.07 | 13.60 | 53.59 | 59.31 |
| CWA | 电阻率 / (Ω·□⁻¹) | 258 100.00 | 128.20 | 19.32 | 10.13 |

　　此外，基底浓度也会影响复合材料的导电性。表 2-3 显示了不同 TPU 浓度的 CCF-800/TPU 和 CWA-800/TPU 复合材料的电导率。TPU 浓度为 4%、6%、8% 和 10% 的 CCF-800/TPU 材料的电导率分别为 15.24 S/m、13.60 S/m、8.21 S/m 和 0.76 S/m，表明复合材料的电导率随着热塑性聚氨酯溶液浓度增加而降低，10% 的热塑性聚氨酯严重影响了复合材料的导电性。TPU 浓度为 2%、4%、6% 和 8% 的 CWA-800/TPU 材料的电阻率分别为 890.32 Ω/□、2 136 002.00 Ω/□、492 100.00 Ω/□ 和 10 453 752.00 Ω/□，表明样品的方块电阻率随 TPU 浓度的增加而增加。

表 2-3　不同 TPU 浓度下的 CCF-800/TPU 和 CWA-800/TPU 复合材料的电阻率

| CCF-800/TPU | TPU 浓度 / % | 4 | 6 | 8 | 10 |
|---|---|---|---|---|---|
| | 电导率 / (S·m⁻¹) | 15.24 | 13.60 | 8.21 | 0.76 |
| CWA-800/TPU | TPU 浓度 / % | 2 | 4 | 6 | 8 |
| | 电阻率 / (Ω·□⁻¹) | 890.3 | 213 600 | 492 100 | 1 045 375 |

（3）传感性能

　　多孔 PU/CNT 传感器的压力传感能力如图 2-38（a）～（d）所示。从图 2-38（a）可以看出，施加外部压力会导致多孔薄膜变形，从而增加接触碳纳米管和单面叉指电极之间的区域，这导致在 PU/CNT 薄膜的孔内形成的 CNT 之间有更多的导电通路。因此，当增加施加的压力时，传感器的电阻会降低。图 2-38（b）显示，通过施加 0～16 kPa 的均匀压力，所有传感器的相对电阻变化率逐渐增加，这是因为当压力施加在传感器上时，在多孔膜内部形成了更多的导电连接，导致传感器的电阻降低。由于 PU/CNT 膜的多孔结构，可将感应范围分为三个区域，分别为 0.7～3 kPa、3～8 kPa 和 8～16 kPa。12%-PU/CNT 柔性压阻传感器在 0.7～3 kPa 的压力范围内显示出最高的灵敏度（51.53 kPa⁻¹），这远高于图 2-38（c）所示文献中报道最多的结果。这是因为 12%-PU/CNT 膜具有大的孔体积，在施加小范围的应力时，就会有大量的接触面积，导致电阻产生较大的变化范围。随着 PU 浓度的增加，多孔体积逐渐减小，灵敏度逐渐降低。在 3～8 kPa 的压力范围内，相同参数的传感器的灵敏度均随压力增加而出现不同程度的下降。原因可归结为当压力趋于增加时，多孔结构逐渐被挤压，压力越大，多孔膜的可挤压程度越小，表现为灵敏度的降低。在 8～16 kPa 的压力范围内，不同参数的传感器的灵敏度表现为随着 PU 浓度增加而逐渐增加。原因可归结为随着载荷的增加，具有较大孔体积的膜将被更快地挤在一起，再施加压力时，电阻变化范围变小，从而导致电

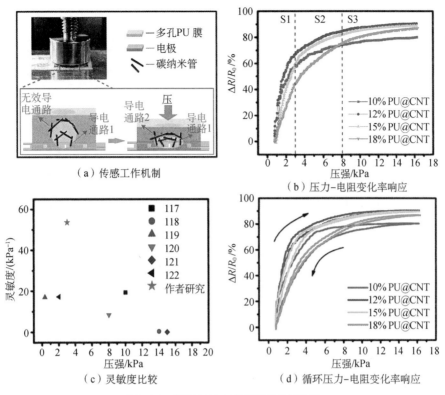

图 2-38　多孔 PU/CNT 传感器的传感性能

阻率变化减小，并最终导致灵敏度降低。

图 2-38（d）显示了多孔 PU/CNT 柔性压阻传感器的循环压力与电阻变化率之间的关系。从图中可以看出，由于较大的孔结构，10%-PU/CNT 具有较大的滞后窗口，并且滞后误差为 $\pm 16.80\%$；而 12%-PU/CNT、15%-PU/CNT 和 18%-PU/CNT 柔性传感器的迟滞误差分别为 $\pm 6.60\%$、$\pm 5.40\%$ 和 $\pm 4.63\%$。与 10%-PU/CNT 相比，18%-PU/CNT 传感器的迟滞误差优化了 67.80%。因此，均匀的多孔结构可以有效地减小柔性传感器的迟滞误差。此外，线性度也是描述传感器静态特性的重要指标。10% PU/CNT、12% PU/CNT、15% PU/CNT、18% PU/CNT 在 0~16 kPa 下的非线性误差分别为 $\pm 17.80\%$、$\pm 18.90\%$、$\pm 18.30\%$、$\pm 16.20\%$。

图 2-39（a）显示了在 18% PU/CNT 上施加的静态应力与其相对电阻变化率之间的关系。PU/CNT 柔性压阻传感器的相对电阻变化率在 2.775~9.281 kPa 的压力范围内随施加应力增加而增加，随施加应力的减小而减小，能灵敏地对所施加的应力做出反应，并且在相同压力的反复施加条件下，PU/CNT 柔性压阻传感器均能稳定地输出信号。图 2-39（b）显示了施加的动态应力与相对电阻变化率之间的关系。PU/CNT 柔性压阻传感器的相对电阻变化率在 0~16 kPa 的压力范围内随施加应力增加而增加，随施加应力减小而减小。因此，无论是静态压阻还是动态压阻，PU/CNT 柔性压阻传感器都能灵敏地对外界应力做出反应，说明该柔性传感器能准确地区分不同程度的压力，具有较高灵敏程度。图 2-39（c）显示了 18% PU/

CNT 在 3 kPa 下重复加载和卸载压力 8 000 次循环后的稳定性。此外，在图 2-39（c）给出了第 2 000 次、第 4 000 次和第 6 000 次循环中的 10 个循环。从 3 组 10 次循环数据可以看出该传感器具有优异的稳定性及重复性。

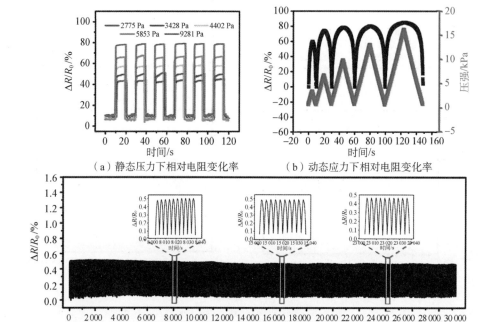

（a）静态压力下相对电阻变化率　　　　　（b）动态应力下相对电阻变化率

（c）18% PU/CNT 在 8 000 次循环载荷下电阻变化率

图 2-39　18% PU/CNT 传感器的传感性能

不同炭化温度引起的炭化材料的导电性和石墨化程度不同，导致传感性能不同。根据 SEM 图像可以看出 TPU 浓度分别为 6% 和 4% 时，CCF/TPU 和 CWA/TPU 复合材料表面的 TPU 覆盖量合适。图 2-40（a）描绘了不同炭化温度下 CCF/TPU-6 压阻传感器的相对电阻变化率与压强的关系。从图中可以看出，传感器的灵敏度出现先上升后下降的趋势，在 0.5～3.5 kPa 的压力范围内，800～900 ℃炭化的压力传感器显示出卓越的灵敏度，经计算，CCF-800/TPU-6、CCF-900/TPU-6 传感器在 0.5 kPa 压力下的灵敏度分别为 74.80 kPa$^{-1}$ 和 91.67 kPa$^{-1}$，这可以归结为以下原因：700 ℃炭化的碳纤维石墨化程度差，导致导电性差，灵敏度低；1 000 ℃高温炭化碳纤维的力学强度和弹性较差，使碳纤维在受到循环压缩时容易断裂。塌陷的织物结构导致灵敏度低；碳纤维在 800～900 ℃炭化，具有高导电性和良好的力学性能，及令人满意的灵敏度。炭化温度为 900 ℃时，传感器的灵敏度最高。图 2-40（b）描绘了不同炭化温度下 CWA/TPU-4 压阻传感器的相对电阻变化与压力的关系。炭化温度为 1 000 ℃时，传感器的灵敏度明显下降。这是由于虽然炭化温度越高，CWA 的导电性能越好，但根据灵敏度的计算公式，初始电阻偏小的传感器不利于获得较高灵敏度。从图中还可以看出，传感器的灵敏度随着压强增加而逐渐下降，这与 CWA 的结构有关。在微低压范围内，

CWA 拱形导电层之间的孔隙急速缩小，导致相对电阻变化率急速增大。由于传感器在微低压时，传感器的拱形层因受力而相互靠近，传感器的结构发生改变。在低压和中压范围内，传感器的拱形层之间的孔隙越来越小，根据电阻的计算公式可知，对应的传感器的相对电阻变化率增长越来越慢。

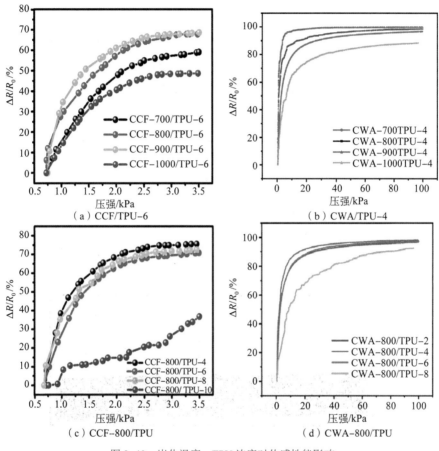

图 2-40　炭化温度、TPU 浓度对传感性能影响

由上文可知，炭化温度在 800 ℃和 900 ℃时，传感器的灵敏度较好。出于节约能源考虑，选用炭化温度为 800 ℃的 CCF 和 CWA 来探讨 TPU 浓度对 CCF/TPU 和 CWA/TPU 柔性压阻传感器性能的影响。图 2-40（c）和（d）显示了 CCF-800/TPU 和 CWA-800/TPU 柔性压力传感器在不同 TPU 浓度下的相对电阻变化率。从图中可以看出，基底浓度较低时传感器灵敏度差别不大，而浓度最大时传感器的灵敏度明显最低且曲线不光滑。这可能是因为 TPU 含量太高在传感器受力过程会阻碍导电片层之间的良好接触。

复合材料多由弹性高聚物作为衬底，弹性高聚物本身的黏弹性以及其与导电填料之间的界面作用是导致器件迟滞误差的原因，因此，研究了炭化温度在 800 ℃时，不同 TPU 浓度下的传感器的滞后现象，经过测试计算，CF-800/TPU-4、CF-800/TPU-6 和 CF-800/TPU-8 传感器的迟滞性分别为7.91%、9.34%和22.75%，CWA/TPU-2、CWA/TPU-4、CWA/TPU-6和CWA/TPU-8的迟滞率分别为5.2%、7.4%、13.5%和20.3%，表明迟滞性随TPU浓度的增加而增加。这归因于弹性聚合物固有的粘弹性。此外，浓度的增加也会影响传感器的稳定性。8%浓度传感器的电信号出现轻微不稳定，浓度为10%的传感器的波动电信号失去了感知能力。结果进一步表明，衬底浓度影响传感器的传感性能。

根据以上传感性能和力学性能，选取CCF-800/TPU-6和CWA-800/TPU-4柔性压阻传感器进行稳定性和耐久性研究。图2-41（a）显示了CF-800/TPU-6柔性压阻传感器在3 kPa下进行4 000次加载-卸载循环试验时的相对电阻变化。从图中可以看出，在这个过程中相对电阻变化是稳定的，没有明显的电信号波动。此外，从前10个周期、中间10个周期和最后10个周期的压缩循环过程中的加载-卸载放大图中可以看出相对电阻变化率显示出一致的规律性变化，这表明传感器具有良好的重复性和耐用性。CCF-800/TPU-6柔性压阻传感器表现出出色的稳定性和可靠性，这归因于加入TPU后所得的复合材料具有优异的弹性，并且TPU的包裹有效避免了CCF的破碎。在CWA-800/TPU-4压阻传感器上施加5 kPa的加载/卸载压力并重复10 000个循环，连续记录传感器的电阻变化。如图2-41（b）所示，在反复加载-卸载循环后，基线电阻没有明显漂移，进一步证明了传感器对各种压缩刺激的鲁棒性和能力。

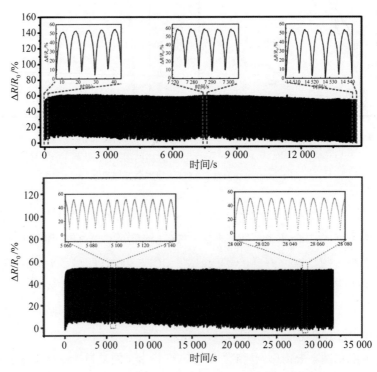

图2-41　CCF-800/TPU-6和CWA-800/TPU-4柔性压阻传感器的稳定性和耐久性

综合以上性能分析，对于采用非溶剂致相分离制备的分层多孔结构传感器，聚氨酯浓度越高（18%），其材料的力学性能（拉伸载荷和断裂伸长率分别为 23.07 MPa 和 473%）和电学性能［电阻为（8 ± 0.007）kΩ］最优异，原因归结于高浓度聚氨酯具有较大的孔表面积和较低的孔隙率，在相同的条件下能负载更多碳纳米管，具有较大的抗应变能力。根据 PU/CNT 膜的孔结构，可以将 PU/CNT 柔性压阻传感器的应变范围分为三个区间，分别为 0.7～3 kPa、3～8 kPa 以及 8～16 kPa。从表 2-4 可以看出，在 1 kPa 的压强下，12%-PU/CNT 柔性传感器的灵敏度最高，为 53.51 kPa$^{-1}$。在 0～16 kPa 的压强范围内，18%-PU/CNT 柔性传感器的线性误差和迟滞误差均为最小，分别为 ± 16.2% 和 ± 4.63%。

表 2-4　PU/CNT 传感器性能测试数据表

| 项目 | | 10%-PU/CNT | 12%-PU/CNT | 15%-PU/CNT | 18%-PU/CNT |
|---|---|---|---|---|---|
| 灵敏度 | 1 kPa | 49.47 | 53.51 | 44.84 | 21.46 |
| | 3 kPa | 5.83 | 5.74 | 7.27 | 9.13 |
| | 8 kPa | 1.28 | 1.30 | 1.60 | 2.84 |
| 线性度 | | ± 17.80% | ± 18.90% | ± 18.30% | ± 16.20% |
| 迟滞性 | | ± 16.80% | ± 6.60% | ± 5.40% | ± 4.63% |
| 重复性 | | ± 40.00% | ± 33.30% | ± 18.40% | ± 7.60% |

对于采用简单的炭化工艺和浸渍-干燥法制备的 CCF/TPU 和 CWA/TPU 复合材料，其表现出优异的柔韧性以及出色的电学性能和力学性能，是制造柔性压阻传感器的潜力材料。通过实验得出制备工艺对复合材料性能的影响，具体表现为：CCF/TPU 复合材料的电导率随着炭化温度升高、TPU 浓度降低而增大，复合材料的拉伸强度随着 TPU 浓度增加而增大，CWA/TPU 复合材料恰好相反。

对于炭化工艺制得的织物结构和拱状微结构柔性压阻传感器，炭化温度和基底材料浓度极大影响传感器的传感性能，炭化温度在 800～900 ℃、衬底材料浓度为 4% 或 6% 时的柔性压阻传感器具有优异的灵敏度、迟滞性和稳定性。其中 CCF-800/TPU-6 柔性压阻传感器具有 0～16 kPa 的宽工作范围、高达 74.8 kPa$^{-1}$ 的超高灵敏度、9.34% 的低迟滞性和 0.70 Pa 的低检测限，并且在 3 kPa 的 4 000 次加载-卸载循环测试中显示出优异的稳定性。CWA-800/TPU-4 柔性压阻传感器具有超高灵敏度（76.18 kPa$^{-1}$）、超低滞后性（7.4%）、宽检测限范围（0.6 Pa～100 kPa）以及优异的耐久性（10 000 次循环）。

### 2.3.2.4　非规整结构柔性压阻传感器的应用

具有非规整微结构的压阻传感器以其高灵敏度、低迟滞、高耐久性等优异的柔韧性和机电性能，它可以广泛应用于人体健康、活动监测等领域。使用上述压阻传感器依次对微小压力，如腕部脉搏、喉咙发声、呼吸频率、手部运动、足部运动等进行检测。图 2-42（a）显示当一粒质量为 17.44 mg 的米粒放在压力传感器上时，压阻传感器的相对电阻变化率明显上升，可以观察到不同米粒数引起的不同相对电阻变化率，相对电阻变化率随着米粒数量增加而增加，表明此柔性压力传感器可以准确地检测和区分微弱信号。图 2-42（b）显示了压阻传感器实时检测手腕脉搏的能力。人体脉搏频率的快慢和节律变化可以反映出心脏和血管状态等重要信息。如图 2-42（c）所示，脉搏波形的典型峰值，及 P（冲击）波、T（潮汐）波和 D（舒张）波均被手腕上的柔性压阻传感器识别，证实了该柔性压阻传感器作为可穿戴诊断设备在疾病诊断和实时监测中的巨大应用潜力。医学上呼吸频率是指每分钟呼吸的次数，临床上呼吸频率是急性呼吸功能障碍的敏感指标，是生命指征之一，具有重要意义。如图 2-42（d）显示，将压力传感器固定在口罩上，可以检测到稳定的呼吸，并能对正常呼吸和深呼吸以及呼吸频率作出正确的判断。

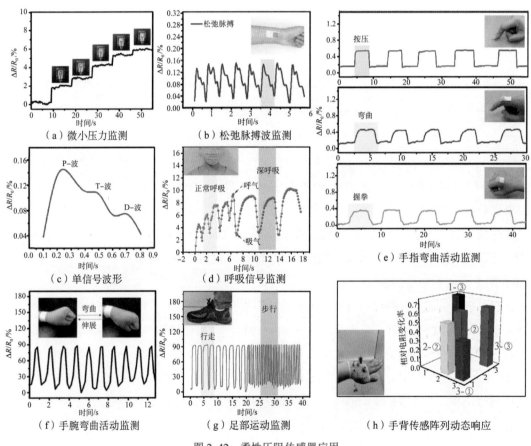

图 2-42　柔性压阻传感器应用

　　除了监测微弱信号外，灵活的压阻传感器由于其较大的工作压力范围，还可以监测大规模的人类活动。如图 2-42（e）所示，可以通过用医用绷带将压力传感器连接在食指近节指关节、食指中节指关节以及食指末节指关节处。当手指在同一区间进行规律的弯曲时，电信号有规律地变化，这表明压力传感器可以连续准确地监测人体的大活动。

图 2-42（f）显示了压阻传感器对手腕弯曲活动的信号检测图。图 2-42（g）将压力传感器贴在足底，行走运动时压阻传感器产生可变电阻信号。将柔性压阻传感器附着在人体的不同部位，如手指、手腕、膝盖和腿部等，以起到运动监测的功能，当人体进行走路、跑步、跳跃等活动时，这种长期的实时运动监测可以用来进行人性化康复以及运动员运动表现的评估。

柔性传感器阵列面积大，可以监测大面积的受力范围。采用丝网印刷技术开发了 3×3 的传感器阵列作为概念验证传感器矩阵。图 2-42（h）显示了当手向下弯时传感器阵列的动态电阻响应。手背相应位置的阵列传感器 3-①、2-①、2-②、3-③、1-③在手向下弯时呈现不同的响应信号。它可以用来测量手弯曲肌肉的运动。此外，该图还显示了连接到手背的传感器阵列能够监测分布的权重。在传感器阵列上放置几个权重，重建地图上每个像素条的高度标识了特定的权重信息。

## 2.4　拉伸应变传感器

柔性拉伸应变传感器作为可穿戴传感器领域的重要组成部分，凭借其良好的力学性能以及传感性能被广泛应用于健康监护系统中。银纳米线因其良好的电学性能、光学性能和独特的结构特征被广泛应用于柔性传感器的制备中。

### 2.4.1　拉伸应变传感器的制备工艺

银纳米线（AgNWs）是一种一维银纳米结构，其直径大小通常在 10~20 nm，长度在 5~100 μm。AgNWs 因其高导电性、独特的结构特性、优异的光学性质以及抗菌性等优点已经被广泛开发应用，并且它的纳米尺寸和高长径比使其成为传统导电材料理想的替代品。

AgNWs 的制备方法分为物理法和化学法，化学法因其工艺简单、操作方便、容易规模化等特点得到快速发展。化学法包括湿化学法、电化学法、模板法、多元醇法、光还原法、溶剂热法等。其中多元醇法制备方法简单、产量高、条件温和、成本低，获得越来越多科研工作者的关注。在多元醇法制备 AgNWs 的过程中，聚乙烯吡咯烷酮（PVP）的吸附效应和空间效应对 AgNWs 的形貌和产量有着重要的影响。随着 PVP 相对分子质量和浓度相应增加，PVP 对银纳米晶体面的化学吸附作用增加，AgNWs 的产量增加，长径比提高。因此，选择不同分子量和浓度的 PVP 可以有效地控制 AgNWs 的形貌。表 2-5 为采用不同浓度和分子量的 PVP 所制备的银纳米结构的产率和尺寸。PVP 的分子量越大，其分子链越长，对银纳米晶体的结合作用越强，产物中 AgNWs 的含量和长度也呈现增加的趋势。随着 PVP 浓度增加，银纳米晶体表面附着更多的 PVP，银纳米线的直径减小，长度增加，长径比呈现增大的趋势。

表 2-5　采用不同浓度、分子量的 PVP 所制备的银纳米结构的产量和尺寸

| PVP 分子量 | PVP 浓度 | 纳米线 | | 颗粒直径 /nm |
| --- | --- | --- | --- | --- |
| | | 产率 /% | （直径 / 长度）/ (nm/μm) | |
| 29 000 | 0.143 | 15 | 100 ± 10/1 ± 0.5 | 100 ± 20 |
| | 0.286 | 1 | 100 ± 10/0.6 ± 0.1 | 60 ± 10 |
| | 0.572 | 1 | 100 ± 10/0.4 ± 0.1 | 50 ± 10 |
| 40 000 | 0.143 | 20 | 100 ± 10/1.5 ± 0.2 | 100 ± 50 |
| | 0.286 | 5 | 100 ± 10/0.6 ± 0.1 | 100 ± 50 |
| | 0.572 | 1 | 100 ± 10/0.6 ± 0.1 | 60 ± 10 |
| 1 300 000 | 0.143 | 90 | 200 ± 100/2 ± 0.5 | 200 ± 50 |
| | 0.286 | 95 | 100 ± 20/4 ± 2 | 200 ± 50 |
| | 0.572 | 95 | 100 ± 10/6 ± 1 | 200 ± 50 |

拉伸应变传感器常用的制作方法是半干法，该方法应用范围较广，还可用于特种陶瓷和金属陶瓷的制作。彭军在制作 AgNWs 和 MWCNTs 的柔性可拉伸应变传感器时，利用自制的 AgNWs 和 MWCNTs 作为导电材料，PDMS 作为柔性基底，通过沉积的方法，将 AgNWs 和 MWCNTs 均匀地沉积到 PDMS 上制成柔性导电薄膜，并组装成简易的柔性可拉伸应变传感器。具体制作过程可以分为以下四个步骤。

（1）多壁碳纳米管的超声分散

首先，用电子天平称取 2.5 mg 的多壁碳纳米管，将其倒入离心管中，用胶头滴管吸取 1 mL 的 DMF 溶液加入离心管内，将离心管放置在超声波清洗器中进行超声分散，持续 2 h，以备接下来使用。

（2）银纳米线的称取与加入

首先，将制备好的银纳米线溶液倒入离心管内，把离心管放入电热恒温鼓风干燥箱中，温度设置为 70 ℃，待无水乙醇完全挥发，得到银纳米线粉末。然后，称取一定量的银纳米线粉末，加入 MWCNTs 溶液，为了使 AgNWs 能够均匀地与 MWCNTs 混合在一起，再进行超声分散 30 min。

（3）铺膜溶液的制备

称取一定量的 PDMS 和固化剂，按照 10 : 1 的质量比例进行混合，在磁力搅拌器上搅拌 30 min，然后在真空干燥箱中抽真空 20 min，重复两次，以去除 PDMS 溶液中的气泡，防止铺膜时溶液里的气泡对膜的质量造成影响。

（4）柔性传感器薄膜的制备

首先，选取 0.3 mm 厚度的聚乙烯薄膜，画出 1 cm × 5 cm 的矩形，将矩形切除，制成柔性薄膜传感器的模具，用双面胶将模具粘贴在玻璃板上，将制备好的 PDMS 溶液缓缓地

倒入粘贴在玻璃板上的聚乙烯模具内，用玻璃棒刮平溶液表面，然后将玻璃板放入 150 ℃ 的真空干燥箱中，3 min 后取出，此时，PDMS 薄膜处于半干状态。用胶头滴管吸取准备好的 AgNWs 和 MWCNTs 混合溶液，将其均匀地沉积在半干状态的 PDMS 上，然后，再将玻璃板放置在 150 ℃ 的真空干燥箱中，持续 30 min，取出玻璃板，让 PDMS 薄膜在室温下自然降温，待 PDMS 薄膜的温度降至室温，将其轻轻地撕下，获得传感器薄膜。

## 2.4.2　拉伸应变传感器的形貌

在多元醇法中，PVP 是形成银纳米粒子的重要表面控制剂。为了研究 PVP 相对分子质量对银纳米粒子形态的影响，选择了三种相对分子质量分别为 10 000、58 000 和 1 300 000 的 PVP。图 2-43（a）显示了当 PVP 的相对分子质量为 10 000 时，银纳米结构既粗又短。而相对分子质量为 58 000 和 1 300 000 的 PVP 对 AgNWs 的产量有明显的促进作用。图 2-43（c）中的银纳米棒和纳米粒子比图 2-43（b）中的多。

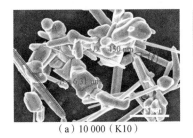 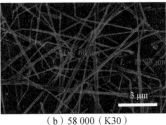 

（a）10 000（K10）　　　　　（b）58 000（K30）　　　　　（c）1 300 000（K90）

图 2-43　用不同相对分子质量的 PVP 制备的 AgNWs 的 FE-SEM 图像

图 2-44（a）～（c）分别显示了 MWCNTs、AgNWs 和 Ecoflex 的 SEM 图像。如图 2-44（c）所示，Ecoflex 的表面为波浪状结构，具有一定的不规则性，有利于导电材料与 Ecoflex 柔性基板的结合。图 2-44（d）～（g）分别是传感器 EAMs 0.05、EAMs 0.1、EAMs 0.15 和 EAMs 0.2 的 SEM 和 X 射线能谱分析谱（EDS），显示了 Ecoflex 薄膜中 AgNWs 和 MWCNTs 的分布状态以及 Ag 和 C 元素在 Ecoflex 薄膜表面的分布。绿色区域表示 Ag 元素，红色区域表示 C 元素（为了更方便地表达元素的二维分布，采用了元素的平面分布分析测试）。

通过图 2-44（d）～（g）可以观察到，AgNWs 和 MWCNTs 相互缠绕并嵌入形成一个完整的导电网络。随着 AgNWs 浓度的增加，AgNWs/MWCNTs 的比例开始发生变化。通过 EDS 测试，得到了 C 和 Ag 的原子百分含量在 EAMs 0.05、EAMs 0.1、EAMs 0.15 和 EAMs 0.2 四种传感器中分别为 97.41%∶2.59%、88.65%∶11.35%、83.30%∶16.70%、69.00%∶31.00%。从图 2-44（d）～（g）的 EDS 图可以看出，元素 C 均匀分布在 Ecoflex 表面，表明 MWCNTs 均匀分布在 Ecoflex 表面，Ag 元素的绿色区域逐渐变亮，表明 Ag 元素的含量逐渐增加。

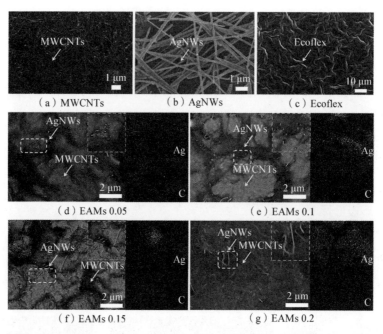

图 2-44　MWCNTs、AgNWs、Ecoflex 的 SEM 图及不同传感器的 SEM 图和 EDS 测试结果

### 2.4.3　柔性拉伸应变传感器的性能

本小节介绍三种柔性拉伸应变传感器的性能，并对其相同的性能进行比较，这三种传感器分别是：AgNWs/MWCNTs/Ecoflex 柔性拉伸应变传感器、MWCNTs/Ecoflex 柔性拉伸应变传感器和 AgNWs/PDMS 柔性传感器。

在 AgNWs/MWCNTs/Ecoflex（EMAs）柔性拉伸应变传感器中，图 2-45（a）～（d）显示灵敏度随 AgNWs 浓度增加而提高，并且随着拉伸速率提高而提高，灵敏度最高可达 118.19；当 AgNWs 浓度为 0.2 mg/cm$^2$ 时，传感器的灵敏度下降。造成这一现象的原因是增加 AgNWs 的浓度，增加了导电材料与导电触点之间的连接，但是 AgNWs 过度积累会降低传感器的灵敏度。AgNWs 浓度也会影响传感器的线性度，随着浓度的增加，线性度增大，当 AgNWs 浓度为 0.15 mg/cm$^2$ 时，传感器的线性度最好；AgNWs 浓度继续增加，线性度开始下降，直至 AgNWs 浓度达到极限。如图 2-45（e）所示，柔性拉伸应变传感器 EMAs 0.1 的最小迟滞量为 3.57%，但发现其波动较大。与实验中的其他传感器相比，传感器 EMAs 0.15 更加稳定，最适合实际应用。柔性拉伸应变传感器的稳定性代表了应变传感器对稳定的电气功能和机械完整性的长期拉伸／释放周期的疲劳抗力。由于柔性可拉伸应变传感器必须适应非常大、复杂和动态的应变，因此稳定性对于皮肤贴装和可穿戴应变传感器非常重要。如图 2-45（f）和（g）所示，该传感器的电阻变化率随着伸长率的增大而增大，并且在 5 个循环内都能保持一致，展现出良好的稳定性。如图 2-45（h）所示，测试周期为 1 000 次，传感器仍然具有良好的稳定性。

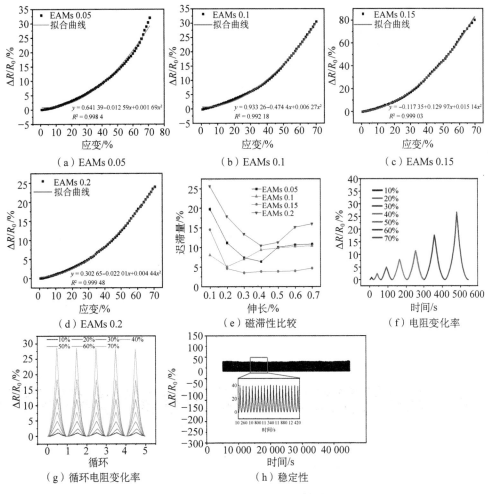

图 2-45　EMAs 传感器的传感性能

图 2-46（a）～（c）显示了传感器在 10%～1 300% 伸长率下的电阻变化曲线。通过对比横向和纵向拉伸电阻变化曲线，可以看出 MEs 传感器卸载后可以到达初始位置，并且在大拉伸应变条件下仍能保持稳定状态。还测试了传感器在不同拉伸速率下的电阻变化，如图 2-46（d）所示，当拉伸应变为 100%，拉伸速率为 3 mm/s 时，它仍然可以检测到外部刺激信号。根据 MEs 传感器的响应曲线，在 100% 应变下，施加的拉伸速率分别为 0.5 mm/s 和 1 mm/s 进行测试。同时，对传感器的耐久性和稳定性进行了测试，试验设定的循环速度为 0.5 mm/s，伸长率为 100%，加卸载循环次数为 6 000。从图 2-46（f）可以看出，在周期的初始阶段，传感器的电阻变化率不稳定，并出现下移现象，然后变化逐渐趋于稳定。造成这种现象的原因可能是：随着传感器拉伸量的变化，附着在 Ecoflex 表面的多壁碳纳米管发生滑移，传感器的导电网络发生变化，导致传感器的电阻变化率波动。同时，拉伸也会导致多壁碳纳米管的塑性变形和断裂，从而影响传感器的电阻变化率。但随着拉伸次数的增加，多壁碳纳米管的状态逐渐趋于稳定。

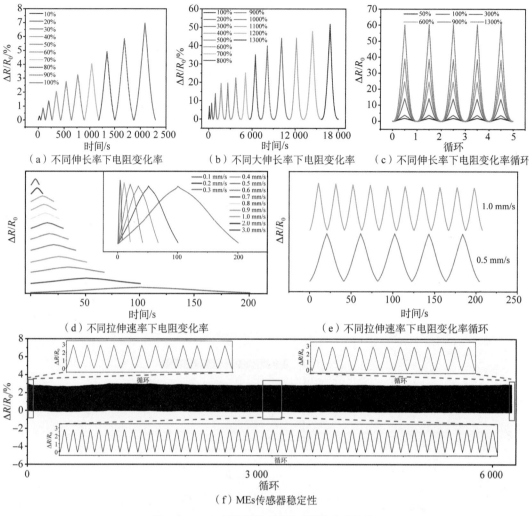

图 2-46　MEs 柔性拉伸应变传感器的传感性能

在 AgNWs/PDMS 柔性传感器中，图 2-47（a）为 AgNWs/PDMS 柔性拉伸应变传感器重复循环 200 次并放大的图，可以看出该传感器表现出良好的重复性，经计算最大滞后量为 10.6%［图 2-47（b）］。图 2-47（c）是拉伸循环前的 AgNWs/PDMS 柔性导电膜的扫描电子显微镜图像。图 2-47（d）是传感器进行 200 个拉伸循环后的扫描电子显微镜图像，从图中可以看出，拉伸循环后，薄膜表面出现了许多小裂纹。反复加载后，一些 AgNWs 从 PDMS 的内部延伸出来，但是 AgNWs 不会脱落，所以，电阻波动很小，传感器稳定性很好。

由上文可知，AgNWs/MWCNTs/Ecoflex 柔性拉伸应变传感器的灵敏度为 118.19，而 MWCNTs/Ecoflex 柔性拉伸应变传感器和 AgNWs/PDMS 柔性拉伸应变传感器灵敏度分别为 6.86 和 4.11，前者的灵敏度是三个中最好的。在线性度方面，三者都具有线性度。由于三者的迟滞性分别为 3.57%、1.63% 和 10.6%，因而 AgNWs/PDMS 柔性拉伸应变传感器的迟滞性最

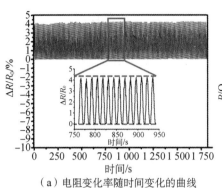
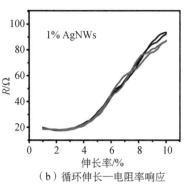

（a）电阻变化率随时间变化的曲线　　（b）循环伸长—电阻率响应　　（d）拉伸循环后

图 2-47　AgNWs/PDMS 柔性拉伸应变传感器的传感性能

高。在重复性的比较中，AgNWs/MWCNTs/Ecoflex 柔性拉伸应变传感器的重复性为 1 000 次，MWCNTs/Ecoflex 柔性拉伸应变传感器的重复性为 6 000 次，因而后者在重复性能上要优于前者。

## 2.4.4　柔性拉伸应变传感器的应用

柔性拉伸应变传感器因具有良好的灵敏度和稳定性，在人体运动监测中得到广泛的应用，图 2-48 为使用前文提到的柔性拉伸应变传感器 EAMs 0.15 监测人体的应用实例。图 2-48（a）～（d）显示在不同手势转换过程中的手指运动信号曲线，该传感器能够对手势变化作出快速、准确的响应。图 2-48（e）显示了颈椎弯曲时产生的运动信号。图 2-48（f）显示了人体行走、奔跑、跳跃时膝关节的运动信号曲线，当运动剧烈时，运动信号曲线波动增大。图 2-48（g）是不同速度行走时膝关节的运动信号曲线。当行走速度加快时，传感器的

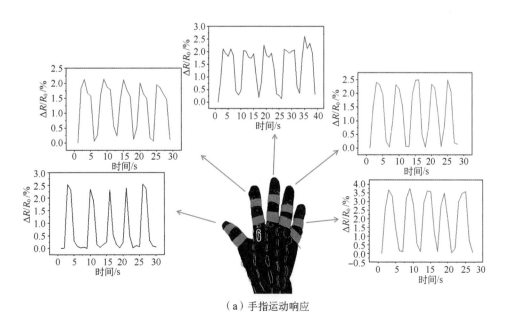

（a）手指运动响应

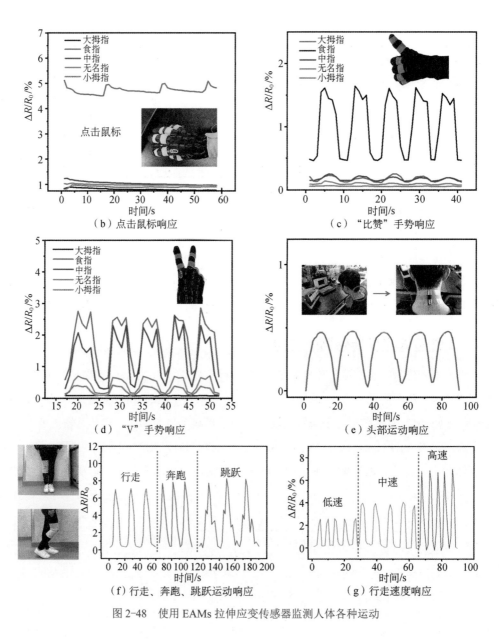

图 2-48　使用 EAMs 拉伸应变传感器监测人体各种运动

响应信号电阻增大，响应信号曲线的间距随着移动速度的加快而变得紧凑。综上，该应变传感器在不同部位的运动过程中会表现出不同的运动信号曲线，并具有一定的规律性，因此，可以根据电信号曲线来判断人体不同部位的运动状态。

为了监测人体运动、识别人体信号，还可以将柔性单丝传感器连接到人体手指上，进行手语识别信号监测。图 2-49 展示了传感器单手执行 A～Z 手语动作时的信号曲线。ME 传感器通过图 2-49 中的多路电阻测试仪进行信号识别，可以发现 ME 传感器可以准确识别不同字母的手语动作。

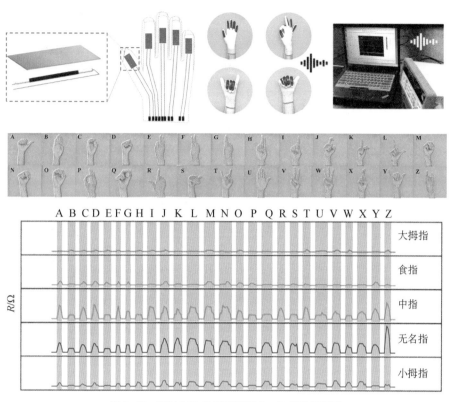

图 2-49　通过 ME 传感器识别 A～Z 的手语运动

## 2.5　总结与展望

本章着重介绍了基于电阻机制的平面结构、微纳米结构柔性应力-应变传感器。由表 2-6 可知，微纳米结构柔性传感器的灵敏度明显高于平面结构的柔性传感器。这表明微结构的设计可以有效地提高传感器的灵敏度。其中相比于非规整微结构，具有规整结构的传感器具有更低的滞后性。表 2-6 中三种柔性应变传感器在性能方面各有优势，其中 AGNWs/MWCNTs/Ecoflex 传感器的灵敏度最高，AGNWs/PDMS 传感器的迟滞性能最小，MWCNTs/Ecoflex 传感器的重复性能最好，高达 6 000 次。

表 2-6　各类柔性应力-应变传感器的性能

| 传感器类型 | 结构 | 导电材料 | 基底 | 灵敏度 /（kPa⁻¹） | 检测限 | 线性度 | 迟滞性 | 重复性 |
|---|---|---|---|---|---|---|---|---|
| 应力式 | 平面 | 石墨 | PU | 6.38 | 0.2～64.00 kPa | 是 | ± 12.30% | ± 20% |
| 应力式 | 平面 | 改性多壁碳纳米管 | PU | 4.28 | 0～63.00 kPa | 是 | ± 8.20% | ± 6.63% |
| 应力式 | — | 碳纳米管 | PU | 21.26 | 0.7～16.00 kPa | 是 | ± 4.63% | 8 000 次 |

| 传感器类型 | 结构 | 导电材料 | 基底 | 灵敏度/$(kPa^{-1})$ | 检测限 | 线性度 | 迟滞性 | 重复性 |
|---|---|---|---|---|---|---|---|---|
| 应力式 | 规整微结构 | 银纳米线、多壁碳纳米管 | PU | 42.60 | 0.5～11.00 kPa | 是 | ±4.15% | ±1.56% |
| 应力式 | 规整微结构 | 聚吡咯 | PMMA | 268.36 | 0.98～200.00 Pa | 否 | 3.16% | 5 000 次 |
| 应力式 | 非规整微结构 | 炭化棉织物 | TPU | 74.80 | 0.70～16.00 kPa | — | 9.34% | 4 000 次 |
| 应力式 | 非规整微结构 | 炭化木气凝胶 | TPU | 76.18 | 0.6～100 kPa | — | 7.40% | 10 000 次 |
| 应变式 | — | 银纳米线、多壁碳纳米管 | Ecoflex | 118.19 | — | 是 | 3.57% | 1 000 次 |
| 应变式 | — | 多壁碳纳米管 | Ecoflex | 6.86 | — | 是 | 1.63% | 6 000 次 |
| 应变式 | — | 银纳米线 | PDMS | 4.11 | — | 是 | 10.60% | — |

　　柔性应力-应变传感器工作原理简单，压力测试范围广，制造工艺简单，在人体呼吸监测、脉搏监测、手指活动等多方面得到应用，但是实现同时具有高灵敏度和宽检测限的柔性应力-应变传感器仍然是一个很大的挑战。根据人工智能、生物医学等领域的应用需求，柔性应力-应变传感器的未来发展趋势不仅是制备具有宽检测限的高灵敏度传感器，还需要努力开发低成本、高性能和能批量生产的柔性应力-应变传感器，以实现柔性应力-应变传感器在正常生活中的广泛应用。

# 第 3 章 柔性生物电干电极

## 3.1 柔性生物电干电极工作原理

在生物医学领域，将生物机体在进行生理活动时所显示出的电活动称为生物电现象，柔性生物电干电极就是用来采集和记录这些生物电现象的一种传感器。人体皮肤的表皮层可近似由角质层和生发层组成，角质层由电绝缘的死细胞组成，因此表现出高阻抗的特性。在生物电测量过程中，为了让电极与皮肤保持稳定的接触，一般需要用弹力带或医用胶带将电极固定在皮肤上。在测量生物电信号时，通常将工作电极放置在需要监测的皮肤表面，参比电极放置在生物电位相对稳定的部位，用来采集心电信号、脑电信号、肌电信号以及眼电信号，接地电极主要用来屏蔽噪声干扰。柔性生物电干电极的工作原理如图 3-1 所示。在静息状态下，细胞的细胞膜内外存在电位差，膜外为正，膜内为负。其中，细胞膜对钾离子（$K^+$）的通透性较高，$K^+$ 会随着浓度差向外扩散，当细胞受到刺激时，会引起细胞膜部分钠离子（$Na^+$）通道开放，$Na^+$ 会随着浓度差发生内流，膜内为正，膜外为负，从而与相邻部位产生电位差，形成可以通过柔性生物电干电极测量的局部电流。

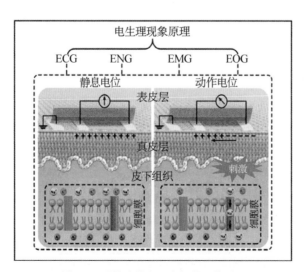

图 3-1 柔性生物电干电极的工作原理

为了获取高质量、稳定的生物电信号，生物电干电极应满足以下条件：电极与皮肤之间的界面阻抗应当最小化，确保采集到高信噪比的生物电信号；应保证电极与生物体之间有更稳定的接触面，减弱运动伪影对生物电信号采集的影响；还需考虑生物电干电极材料以及电极与皮肤接触面的结构设计对人体健康的影响情况，避免对人体产生伤害。表面生物电干电极是与皮肤紧密接触的非侵入性电极，在使用过程中不会对人体造成任何损伤，其简化的界面和等效电路模型如图 3-2 所示，在界面模型中，皮肤由表皮、真皮和皮下组织组成，表皮的最外层分布着角质层，在等效电路图中，$E_{hc}$ 表示电极/电解质界面处形成的半电池电位，而界面的结构是由并联的电容器 $C_d$ 和电阻器 $R_d$ 模拟的。另外，表面生物电干电极和皮肤之间不可避免地存在空隙，皮肤的汗水会在其间产生电阻，电极/皮肤界面之间的电阻和电容用 $R_i$ 和 $C_i$ 并联表示。皮肤的电阻和电容用 $R_e$ 和 $C_e$ 并联表示。真皮和皮下组织（主要由血管、神经、汗腺和毛囊组成）的总电阻用 $R_u$ 表示。由于简单的制造工艺和测量原理，表面生物电干电极成为迄今研究最多的干电极，即使在运动过程中，它们也可以与皮肤保持良好的接触，因此，适用于在非医疗情况下使用，如医疗保健和运动监测。

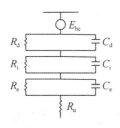

图 3-2　表面生物电干电极简化界面和等效电路模型

## 3.2　柔性生物电干电极的评价方法

干电极直接接触人体皮肤进行性能评价，会受到人体生理情况、电极/皮肤之间压力等参数的干扰，这些不确定因素很难被精确地控制和测量，同时，人体生理电信号的变化使得测试的重复性和稳定性较低，而目前评价干电极性能的方法和仪器有一定的局限性，只能通过调节压力来改变电极的阻抗，不能模拟真实的接触环境和分析系统动态噪声，也无法分析人体内部心电信号与经过人体皮肤/电解质界面后的心电信号之间的区别。为了真实地模拟实际应用中电极与皮肤之间的接触环境，表征电极系统的动态噪声，作者团队开发了一套柔性生物电干电极性能评价系统，能够调节电极/模拟皮肤的压力、相对运动速度，测量电极的阻抗、动态和静态开路电压，比较心电信号与原始心电信号的差异性，从而定性或定量地分析变化参数与测量参数之间的关系，为研究电解质界面机理和分析表面形貌不同的干电极特性提供了可能性。

### 3.2.1　柔性生物电干电极性能评价系统的设计方案

柔性生物电干电极评价系统包括无源测量和有源测量两种方案，其中：无源测量方案只是单纯地模拟人体皮肤，使用固态或者液态电解质模拟人体；有源测量方案是在模拟人体中加入心电信号发生器，模拟人体内部发出的生理电信号，从而更加接近电极使用的真实场景。固态电解质采用导电膏，液态电解质采用 0.9% 的氯化钠（NaCl）溶液。无源和有源测量方案有各自的优缺点，例如，无源测量方案可以直接定性或者定量地分析变化参数（电极 / 皮肤之间运动速度、压力）对测量参数（阻抗谱、动静态开路电压和心电信号）的影响，尤其是电压与动态噪声之间的函数关系，没有外界信号的干扰，则测得的电压变化就是系统的动态噪声，从而容易进行动态噪声的机理研究，缺点是无法获得变化参数对生理信号的影响。有源测量方案使用心电信号发生器发出心电信号，通过插入模拟人体内部的参考电极，将心电信号导入模拟人体内部，从而模拟真实的人体内部发出的心电信号，可以对生物电信号的电压衰减幅度和相位移偏差进行分析。在实际使用中，可根据需求制定方案，从而选择最合适的测量方案。

## 3.2.2　评价测试仪器的结构

### 3.2.2.1　系统组成

图 3-3（a）是柔性生物电干电极无源测量系统的测量原理图，图 3-3（b）是柔性生物电干电极有源测量系统的测量原理图。动态测量系统由四个部分组成，分别是人体皮肤仿真器、压力控制器、二维滑动平台及数据采集和控制模块。人体皮肤仿真器是整个测量系统的关键部件，其主体为聚四氟乙烯桶体，桶体内装有固态或者液态电解质。无源测量方案中的桶体两端由微孔膜封装，而有源测量方案中，在桶体一端封上微孔膜，另一端插入参考电极。压力控制器的作用是调节电极与皮肤之间的压力，顶端压力控制器与二维滑动平台相连，电极与皮肤之间的运动速度和运动轨迹可以通过软件控制二维滑动平台运动来实现，而电极 / 皮肤的压力变化可通过旋钮手动调节并通过软件实时读取。二维滑动平台由两个滑动导轨和运动控制模块组成。数据采集和控制模块包括压力、生物电等信号采集的硬件及软件，通过软件再调节电极与模拟皮肤之间的相对运动速度等参数，同时可以将采集的数据（如压力、动静态开路电压等）以文本文档的形式保存下来进行分析。

图 3-4 是柔性生物电干电极评价测试仪器（第二代）实物图，仪器的测试结果在左侧计

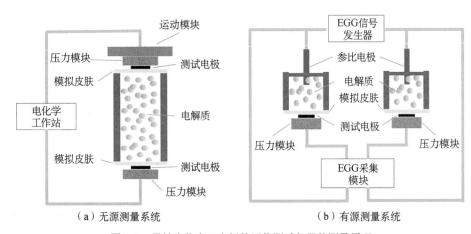

（a）无源测量系统　　　　　　　　（b）有源测量系统

图 3-3　柔性生物电干电极的评价测试仪器的测量原理

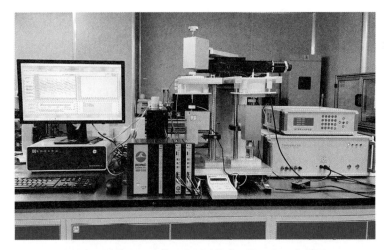

图 3-4　生物电干电极评价测试仪器（第二代）实物图

算机上显示。电极和模拟皮肤之间的压力通过压力传感器测量，并且通过信号调理模块将传感器感应到的信号放大，再通过数据通信模块传输到计算机。二维滑动平台选用的是中天光正 ZT106EY 型电动滑动平台，滑动行程是 100 mm，台面尺寸为 150 mm × 150 mm，平台的最大运动速度为 40 mm/s（使用的最大运动速度为 9 mm/s）。同时，电化学工作站可直接测量电极与模拟皮肤之间的阻抗谱。所有的参数都能由计算机控制和显示，并能对数据进行分析处理。

### 3.2.2.2　人体皮肤仿真器的设计

人体皮肤仿真器是柔性生物电干电极动态测量系统的核心部件。该仿真器的目的是模拟人体皮肤特性，其设计需要注意两点：一是防止液态电解质渗漏；二是模拟皮肤表面且保持足够的张力。图 3-5（a）是无源测量系统人体皮肤仿真器实物图，中间部分是桶体，在桶体的上下两侧分别有一个不锈钢盘，两者通过四个聚四氟乙烯棒连接，每一个不锈钢盘的外侧分别有一个内外层均为聚四氟乙烯（PTFE）的圆盘，这两层圆盘的作用是把模拟皮肤膜夹持住，并且使其覆盖在桶体上，同时用螺钉从上往下把内层和外层圆盘固定在不锈钢盘上。在桶体的侧面上下位置有两个孔，用于插入接头和硅胶软管。无源测量方案能够直接分析电极与皮肤之间的相对运动速度、压力等变化参数与界面阻抗谱、开路电压的关系，尤其是没有生物电信号导入的情况下，电极与皮肤相对运动时的动态噪声即是开路电压的变化量，但是，如果需要更加真实地分析人体的生理电信号对测量参数的影响，需要采用有源测量方案，图 3-5（b）是有源测量系统人体皮肤仿真器实物图。

### 3.2.2.3　压力控制器的设计

压力控制器的主要作用是调节电极与模拟皮肤之间的压力大小，同时采集压力值，所以，压力控制器上的电极与皮肤之间的压力需要加以精确的控制和调节。如图 3-5（c）所示，压力控制器主要由压力微调模块、传感器模块和电极固定模块构成。其中，压力微调模块主要包括张力微调盘、压力调节螺丝、位置约束块、两个对称的轴、上支撑架、支撑架和传感器支撑架，其中，三个支撑架通过两个光滑的轴固定住，并且把压力调节螺丝从上往下固定在中间的支撑架上，张力微调盘与压力调节螺丝固定在一起，因此，当旋转张力微调盘时，压力调节螺丝由于上下被约束，从而带动整个装置上下移动。传感器模块包括压力传感器、弹簧、线性轴承，弹簧一端和压力传感器的下端相连，另一端与下端的电极固定装置连接。电极固定装置又包括纽扣封装内圈、纽扣封装外圈、纽扣、漏液收集器。通过沉头螺钉将纽扣用内圈和外圈固定。纽扣的上端连着一根导线，通过微孔与外界相连。纽扣的作用是将干电极固定。电极与模拟皮肤之间的压力通过弹簧被上端的压力传感器感应，同时电极/电解质界面的阻抗和开路电压也可以通过相应的电化学工作站和电压采集模块测量。漏液收集器的作用是储存从皮肤仿真器中滴漏的溶液。

（a）无源测量系统

（b）有源测量系统

（c）压力控制器

图 3-5　人体皮肤仿真器和压力控制器实物图

### 3.2.2.4　膜的性能参数和参考电极的选择

人体皮肤仿真器中人体皮肤膜的选择非常重要。选择人体皮肤膜应遵循以下三个原则：一是模拟皮肤膜的性能与真实的人体皮肤的性能相似度要高；二是尽量防止测试过程中因模拟皮肤膜产生额外噪声干扰；三是有足够的张力并且具有良好的耐磨性。生物电干电极性能评价系统选用默克密理博（Merck millipore）公司的亲水性膜来模拟人体皮肤，其有效孔径为 0.1 μm，厚度为 0.135 mm，直径为 130 mm。

银/氯化银参比电极型号规格为银/氯化银-3.8（Ag/AgCl-3.8）；电极外壳玻璃管长度

为 60 mm，直径为 3.8 mm。聚四氟乙烯长度为 20 mm，直径为 6 mm；电极导电金属长度为 15 mm。

### 3.2.2.5　信号调理和控制部件

柔性生物电干电极动态性能评价系统的数据采集和控制模块主要由计算机、电化学阻抗谱、USB4065 电压采集模块、心电信号发生器、MP150 型多导生理记录仪以及压力传感器组成。电化学阻抗谱能够测量电极的阻抗谱，其频率设置范围是 $0.01 \sim 100\,000$ Hz，在测试结果中分析实部虚部及阻抗与频率、相位角与频率的关系；USB4065 电压采集模块能够测量界面的动态和静态开路电压，从而分析系统的动态噪声；心电信号发生器提供心电图信号和多种心律失常模拟，同时提供方波、正弦波等模拟信号波形；MP150 型多导生理记录仪能够记录系统中经过皮肤仿真器之后的心电信号，进而与原始的心电信号进行对比，分析信噪比；压力传感器能够提取电极与皮肤之间的压力信号，在计算机上实时显示压力，为分析压力与阻抗谱、开路电压之间的关系提供了条件。

## 3.2.3　小结

为了改进柔性生物电干电极的性能，解决电极直接接触人体进行性能评价存在的缺陷，本节介绍了一种干电极性能评价测试系统，该系统主要由四个部分组成：第一个部分是人体皮肤仿真器，它能够模拟人体皮肤，分为无源测量系统和有源测量系统，有源测量系统相对于无源测量系统增加了模拟心电信号装置，从而更加接近人体仿真；第二个部分是压力控制器，它能够精确地控制电极与皮肤之间的压力；第三个部分是二维滑动平台，它能够模拟皮肤与电极间的相对运动；第四个部分是数据采集和控制模块，它能通过程序控制电极与皮肤膜之间的相对运动，测量电极与模拟皮肤之间的阻抗谱、动静态开路电压和心电信号，并将数据保存用于分析。此研究的理论和方法能够为表面生物电干电极的性能评价及其评价标准的制定提供参考。

## 3.3　织物干电极

近年来，织物干电极因其良好的柔韧性、透气透湿性以及易于集成等优点而受到研究人员的青睐。长期生物电测量中使用的一次性心电电极由于其表面的胶黏剂和水凝胶，可能会引起皮肤过敏、发炎甚至溃烂，随着水凝胶的蒸发干燥，电极的性能也会受到影响。织物干电极可有效避免上述缺陷，而且具有可水洗、可重复使用等优点，适用于长期的心电监测。

### 3.3.1　Ag/AgCl 刺绣织物电极

新型柔性织物生物电干电极，由镀银尼龙纱线在织物基底刺绣而成，采用电化学方法在其表面沉积 AgCl 涂层，并对制作的刺绣电极进行表面形貌、电化学阻抗、静动态开路压以及 ECG 信号的测试表征。

### 3.3.1.1　制备材料与方法

使用刺绣机（PR650e 型）在织物基底上刺绣镀银尼龙纱线制作所需结构的刺绣电极。镀银尼龙纱（140 旦 **❶**，两股，中国青岛天银纺织科技有限公司），导电率为 3 Ω/cm，采用平针绣在非织造布上。椭圆形泡沫的长度、宽度和厚度分别为 40 mm、20 mm 和 2 mm，与相同尺寸的刺绣织物黏合。首先，将金属按钮固定在椭圆形泡沫垫的中心，然后用导电银胶将刺绣织物固定于垫子（SC666-80 系列，上海安贞新材料科技有限公司）。该设计使面向皮肤的一侧柔软且对皮肤友好，另一侧用于连接 ECG 采集设备。

采用恒压法对刺绣电极表面进行氯化处理。电解液采用质量分数为 0.9% 的 NaCl 溶液，正极和负极分别为刺绣电极和钛板，正负极之间的距离为 30 mm，氯化电压为 2 V，氯化时间分别为 0 s、30 s、60 s、90 s 和 120 s。不同的氯化时间决定了刺绣电极的不同氯/银（Cl/Ag）相对原子分数。根据氯化时间的不同，将五种不同类型的刺绣电极分别命名为 E-0、E-30、E-60、E-90 和 E-120。

刺绣电极的元素种类和相对原子分数由能量色散光谱仪（EDS）测定，刺绣电极的表面形态通过场发射扫描电子显微镜（SEM）进行表征。

刺绣电极的电化学行为主要由电化学阻抗谱、静态开路电位（SOCP）和动态开路电位（DOCP）三个指标表征。通过电化学工作站（CHI660D 型）测量刺绣电极和模拟皮肤之间的电化学阻抗谱，测试不同压力下的电化学阻抗谱，压力分别设定为 20 cN、30 cN、40 cN 和 50 cN。刺绣电极和模拟皮肤之间的压力可以通过压力调整装置进行调整。

开路电位可通过 NT USB4065 进行测量。在刺绣电极和模拟皮肤之间的压力为 20 cN、30 cN、40 cN 和 50 cN 的条件下测量刺绣电极的 SOCP。为了研究刺绣电极和模拟皮肤的相对运动对刺绣电极性能的影响，在 30 cN 的压力下，以 1 mm/s、2 mm/s、3 mm/s、4 mm/s 和 5 mm/s 的速度测量 DOCP。

ECG 信号由生物电测量模块（MP150 型）采集。在有源测试中，由 MiniSim1000 心电信号发生器（NETECN）作为信号产生源。通过模拟皮肤可以同时测量原始心电信号和标准心电信号，并进行分析比较。人体 ECG 信号测试试验是在一名 24 岁的健康志愿者身上进行的。在测试其心电信号时，正极和负极放置在胸部的左右两侧，接地极放置在左腹部。采用 Ag/AgCl 凝胶电极测量的 ECG 信号作参考数据，用于与刺绣电极测量的心电信号进行比较分析。

### 3.3.1.2　性能分析与讨论

图 3-6（a）展示了不同氯化时间的刺绣电极照片。随着氯化时间的增加，刺绣电极的颜色变深。图 3-6（b）显示了电流与氯化时间的关系曲线，这些曲线与 $X$ 轴包围的区域表示氯化过程中转移的电子量。随着氯化时间的延长，电流逐渐减小。由于刺绣电极上的 Ag 逐渐

---

**❶**　1 旦 =1/9 tex。

转化为 AgCl，刺绣电极的电阻增大，电流减小。根据电流曲线计算不同氯化时间下刺绣电极上 AgCl 的摩尔数，如图 3-6（c）所示，沉积的 AgCl 的摩尔数与氯化时间呈近似线性关系，相关系数 $n$ 达到 0.999 8。拟合表达式如式（3-1）所示：

$$n = 7.56 \times 10^{-4}t + 0.005, \quad R^2 = 0.999\ 8 \tag{3-1}$$

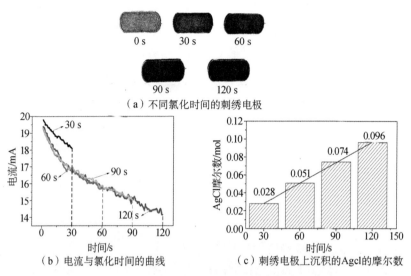

（a）不同氯化时间的刺绣电极

（b）电流与氯化时间的曲线　　　（c）刺绣电极上沉积的 AgCl 的摩尔数

图 3-6　不同氯化时间的刺绣电极及其性能

图 3-7 显示了不同氯化时间下刺绣电极的 Cl/Ag 原子比和表面形貌。图 3-7 中的 SEM 图显示，原始镀银纱线光滑且无颗粒。随着氯化时间的延长，纱线表面不规则颗粒数量增加。刺绣电极的 EDS 表明，氯化时间从 0 到 120 s，Cl 的相对原子分数从 2.84% 增加到 40.12%。Cl 元素增加代表镀银纱线表面沉积的 AgCl 含量增加。刺绣电极的氯化时间为 0、30 s、60 s、90 s 和 120 s 时，其 Cl/Ag 相对原子分数分别为 3%、47%、54%、62% 和 67%，氯化时间与 Cl/Ag 原子比呈近似正比关系，拟合的线性表达式如式（3-2）所示：

$$\frac{Cl}{Ag}(\%) = 0.23t + 40.5, \quad R^2 = 0.988\ 4 \tag{3-2}$$

对于生物电干电极，电极与皮肤的接触阻抗对心电信号采集的准确性有很大影响。阻抗谱可以反映电极与模拟皮肤之间的接触状态。一些研究人员直接在人体皮肤上进行电化学性能测试，以评估干电极的性能，优点是测量对象与应用对象一致。虽然电化学阻抗和生物电信号与最终应用对象相似，但在人体上直接测试的缺点也很明显。人体的生理参数会因个人不同而不同，并且同一个个体的生理参数也会随时间的变化而改变，测试结果的重复性很难保障。因此，采用标准的测量装置来评估柔性生物电干电极的性能是非常有必要的。

将模拟皮肤放置在琼脂模型系统上，然后在不同压力下测试刺绣电极在 0.01 Hz～100 kHz 频率范围内的电化学阻抗谱。图 3-8（a）～（d）显示了阻抗随着频率增加而减小。在 0.01～35 Hz 的频率范围内，E-90 的阻抗值在 20 cN、30 cN、40 cN、50 cN 的压力下都是最低的。

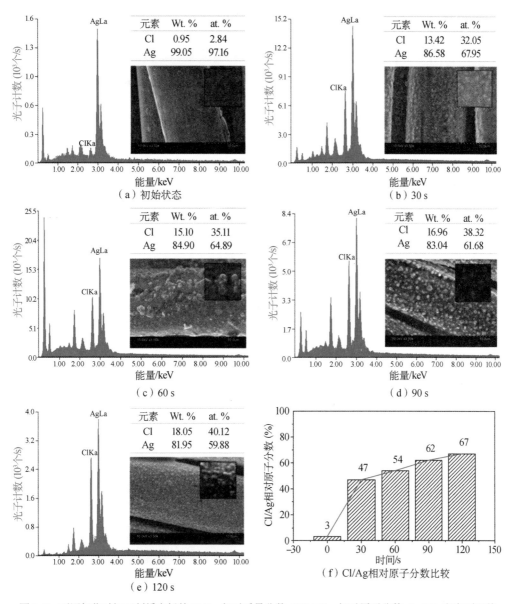

图 3-7　不同氯化时间下刺绣电极的 Cl/Ag 相对质量分数（Wt.%）、相对原子分数（at.%）和表面形貌

图 3-8（e）显示了刺绣电极 / 皮肤阻抗与氯化时间和压力的关系曲线，在不同压力下，E-90 的阻抗值的变化和标准偏差最小，为（3 364 ± 894）Ω。

电极 / 电解质界面的开路电位（OCP）与生物电信号的运动伪影密切相关，因此，许多研究人员使用它来分析和评估干电极的性能。从图 3-9 可以看出，五种电极在不同电极 / 电解质界面压力下的 SOCP 均小于 100 mV。因此，在评价电极时，更倾向于考虑 SOCP 曲线的振幅与稳定性的变化。当界面压力为 20 cN 时，所有电极的 SOCP 均不稳定。随着界面压力的增加，E-30、E-60、E-90 以及 E-120 的 SOCP 曲线变化幅度逐渐降低，稳定性提高，测试结果显示，电化学沉积表面处理使刺绣电极的电化学稳定性提高。

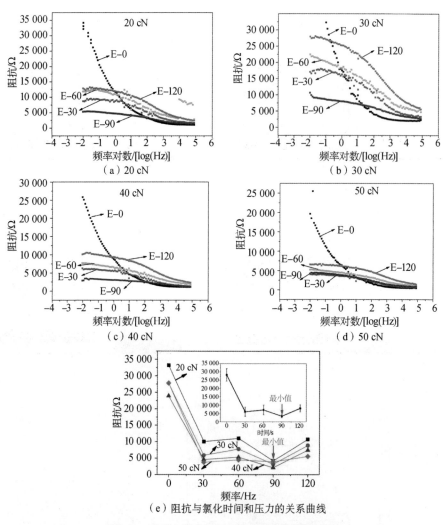

（e）阻抗与氯化时间和压力的关系曲线

图 3-8  刺绣电极在不同压力下的电化学阻抗谱

在测量人体心电信号时，人体上肢的运动会导致电极与人体皮肤产生相对滑移。电极相对运动的振幅与速度变化会产生噪声信号。当电极与人体皮肤间的相对运动速度改变时，生物电干电极的 DOCP 将会发生显著的变化。图 3-10（a）显示了 E-90 在与模拟皮肤之间的速度为 3 mm/s、压力为 30 cN 时 DOCP 的变化情况，一个完整运动周期中最大值与最小值之间的差就是 DOCP 的变化量（ΔDOCP）。图 3-10（b）显示了当电极与模拟皮肤之间的压力为 30 cN 时，所有电极 DOCP 在不同相对运动速度下的变化，可以看出，E-90 的 DOCP 变化量最小，为 0.000 22 V。

基于电化学阻抗谱、SOCP 和 DOCP 的测试结果，E-90 被认为是具有最佳电化学性能的刺绣电极。一是 E-90 电化学阻抗最小，为（3 364 ± 894）Ω；二是随着界面压力的增加，其 SOCP 变得非常稳定；三是其在不同压力下的 DOCP 变化最小，为 0.000 22 V。

将心电信号发生器产生的标准 ECG 与刺绣电极在模拟人体上测试所产生的 ECG 进行比

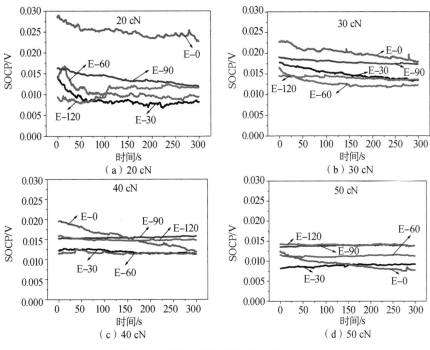

图 3-9 刺绣电极在不同压力下的 SOCP

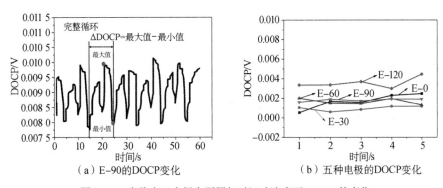

图 3-10 生物电干电极在不同相对运动速度下 DOCP 的变化

较。如图 3-11（a）所示，对比的主要参数包括 ECG 的峰值时间偏差、电压幅度以及噪声幅度。这些参数均可以反映 ECG 通过刺绣电极时所发生的变化。峰值时间偏差显示了 ECG 的相变程度，电压幅可以反映 ECG 通过织物电极时的衰减情况。噪声幅度也可以反映电极本身对 ECG 信号所造成的干扰，图 3-11（b）显示了最终的测试结果。

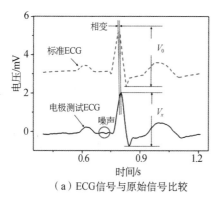
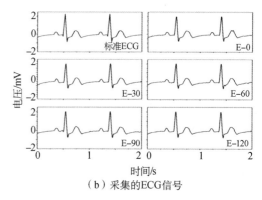

（a）ECG信号与原始信号比较　　　　　（b）采集的ECG信号

图 3-11　标准 ECG 与模拟测试信号比较

从 ECG 测试结果分析表（表 3-1）可以看出，E-120 的峰值时间偏差、电压振幅偏差的绝对值和噪声幅度均为最大，这表明 E-120 测量的 ECG 相变最大，ECG 信号衰减幅度最大。

表 3-1　心电信号测试结果分析

| 指标 | E-0 | E-30 | E-60 | E-90 | E-120 |
| --- | --- | --- | --- | --- | --- |
| 峰值时间偏差 /s | 0.012 | 0.013 | 0.013 | 0.011 | 0.016 |
| 电压幅度 /mV | 2.705 | 2.797 | 2.804 | 2.805 | 2.765 |
| 噪声幅度 /mV | 0.026 | 0.031 | 0.032 | 0.025 | 0.035 |

人体心电信号测试使用的是 MP150 多导生理记录仪三导联测试系统。测试时，将正极和负极电极分别放置在胸部的左侧和右侧靠近锁骨的位置，接地电极放置在左腹部靠近肋骨的位置。志愿者为 24 岁的健康男性。将刺绣电极放置在弹性绷带内，并将其缠绕于胸部和腹部，实际测试状态如图 3-12（a）所示。与此同时，将 Ag/AgCl 凝胶湿电极测得的 ECG 作为参考，与刺绣电极的测试结果进行比较，比较结果如图 3-12（b）所示。

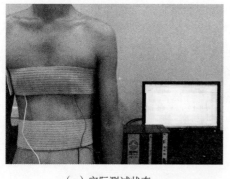
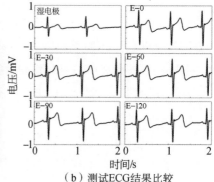

（a）实际测试状态　　　　　　（b）测试ECG结果比较

图 3-12　人体心电信号测试

对湿电极和五个刺绣电极采集的人体 ECG 进行分析,结果见表 3-2。刺绣电极测得的 ECG 的电压幅度大于一次性电极(1.082 mV),表明刺绣电极收集的 ECG 衰减幅度小于一次性电极的。但刺绣电极采集的 ECG 的噪声幅度略高于湿电极(0.010 mV)。E-90 的电压幅度为 1.458 mV,噪声幅度为 0.013 mV,信噪比为 40.996 dB,是几种刺绣电极中最高的。

表 3-2　不同电极采集的人体 ECG 结果分析

| 指标 | 湿电极 | E-0 | E-30 | E-60 | E-90 | E-120 |
|---|---|---|---|---|---|---|
| 电压幅度 /mV | 1.082 | 1.415 | 1.532 | 1.621 | 1.458 | 1.320 |
| 噪声幅度 /mV | 0.010 | 0.027 | 0.018 | 0.022 | 0.013 | 0.019 |

## 3.3.2　可保水刺绣织物电极

普通的织物干电极虽然舒适性能良好,与人体皮肤长时间接触并不会产生过敏反应,但在环境与皮肤界面是完全干燥的情况下,其采集的 ECG 质量会大幅下降,表明电极与皮肤界面存在适当的水分可以降低电极 / 皮肤的阻抗。

### 3.3.2.1　制备材料与方法

采用聚酯非织造布(100% 聚酯纤维,0.5 mm 厚,单位面积质量为 100 g/m²)和聚丙烯腈非织造布(35% 聚酯纤维、35% ES 纤维和 30% SAF 纤维,1.5 mm 厚,单位面积质量为 200 g/m²)作为基材。以表面电阻为 3 Ω/cm(140 旦,两股,青岛恒通伟业特种面料科技有限公司)的镀银纱线,在刺绣机(PR650e 型)上以平针绣法刺绣非织造布基材制作刺绣织物(图 3-13)。采用恒压法在刺绣织物表面沉积 AgCl 层,正负极间电压为 2 V,间距为 30 mm,电沉积时间为 90 s。两极间电连接是通过金属按键实现的,在金属按键和绣花织物之间加入少量导电银胶(SC666-80 系列,上海安贞新材料科技有限公司),保证电接触稳定。

图 3-13 展示了两种不同形状的刺绣织物,一种用于测试阻抗,另一种用于测试湿气缓释能力,包括头部和尾部两部分。头部是采集心电信号的主要区域,尾部则被用作导线,用纽

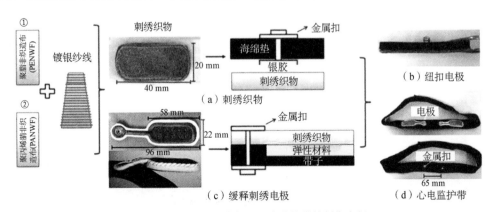

图 3-13　缓释刺绣电极及心电监护带的制作流程

扣将尾部绑在松紧带上，制成不同厚度填充材料的心电监护带。其中填充材料只需通过缝纫固定在刺绣织物的头部，弹性填充材料可以在刺绣织物电极和皮肤之间提供接触压力，降低运动过程中产生的动态噪声。

（1）ECG 采集：采用三导联测试法采集 ECG，心电监护带由两条弹性带组成，工作电极和对电极固定在其中一条弹性带上，两个电极的间距为 65 mm，接地电极在固定另一条弹性带上。测试时，工作电极置于左胸，对电极置于右胸，接地电极置于左腹部。

（2）形貌及元素种类表征：通过 SEM 对刺绣织物的表面形态进行表征，刺绣织物的元素种类和原子百分比由 EDS 测定。通过电化学工作站（CHI660D，北京华科普天科技有限公司）分别在 200 mN（约 0.25 kPa）和 40 mN（约 0.5 kPa）下测量刺绣织物电极与模拟皮肤之间的电化学阻抗。

（3）吸湿性能测试：测试在恒温恒湿条件下（20 ℃，50% RH）进行。制备四个长为 58 mm、宽为 22 mm 的样品，分别命名为 PENWF、PANWF、聚酯（PE-E）和聚丙烯（PA-E）。将四个样品放入 100 mL0.9% NaCl 溶液中 10 min，然后过滤多余的液体并称重，吸湿率的计算公式如式（3-3）所示：

$$M = \frac{W_2 - W_1}{W_1} \times 100\% \tag{3-3}$$

式中：$M$ 表示吸湿性 .（%）；$W_1$ 表示干燥物料的质量（g）；$W_2$ 表示完全吸湿后物料的质量（g）。

（4）蒸发性能测试：使用图 3-14 所示的蒸发实验装置来模拟人体皮肤表面的状态，它由琼脂和多孔膜组成。将四个样品 PENWF、PANWF、PE-E 和 PA-E 置于 100 mL 0.9% NaCl 溶液中 10 min，过滤多余的液体并称重。然后将电极平铺到模拟皮肤表面，每小时称重 1 次，连续称量 8 h。水分含量计算公式如式（3-4）所示：

$$C_n = (G_n - G_0) / G_0 \tag{3-4}$$

式中：$C_n$ 表示不同蒸发时间后的水分含量（g）；$G_0$ 表示干物料的质量（g）；$G_n$ 表示不同蒸发时间后湿物料的质量（g）。

如图 3-12（a）所示，人体生物电信号的测试在恒温恒湿条件下（20 ℃，50% RH）进行。志愿者年龄 24 岁，身高 175 cm。ECG 由信号采集模块（MP150）采集。频率设置为 60 Hz，输入电压为 5 mV。研究了不同运动状态下（静态、摆臂和匀速走）电极的心电信号采集性能。

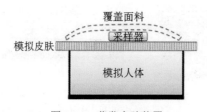

图 3-14 蒸发实验装置

### 3.3.2.2　性能分析与讨论

图 3-15 显示了刺绣织物的表面形态。原始的镀银纱线光滑无颗粒，经过氯化处理 90 s 之后，可以在纱线表面观察到许多不规则 AgCl 颗粒，它是由镀银纱线表面的银和 NaCl 溶液中的 Cl⁻ 通过电化学沉积产生的，其 EDS 图像如图 3-16（a）所示，表明 Cl/Ag 相对原子分数约为 46.5%。图 3-16（b）为原始镀银纱线刺绣电极的阻抗谱图，这是一种典型的极化电极，呈现出低频高阻抗、高频低阻抗的特点。但在电极表面电化学沉积 AgCl 后，氯化电极在低频区的阻抗显著降低，表现出更好的非极化性能。此外，在 40 cN 时的电极 / 皮肤阻抗明显低于 20 cN 时的电极 / 皮肤阻抗，这是由于在电极表面施加适当的压力时，刺绣电极与皮肤的接触面积增加，阻抗显著降低。

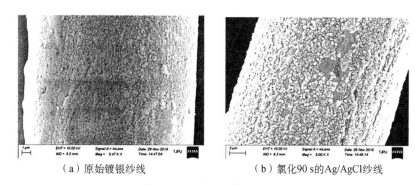

（a）原始镀银纱线　　　　　　　　（b）氯化 90 s 的 Ag/AgCl 纱线

图 3-15　刺绣织物的表面形态

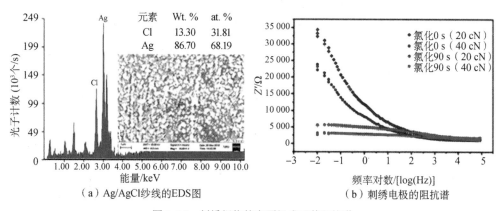

（a）Ag/AgCl 纱线的 EDS 图　　　　　　　（b）刺绣电极的阻抗谱

图 3-16　刺绣织物的表面组成及其阻抗谱

图 3-17（a）显示了水分含量与蒸发时间曲线。PENWF 的吸湿倍数为 1.92，但 PENWF 上的水分子很容易在空气中扩散，2 h 后，没有覆盖织物的 PENWF 水分蒸发达到平衡状态，在其表面覆盖两层织物后，经 6 h 水分蒸发才达到平衡状态。

图 3-17（b）显示 PE-E 和 PA-E 的含水质量与蒸发时间曲线。放置 1 h 后，不包覆织物的 PE-E 水分蒸发 84.6%，在 3 h 后水分蒸发达到平衡状态。即使覆盖两层织物，7 h 后 PE-E 的水分蒸发率仍然达到 94.3%。而未覆盖织物的 PA-E 在放置 7 h 后水分蒸发了 52.2%，覆盖

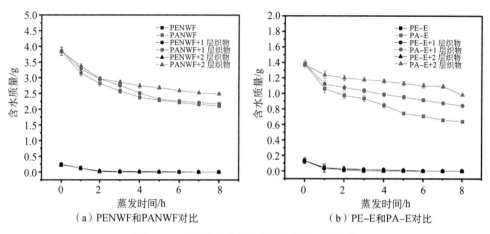

（a）PENWF和PANWF对比 （b）PE-E和PA-E对比

图 3-17 刺绣织物的水分含量与蒸发时间曲线

一层和两层织物后，水分蒸发率分别下降到 36.5% 和 20.4%。与 PE-E 相比，PA-E 的水分蒸发率明显下降，其水分保持性能更好。

图 3-18（a）为 PE-E 在不同蒸发时间后采集的 ECG。PE-E 采集的 ECG 中的 P 波、T 波和 QRS 波随蒸发时间增加有明显变化。随着水分的蒸发，电极／皮肤间的阻抗增加，ECG 的幅度明显降低。表 3-3 为 PE-E 在不同蒸发时间采集的心电信号 QRS 波幅值。当电极表面完全湿润时，QRS 波幅值最大，为 0.827 mV；蒸发 2 h 后波幅值变为 0.563 mV，下降了 31.9%；蒸发 10 h 后，心电信号 QRS 波峰值幅度仅为 0.422 mV，下降 48.9%。PA-E 在不同蒸发时间采集的 ECG 如图 3-18（b）所示，PA-E 采集的 ECG 波形在水分蒸发 10 h 后几乎没有变化。当其表面完全湿润时，QRS 波幅值为 1.822 mV；蒸发 2 h 后，QRS 波幅值为 1.821 mV；蒸发时间达到 10 h 时，PA-E 采集的心电信号 QRS 波幅值仍为 1.511 mV，下降 17.1%。这是因为聚丙烯腈纤维亲水性较好，并且 PA-E 内部的水分蒸发缓慢，有利于在心电信号监测时缓慢释放水分，从而使电极与皮肤之间的微环境始终处于湿润状态，电极／皮肤间阻抗变化更小，有利于心电信号采集。

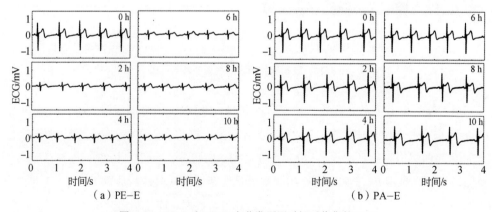

（a）PE-E （b）PA-E

图 3-18 PE-E 和 PA-E 在蒸发不同时间后收集的 ECG

表 3-3　PE-E 和 PA-E 采集的心电信号 QRS 波幅值

单位：mV

| 蒸发时间 /h | 0 | 2 | 4 | 6 | 8 | 10 |
| --- | --- | --- | --- | --- | --- | --- |
| PE-E | 0.827 | 0.563 | 0.523 | 0.523 | 0.519 | 0.422 |
| PA-E | 1.822 | 1.821 | 1.819 | 1.816 | 1.700 | 1.511 |

图 3-19 为 PE-E 和 PA-E 采集的心电信号噪声幅值与蒸发时间曲线。噪声幅值是 PR 间隔的信号波动幅度，它反映了电极本身产生的噪声。PE-E 采集的心电信号的噪声幅值随着蒸发时间的增加而增大，当 PE-E 完全润湿时，噪声幅值为 0.011 mV，但随着水分的蒸发，噪声幅值逐渐增大，当水分蒸发 10 h 后，心电信号的噪声幅值达到 0.015 mV。相比之下，PA-E 采集的心电信号的噪声幅值为 0.009 mV，当水分蒸发 4 h 时，其噪声幅值为 0.009 6 mV，并趋于稳

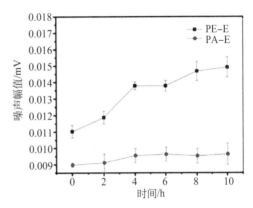

图 3-19　PE-E 和 PA-E 采集的心电信号噪声幅度与蒸发时间曲线

定。这是因为聚丙烯酸非织造布基材具有良好的保湿性能，在 10 h 的心电信号采集过程中，电极和皮肤的接触性更好，噪声也较低。

通过在电极背面放置弹性材料可以增加电极与皮肤之间的接触压力，同时也可以降低运动时产生的动态噪声。图 3-20 和表 3-4 为 PA-E 监测带不同厚度电极采集的静态心电信号和 QRS 波幅值。电极的填充材料（PUS）厚度为 15 mm 时，QRS 波幅值最小，为 1.719 mV，这表明填充材料并非越厚越好，采集信号的质量与电极 / 皮肤之间的压力并不完全正相关。对电极施加适当的压力，有利于心电信号的采集，但压力过高会导致皮肤变形，影响心电信号质量。

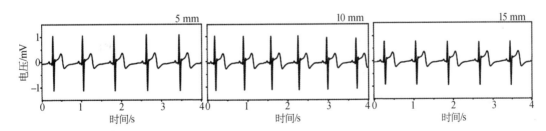

图 3-20　PA-E 监测带不同厚度电极收集的静态心电图

表 3-4　PA-E 监测带不同厚度电极采集的 QRS 波幅值

| 厚度 /mm | 5 | 10 | 15 |
| --- | --- | --- | --- |
| QRS 波 /mV | 2.194 | 2.115 | 1.719 |

图 3-21（a）显示了匀速摆臂时采集的心电信号。心电信号受摆动运动影响较大，较厚的填充材料导致电极与皮肤之间的压力过高，造成较大的皮肤变形和动态噪声。图 3-21（b）为匀速行走时采集的心电信号。与摆臂运动相比，匀速行走对心电信号的影响较小。另外，与电极集成的填充材料厚度为 5 mm 时，采集的心电信号相对较好，心电信号的 P 波和 T 波可以被清晰识别，集成 15 mm 厚度填充材料的电极测得的心电信号最差。除皮肤变形影响因素之外，皮肤与皮下组织之间还会因为压力而产生额外的电势，影响原始心电信号的采集质量。

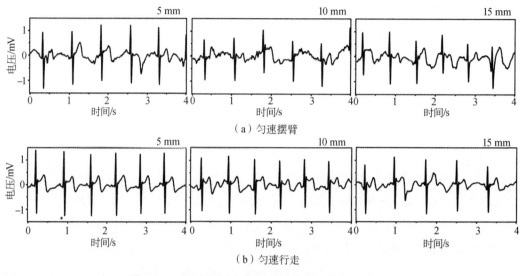

图 3-21　不同电极厚度的 PA-E 监测带采集的心电信号

可以通过心电信号的功率谱密度（*PSD*）来评价运动伪影，进而评价心电信号采集效果，*PSD* 越大，运动伪影越大，*PSD* 可由式（3-5）计算：

$$PSD^2 = V^2 / f \qquad\qquad (3-5)$$

式中：*PSD* 是心电信号的功率谱密度（V/Hz）；*V* 是心电信号的幅度（mV）；*f* 是信号频率（Hz）。

图 3-22（a）为 PA-E 摆臂时采集的心电信号的功率谱密度，其中 PUS 填充厚度为 5 mm 的心电监护带采集的心电信号的功率谱密度最低，运动伪影最小。图 3-22（b）显示了 PA-E 在匀速行走时采集的心电信号的功率谱密度，其中 PUS 填充厚度为 5 mm 的心电监护带采集的心电信号的功率谱密度仍是最低的。

另外，ECG 信号质量的好坏也可以用信噪比（*SNR*）来进行评价，*SNR* 是信号中有效成分与噪声成分功率的比值，*SNR* 可以通过式（3-6）计算：

$$SNR = 20\log\left(\frac{V_s}{V_n}\right) \qquad\qquad (3-6)$$

式中：$V_s$ 和 $V_n$ 分别代表信号和噪声的幅度，信噪比越大，信号质量越好。

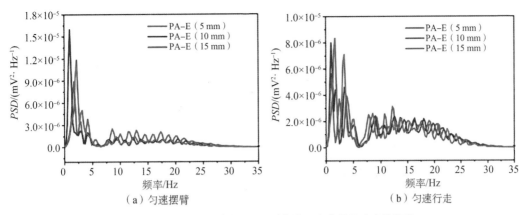

（a）匀速摆臂　　　　　　　　　　（b）匀速行走

图 3-22　不同电极厚度的 PA-E 采集的心电信号的功率谱密度

表 3-5 为不同厚度的心电监护带在匀速摆臂和匀速行走时采集的心电信号。摆臂时，心电监护带含 5 mm PUS 和 15 mm PUS 采集的心电信号的信噪比最大和最小，分别为 25.393 dB 和 16.971 dB。匀速行走期间测得的心电信号与匀速摆动手臂一致。填充厚度为 5 mm PUS 和 15 mm PUS 的心电监护带采集的心电信号的信噪比最大和最小，分别为 30.086 dB 和 19.06 dB。

表 3-5　不同厚度的心电监护带在匀速摆臂和匀速行走时监测带采集的心电信号

| 运动状态 | 材料 | $V_s$/mV | $V_n$/mV | $SNR$/dB |
|---|---|---|---|---|
| 摆臂 | 5 mm PUS | 2.177 | 0.117 | 25.393 |
| | 10 mm PUS | 1.649 | 0.229 | 17.147 |
| | 15 mm PUS | 1.623 | 0.230 | 16.971 |
| 行走 | 5 mm PUS | 2.491 | 0.078 | 30.086 |
| | 10 mm PUS | 2.015 | 0.121 | 24.430 |
| | 15 mm PUS | 2.127 | 0.230 | 19.060 |

### 3.3.3　小结

本节介绍了两种织物电极，分别是 Ag/AgCl 刺绣织物电极和可保水刺绣织物电极。当刺绣织物电极的 Cl/Ag 原子比为 62% 时（E-90），在模拟人体皮肤表面的心电信号测试和人体心电信号测试中具有最小噪声幅度（分别为 0.025 mV 和 0.013 mV）。在可保水刺绣织物电极设计中，可以利用具有优异吸湿性能的聚丙烯腈纤维来保证水分的持续释放，从而改善电极 / 皮肤接触阻抗，提高生物电信号在长期监测中的稳定性和准确性。

## 3.4　表面微纳米结构干电极

当附着在皮肤表面的电极发生形变或者有相对位移时，电极接触阻抗会发生相应的变化，从而引入较多的测量噪声。另外，毛发和粗糙的皮肤表面也会导致电极/皮肤接触电阻的增加。因此，动态噪声和电极/皮肤阻抗是微弱生物电信号采集中亟待解决的问题。电极表面的微纳米结构是其中一个解决方案，当干电极表面存在微纳米结构时，毛发可以被容纳在微纳米结构间而不影响电极与皮肤的直接接触，从而降低毛发对测量结果的影响。电极表面的微纳米结构能增加电极与皮肤之间的摩擦系数，在相同的正压力下，皮肤与电极之间的摩擦力更大，从而减少电极与皮肤之间的滑移。

### 3.4.1  仿"苍耳子"生物电干电极

表面微结构生物电干电极是干电极的一个重要组成部分，采用光刻等方法制备的模板成本高、工艺复杂，并且无法构建异形的微结构。作者团队发明了叠层模板法制备仿"苍耳子"结构薄膜的新方法。利用该方法制备了三种尺寸的微结构 Ag/AgCl-TPU 仿"苍耳子"生物电干电极，测试了电极的动态摩擦性能、抗毛发干扰性能、电化学性能和心电信号采集性能，并利用模拟仿真仪器对电极的动态噪声进行了评价。相比平面结构电极，仿"苍耳子"生物电干电极的动态摩擦系数提高了约 38.8%，并且有较强的抗毛发干扰能力，在动态心电图进行测量时，仿"苍耳子"生物电干电极显示出较低的基线漂移。此外，在使用模拟仿真仪器进行测试时，仿"苍耳子"生物电干电极表现出较低的动态噪声。其中，在信号采集方面，具有与湿电极相当的性能。制备的仿"苍耳子"生物电干电极增加了电极与皮肤间的摩擦系数，能有效解决生物电信号采集过程中的动态噪声问题。

#### 3.4.1.1  制备材料与方法

如图 3-23 所示为仿"苍耳子"生物电干电极的制备过程。采用叠层模板法［图 3-23（a）］制备 Ag/AgCl-TPU 仿"苍耳子"生物电干电极，通过激光加工设备（HDZ-UV10PS，中国大族激光科技产业集团有限公司）在不锈钢片的边缘制作倒钩微结构，然后将具有倒钩微结构的不锈钢片和边缘平整的不锈钢片交替堆叠，用夹具固定堆叠的不锈钢片，即得到用于制备仿"苍耳子"结构薄膜的模具，并且模具的尺寸可以通过不锈钢片的长度和片数调节。将质量分数为 20% 的 TPU/DMF 溶液倒在模具的顶部，放入真空干燥箱（80 ℃，3 h），待溶剂完全蒸发后，将 TPU 薄膜从模具上剥离，得到 TPU-FXbs 薄膜［图 3-23（b）］。该薄膜表现出良好的弹性，可以任意弯曲［图 3-23（c）］和扭曲［图 3-23（d）］。

采用两步化学镀银工艺在 TPU-FXbs 薄膜上镀银。首先，使用多巴胺对 TPU-FXbs 薄膜表面微结构阵列进行表面改性，以增强银层和倒钩微结构阵列之间的结合能力，之后将其置入银氨溶液中加热 8 h，再利用银镜反应将银沉积在倒钩微结构阵列上。最后在恒定电压（1 V）下，在 0.9% NaCl 电解液中，采用三电极体系，将该电极微结构表面的 Ag 氯化形成 AgCl，形成极化/非极化复合结构 Ag/AgCl。

使用动摩擦系数测试仪测试仿"苍耳子"生物电干电极和模拟皮肤之间的动摩擦系数。将电极放置在固定平台的模拟人体皮肤上，然后在电极上方放置不同质量（2 g、5 g、10 g、

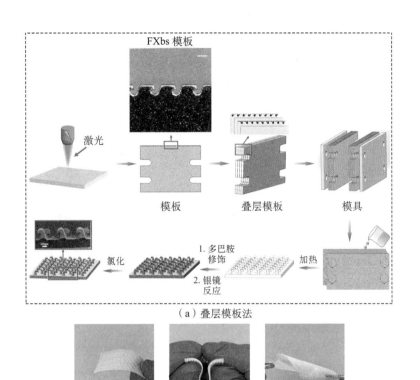

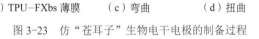

（a）叠层模板法

（b）TPU–FXbs 薄膜　　（c）弯曲　　　　（d）扭曲

图 3-23　仿"苍耳子"生物电干电极的制备过程

20 g、50 g）的砝码进行摩擦测试，得到电极与模拟皮肤之间的动态摩擦系数。

使用柔性传感器电学力学测试仪测试仿"苍耳子"生物电干电极的压力稳定性以及接触稳定性。将铜箔固定在平坦且不导电的聚甲基丙烯酸甲酯（PMMA）表面上，仿"苍耳子"生物电干电极放置在铜箔上，然后在电极上方放置用于顶部接触的压盘。通过控制压盘来对电极施加不同的压力（9 cN、13 cN、17 cN、21 cN、25 cN、29 cN、33 cN、37 cN、41 cN），使用万用电表（34410A 型）采集不同压力下该电极的电阻。

使用冷场发射扫描电子显微镜（Regulus 8100，Hitachi）观察仿"苍耳子"生物电干电极表面银层的均匀性和氯化前后倒钩阵列的表面形态。通过 X 射线能量色散光谱仪（Ultim Max 65，Oxford）获得非氯化和氯化倒钩阵列表面上元素的类型和比例。

使用电化学工作站（CHI660D）测量电极 / 电解质界面和电极 / 皮肤界面的电化学阻抗（0.1 Hz～10 kHz），对氯化前后电极 / 电解质界面的开路电位和电化学阻抗进行分析，研究氯化对其电化学性能的影响。

生物电信号测试在恒温恒湿（20 ℃，50% RH）条件下进行，志愿者为健康男性，年龄26 岁，身高 175cm。左胸部位放置工作电极，右胸部位放置对电极，左腹部位放置接地电极，使用湿电极（Wet）、平面结构电干电极（Plate）和仿"苍耳子"生物电干电极采集静态和摆臂 30°、60° 和 90°（摆臂频率为每分钟 30 次来回）运动状态下的心电信号。

使用生物电干电极性能评价系统对电极性能进行评估。在电极/模拟人体皮肤不同压力（20 cN、30 cN、40 cN 和 50 cN）和不同相对运动速度（1 mm/s、2 mm/s、3 mm/s、4 mm/s和 5 mm/s）下测量电极的阻抗、静态开路电位（SOCP）、动态开路电位（DOCP）以及心电信号波形。

### 3.4.1.2　性能分析与讨论

为了研究仿"苍耳子"生物电干电极的结构和动态摩擦系数之间的关系，制备三个不同倒钩尺寸的电极。图 3-24 显示了仿"苍耳子"小尺寸倒钩结构电干电极（FXsbs）、仿"苍耳子"中尺寸倒钩结构（FXmbs）电干电极、仿"苍耳子"大尺寸倒钩结构电干电极（FXlbs）的 SEM 图。其单个倒钩的高度分别为（133.3 ± 4.1）μm、（343.6 ± 4.9）μm 和（527.7 ± 2.5）μm；底长分别为（129.5 ± 4.6）μm、（295.7 ± 9.7）μm 和（482.3 ± 4.2）μm；宽度分别为（178.6 ± 3.5）μm、（180.2 ± 2.5）μm 和（179.8 ± 1.6）μm。

为了准确测量砝码施加在电极上的压强，需要对砝码的质量进行换算，并根据式（3-7）计算施加压力：

$$p = \frac{F}{S} = \frac{mg}{S} \tag{3-7}$$

式中：$p$ 是压强（Pa）；$F$ 是施加在板上的力（N）；$m$ 是砝码的质量（kg）；$g$ 是重力加速度（9.8 m/s²）；$S$ 是电极上施加力的面积（m²）。

根据式（3-8）计算电极与模拟人体皮肤之间的动摩擦系数：

$$\mu = \frac{N}{f} = \frac{mg}{f} \tag{3-8}$$

式中：$\mu$ 是动摩擦系数；$N$ 是施加在电极上的正压力（N）；$m$ 是砝码的质量（kg）；$g$ 是重力加速度（9.8 m/s²）；$f$ 是动摩擦力（N）。

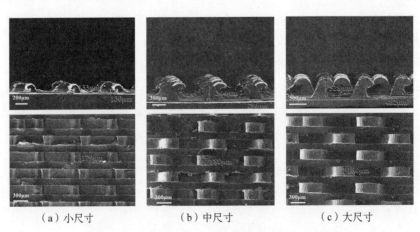

（a）小尺寸　　　　　　（b）中尺寸　　　　　　（c）大尺寸

图 3-24　仿"苍耳子"不同尺寸倒钩结构的 SEM 图

利用测试仪对三种尺寸的仿"苍耳子"倒钩结构电干电极进行动摩擦系数测试，并与平面结构电干电极进行对比。图3-25（a）显示了在218 Pa压力，0.2 mm/s、0.5 mm/s和1 mm/s运动速度下四种电极的动态摩擦系数变化情况，可以发现在不同运动速度下，仿"苍耳子"倒钩结构电干电极动态摩擦系数均大于平面结构电极。图3-25（b）为模拟人体皮肤与仿"苍耳子"倒钩结构电干电极和平面结构电干电极间的动态摩擦系数，可以看出，随着仿"苍耳子"倒钩结构尺寸的增加，动态摩擦系数增加。相比Plate的动态摩擦系数（0.521 ± 0.036），FXsbs的为0.705 ± 0.008，FXmbs的为0.823 ± 0.004，FXlbs的为0.975 ± 0.014，分别增加了约35.3%、38.8%和48.8%。图3-25（c）显示了四种电极在不同压强下的动态摩擦系数的变化，随着压强增加，仿"苍耳子"倒钩结构电干电极的倒钩结构会因受力发生形变，导致动态摩擦系数发生改变，当施加压强大于436 Pa时，FXmbs的动态摩擦系数最大，更适应动态测量，因为较高的动态摩擦系数可以减少运动过程中电极与皮肤之间的相对滑动，有利于采集运动状态下的心电信号。

使用柔性传感器电学力学测试仪对三种尺寸的仿"苍耳子"倒钩结构电干电极和平面结构电干电极进行电性能测试。图3-25（d）显示了四种电极（FXsbs、FXmbs、FXlbs和Plate）在不同压强（578 Pa、756 Pa、933 Pa、1 111 Pa、1 289 Pa、1 467 Pa、1 644 Pa和1 822 Pa）下的

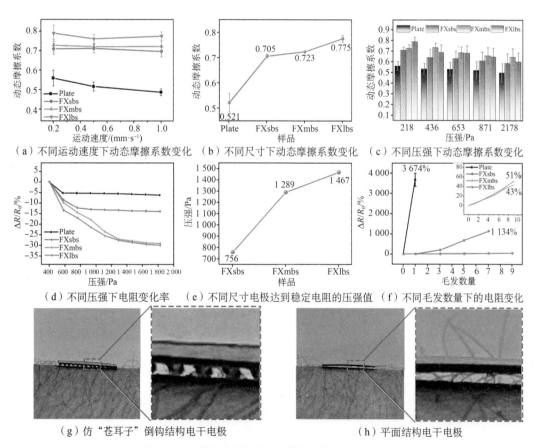

（a）不同运动速度下动态摩擦系数变化　（b）不同尺寸下动态摩擦系数变化　（c）不同压强下动态摩擦系数变化

（d）不同压强下电阻变化率　（e）不同尺寸电极达到稳定电阻的压强值　（f）不同毛发数量下的电阻变化

（g）仿"苍耳子"倒钩结构电干电极　　　　　（h）平面结构电干电极

图3-25　电极的摩擦性能、电性能、抗毛发性能测试

电阻变化率。FXsbs、FXmbs 和 FXlbs 电极达到稳定电阻的压强分别为 756 Pa、1 289 Pa 和 1 467 Pa，测量的电阻与施加的压强成反比，随着压强的增加，电阻减小 [图 3-25（e）]。这是因为施加在电极上的压强越大，仿"苍耳子"倒钩结构电干电极的倒钩结构的弯曲程度就越大，其与皮肤之间的接触面积就越大。对于较大尺寸的仿"苍耳子"倒钩结构电干电极而言，电阻达到稳定时需要更高的压强。

在实际应用中，皮肤含有许多杂质，包括头发和污垢，并且由于汗腺的不同，人体皮肤表面具有相当大的差异性。因此，将不同数量的模拟毛发（直径为 60 μm 的纤维）放置在仿"苍耳子"倒钩结构电干电极和平面结构电干电极表面，研究仿"苍耳子"倒钩结构电干电极与平面电干电极的抗毛发干扰性能。图 3-25（f）显示了电极在不同毛发数量下的电阻变化情况，随着接触区内毛发数量的增加，FXmbs 和 FXlbs 电极的电阻变化较小，而 FXsbs 和 Plate 的电阻变化较大。当在 Plate 上放置一根毛发后，毛发的存在导致了接触空隙的出现，电极与皮肤之间的接触中断，在 FXsbs 上放置七根毛发后也出现了相同的现象。毛发可以被容纳在 FXmbs 和 FXlbs 的微结构间，这些毛发对接触面积的影响较小。当仿"苍耳子"倒钩结构电干电极放置在有毛发的皮肤上时，电极可以与皮肤保持接触，避免毛发的影响 [图 3-25（g）]，而平面结构电干电极受毛发的影响更大 [图 3-25（h）]。

图 3-26（a）和（b）显示了镀银前和镀银后仿"苍耳子"生物电干电极的 SEM 图，可以看到，镀银后仿"苍耳子"生物电干电极表面覆盖了均匀的银层。图 3-26（c）和（d）显示了氯化前后仿"苍耳子"生物电干电极表面涂层的 SEM 图，氯化前，电极表面覆盖有颗粒状银层，氯化后，电极表面形成了不规则的氯化银颗粒。图 3-26（e）和（f）显示了氯化

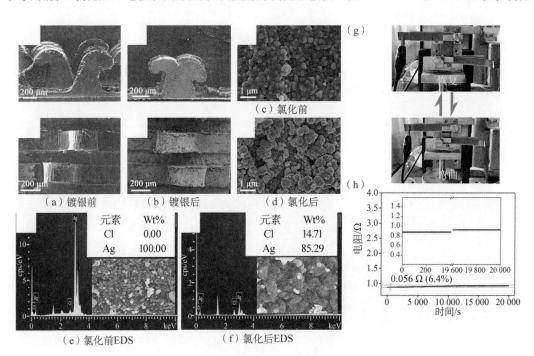

图 3-26　FXbs 生物电干电极的极化性能

前后仿"苍耳子"生物电干电极的 X 射线能谱（EDS）结果，氯化前 FXbs 生物电干电极表面的氯含量为 0，氯化后增加到 14.71%，不规则的 AgCl 颗粒分散在 Ag 层上，形成极化/非极化的 Ag/AgCl 复合结构，可以降低电极的极化性能。此外，为了验证电极表面涂层的稳定性，如图 3-26（g）和（h）所示，使用柔性传感器电学力学测试仪将 FXbs 生物电干电极反复弯曲 50% 并恢复，经过 5 000 次弯曲循环后，电极电阻仅增加 0.056 Ω（电阻增加率为 6.4%）。

图 3-27（a）显示了氯化过程中的电流-时间曲线。当施加电压时，电流瞬间增加，然后随着时间的增加而逐渐降低，因为电极表面的 $Ag^+$ 和氯化钠溶液中的 $Cl^-$ 结合形成 AgCl，导致电阻增加，电流逐渐减小。此外，在整个氯化过程中，仿"苍耳子"生物电干电极的电流比平面结构电干电极的大，这是由于仿"苍耳子"生物电干电极具有更大的比表面积，Ag 含量更高，因此，在氯化过程中提供了更多的 $Ag^+$ 与 $Cl^-$ 结合。

图 3-27（b）显示了氯化和非氯化仿"苍耳子"生物电干电极、平面结构电干电极与电解质（0.9% NaCl）界面的电化学阻抗谱。电极和电解质之间的界面阻抗很小，因为电极本身的电阻很小，因此，电流阻断效应很小。在 0.1 Hz 时，仿"苍耳子"生物电干电极和平面结构电极的阻抗从 78.96 Ω 和 103.60 Ω 下降到 18.26 Ω 和 24.20 Ω，分别对应下降 76.9% 和 76.6%，表明氯化处理降低了电极/电解质界面低频区的阻抗。此外，仿"苍耳子"生物电干电极的电极/电解质界面阻抗小于平面结构电干电极，这是因为仿"苍耳子"生物电干电极具有比平面结构电干电极更大的界面接触面积，从而改进了其电极/电解质界面的接触状态，降低了其界面阻抗。同样，如图 3-27（c）所示，仿"苍耳子"生物电干电极和平面结构电干电极的相位值在 0.1 Hz 时从 31.9° 和 39.3° 下降到 8.8° 和 9.6°，分别对应下降 72.4% 和 75.6%，仿"苍耳子"生物电干电极的相位值也低于平面结构电干电极，表明其电容阻抗较低。此外，低频区 Ag 电极的相位值远高于 Ag/AgCl 电极，这是由于 AgCl 是非导电的，降低了电极的极化效应。

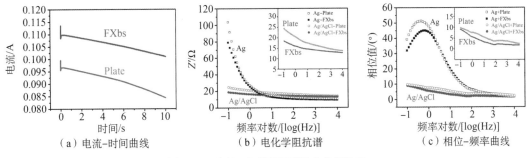

图 3-27　电极/电解质界面的电化学性能

图 3-28（a）显示了湿电极、仿"苍耳子"生物电干电极和平面结构电干电极与皮肤界面的电化学阻抗谱。在 0.1 Hz 时，湿电极、仿"苍耳子"生物电干电极和平面结构电极的电极/皮肤界面阻抗分别为 21.4 kΩ、31.6 kΩ 和 53.6 kΩ，在 10 Hz 时，湿电极、仿"苍耳子"生物

电干电极和平面结构电干电极的电极/皮肤界面的阻抗分别为 20.7 kΩ、27.6 kΩ 和 42.4 kΩ，仿"苍耳子"生物电干电极的电极/皮肤界面的阻抗小于平面结构电干电极的，且更接近湿电极。

图 3-28（b）可以看出，仿"苍耳子"干电极的电极/皮肤界面的相位值小于平面结构电干电极的，且更接近湿电极的。图 3-28（c）显示了湿电极、仿"苍耳子"生物电干电极和平面结构电干电极的奈奎斯特图，是遵循典型电荷转移过程的半圆图，半圆和实轴的交点到原点的距离表示电极和皮肤的迁移阻抗，距离越短，阻抗越低，湿电极、仿"苍耳子"生物电干电极和平面结构电干电极的迁移阻抗值均较小。高频区的半圆直径表示皮肤/电极界面电荷转移的阻抗，半圆直径越小，阻抗值越小，湿电极和仿"苍耳子"生物电干电极的电极/皮肤界面的阻抗值远小于平面结构电干电极的。

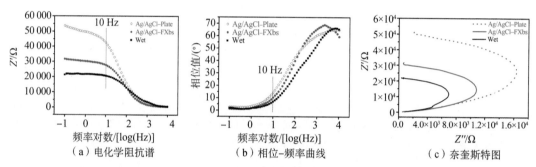

图 3-28　电极/皮肤界面的电化学性能

图 3-29 显示了在自然坐姿（静态）和手臂摆动 30°、60° 和 90°（频率为每分钟 30 次）的情况下，使用湿电极、平面结构电干电极和仿"苍耳子"生物电干电极测量的人体心电信号。由图可知，三种电极都可以准确而稳定地采集自然坐姿下人体的心电信号，P-QRS-T 波清晰可见，当手臂以 30° 的角度摆动时，心电图基线开始发生漂移，仿"苍耳子"生物电干电极和湿电极的性能相当；当手臂以 60° 的角度摆动时，湿电极表现出较大的基线漂移，仿"苍

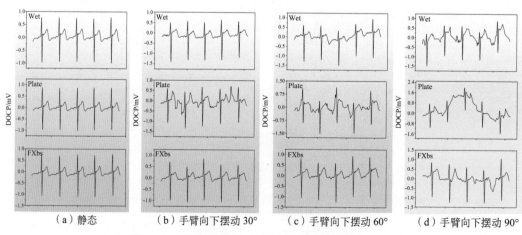

图 3-29　不同运动状态下三种电极测量的人体心电信号

耳子"生物电干电极表现出轻微的基线漂移；当手臂以 90° 的角度摆动时，湿电极和平面结构电干电极的基线漂移幅度更大，而仿"苍耳子"生物电干电极的基线漂移幅度仍然很小。这证明仿"苍耳子"生物电干电极在动态测试中表现更好，基线漂移幅度更小，更适合用于生物电信号的动态采集。

图 3-30（a）显示了湿电极、平面结构电干电极和仿"苍耳子"生物电干电极在自然坐姿（静态）及摆臂 30°、60° 和 90° 时采集的心电信号的信噪比。在自然坐姿下，湿电极信噪比最高，为 39.41 dB，当手臂摆动 30°、60° 和 90° 时，其值分别为 32.27 dB、30.13 dB 和 27.77 dB（湿电极的信噪比分别为 31.89 dB、26.73 dB 和 21.92 dB），这表明仿"苍耳子"生物电干电极具有较好的动态测量性能，适合用于心电信号的动态采集。

为了更真实地模拟电极与人体皮肤接触的动态环境，使用生物电干电极性能评价系统，在无源模式和有源模式下测量电极性能。如图 3-30（b）所示，当电极在模拟皮肤上做相对运动时，动态开路电位（DOCP）会发生周期性变化，为了测量动态测试过程中电极的噪声水平，将噪声定义为 DOCP 的变化量（ΔDOCP：一个周期内波峰和波谷之间的差值）。图 3-30（c）显示了在相同压力下，两种电极的动态噪声随相对速度的变化情况，在四种压力下，仿"苍耳子"生物电干电极的动态噪声均低于平面结构电干电极，当电极和模拟人体

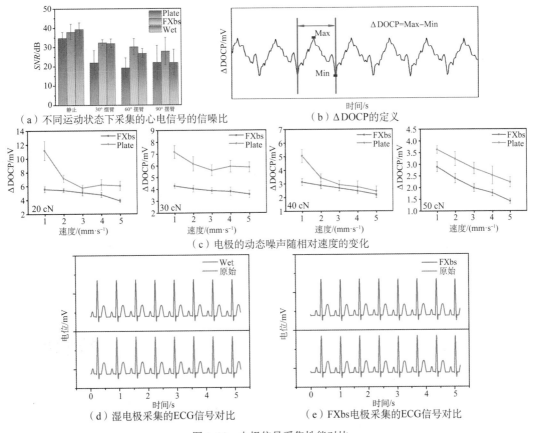

（a）不同运动状态下采集的心电信号的信噪比　　（b）ΔDOCP的定义

（c）电极的动态噪声随相对速度的变化

（d）湿电极采集的ECG信号对比　　（e）FXbs电极采集的ECG信号对比

图 3-30　电极信号采集性能对比

皮肤之间的压力 ≥ 40 cN 时，两种电极的动态噪声都随着移动速度的增加而减小。当电极与模拟人体皮肤之间的压力 < 40 cN 且运动速度大于 3 mm/s 时，平面结构电干电极的噪声水平有增加的趋势，而仿"苍耳子"生物电干电极并没有出现这种现象。这是由于在较低的接触压力下，平面结构电干电极和模拟人体皮肤之间的界面接触不稳定，并且随着运动速度的增加，界面的不稳定性程度增加，噪声水平也增加。相比之下，即使在较低的压力下，仿"苍耳子"生物电干电极也能与模拟人体皮肤保持更稳定的接触，这一结果也验证了仿"苍耳子"生物电干电极比平面结构电干电极具有更好的动态稳定性。

将湿电极和仿"苍耳子"生物电干电极采集的心电信号与原始心电信号进行对比，从图 3-30（d）和（e）可以看出，由湿电极和仿"苍耳子"生物电干电极采集的心电信号波形几乎与原始心电信号波形重合。仿"苍耳子"生物电干电极采集的心电信号信噪比为 46.26 dB（湿电极为 46.58 dB），而同步采集的原始心电信号的信噪比为 47.49 dB（湿电极为 47.46 dB）。仿"苍耳子"生物电干电极获取的信号的信噪比约为原始心电信号的 97.4%（湿电极为 98.1%），表明所制作的仿"苍耳子"生物电干电极的信号采集性能与湿电极的相当。

## 3.4.2　纳米结构生物电干电极

研究表明，具有纳米结构的电极能增加电极与皮肤间的接触面积，保持稳定接触，降低电极 / 皮肤接触阻抗。本节介绍采用不同尺寸纳米多孔阳极氧化铝（PAA）模板制备的规整纳米柱阵列结构柔性生物电干电极，其柔性基底和规整微纳米柱陈列结构可以实现电极与皮肤曲线形貌的贴合，增加电极与皮肤的接触面积，降低接触阻抗。

### 3.4.2.1　制备材料与方法

采用电化学阳极氧化法制备不同规格的纳米柱阵列结构（M-PAA）模板，将 M-PAA 模板置于 0.3 mol/L 苯胺（ANI）单体溶液中原位聚合苯胺 130 min，制备 PAA/PANI-M1、PAA/PANI-M5、PAA/PANI-M10、PAA/PANI-M15、PAA/PANI-M20 五种导电模板，具体流程如图 3-31 所示，包括 TPU 旋涂、去除铝基、移除 PAA 模板。具体操作主要分为五步：第一步，制备质量分数为 10% 的 TPU/DMF 混合溶液备用，随即滴在 M-PAA/PANI 导电模板表面，以 800 r/min 的转速旋涂 30 s，滴加与旋涂步骤重复 3 次；第二步，将旋涂完毕的 M-PAA/PANI/TPU 放入真空干燥箱，120 ℃下保温 120 min；第三步，将带有铝基底的 M-PAA/PANI/

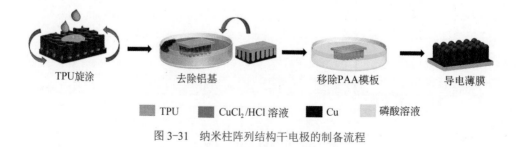

| ■ TPU | ■ CuCl₂/HCl 溶液 | ■ Cu | ■ 磷酸溶液 |

图 3-31　纳米柱阵列结构干电极的制备流程

TPU 置于质量分数为 10% 的盐酸与 0.1 mol/L 氯化铜的混合溶液中，去除铝基；第四步，将 M-PAA/PANI/TPU 置于磷酸与蒸馏水体积比为 1 : 1 的混合溶液中，在 60 ℃下反应 120 min，去除 M-PAA 模板，最终得到 PANI/TPU 导电薄膜。如图 3-32（a）所示，使用导电银浆将 PANI/TPU 导电薄膜与导电纽扣、铜箔胶带、聚酰亚胺（PI）绝缘胶带、非织造布组装，如图 3-31（b）～（d）所示为不同状态下的微纳米柱阵列结构 PANI/TPU 干电极。

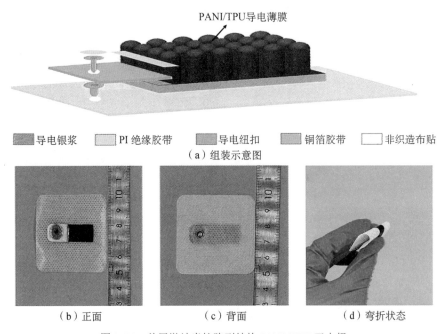

（a）组装示意图

（b）正面   （c）背面   （d）弯折状态

图 3-32 单层微纳米柱阵列结构 PANI /TPU 干电极

采用 HITACHI S4800 型冷场发射扫描电子显微镜对 PANI/TPU-ME1、PANI/TPU-ME5、PANI/TPU-ME10、PANI/TPU-ME15、PANI/TPU-ME20、PANI/TPU-PE 的表面形貌进行表征。使用上海辰华（CHI660D）电化学工作站测量电极的阻抗。

采用 16 通道多导生理记录仪（MP150）采集人体心电信号。志愿者为 25 岁健康男性，以三导联法采集志愿者在静坐、摆臂、转体、正常行走状态下的心电信号。

### 3.4.2.2 性能分析与讨论

图 3-33（a）～（e）为不同阳极氧化时间的 M-PAA 的截面 SEM 图。一次阳极氧化时间为 1 min，PAA-M1 孔洞长度为（337.444 ± 18.220）nm；阳极氧化时间分别为 5 min、10 min、15 min、20 min ，相对应的 M-PAA 孔洞长度分别为（848.836 ± 37.650）nm、（1 749.583 ± 28.400）nm、（3 071.469 ± 55.370）nm、（3 707.479 ± 43.010）nm，长径比由 PAA-M1 的 0.77 增长至 PAA-M20 的 8.53。由此可见，随着铝片阳极氧化时间的增加，M-PAA 孔洞长度不断增加，从图 3-33（f）可看出 M-PAA 孔洞长度随二次氧化时间呈线性增长。图 3-34 所示为 5 种不同长度的微纳米柱阵列结构 PANI/TPU 干电极（PANI/TPU-ME）和平面结构电干电

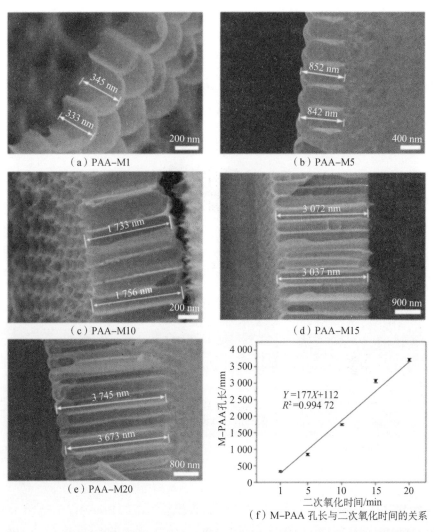

（a）PAA-M1

（b）PAA-M5

（c）PAA-M10

（d）PAA-M15

（e）PAA-M20

（f）M-PAA 孔长与二次氧化时间的关系

图 3-33　不同阳极氧化时间的 M-PAA 的截面 SEM 图及 M-PAA 孔长与氧化时间的关系

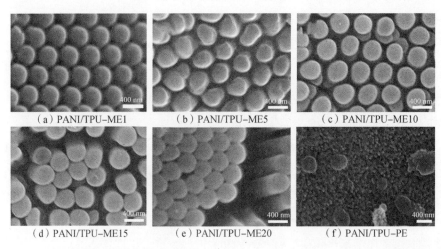

（a）PANI/TPU-ME1　　　（b）PANI/TPU-ME5　　　（c）PANI/TPU-ME10

（d）PANI/TPU-ME15　　　（e）PANI/TPU-ME20　　　（f）PANI/TPU-PE

图 3-34　不同长度的微纳米柱阵列结构 PANI/TPU 干电极以及平面 PANI/TPU 干电极 SEM 图

极（PANI/TPU-PE）的微观形貌，与平面结构电干电极相比，PANI/TPU-ME 电极表面具有微纳米柱阵列结构。在纳米结构孔径为（434.845 ± 5.850）nm 时，PANI/TPU-ME1、PANI/TPU-ME5、PANI/TPU-ME10 的微纳米柱结构均可以保持竖立完好状态，PANI/TPU-ME15 的部分微纳米柱结构表现出轻微倒伏，PANI/TPU-ME20 表面的微纳米柱结构侧向倒塌现象严重。

图 3-35（a）显示了湿电极（W-E）、PANI/TPU-ME、PANI/TPU-PE 的接触阻抗随频率的变化情况，所有电极的接触阻抗都呈现出随频率增加而减小的趋势。W-E 测得的接触阻抗最小，0.1 Hz 处为 269.5 kΩ，在整个频率范围内，PANI/TPU-ME 表面的微纳米柱结构可以增加电极/皮肤的接触面积，其接触阻抗低于 PANI/TPU-PE。其中，PANI/TPU-ME10 的接触阻抗最低，在 0.1 Hz、1 Hz、10 Hz 时的接触阻抗分别为 398.1 kΩ、3 38.8 kΩ、121.9 kΩ。图 3-35（b）为电极的相位—频率关系曲线，在 0.1 ～ 10 Hz 范围内，W-E 的相位值最小，说明其具有更低的界面电容。PANI/TPU-ME10 在 0.1 Hz、10 Hz 处的相位值分别为 -3.6°、-49°，比其他 5 种 PANI/TPU 干电极的相位值更低，界面电容更小。由图 3-36 可以看出，W-E 的电荷转移电阻最小，另外，由于 PANI/TPU-ME 表面具有微纳米柱阵列结构，改善了电极/皮肤接触状态，PANI/TPU-ME 的电荷转移电阻小于 PANI/TPU-PE 的，具有较低的界面电阻。

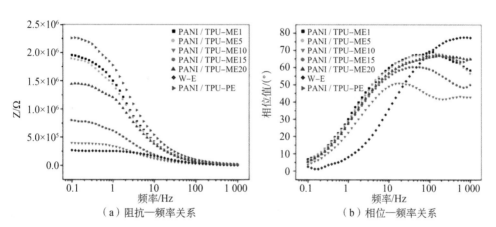

图 3-35 电极/皮肤界面波德测试图

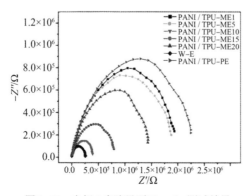

图 3-36 电极/皮肤界面 Nyquist 测试结果

图 3-37 呈现了志愿者处于不同运动（静坐、前后摆臂 45°、左右转体 30°、走路）状态下，使用 PANI/TPU-ME10、PANI/TPU-PE、W-E 采集的 ECG。在志愿者处于静坐状态下，PANI/TPU-ME10、PANI/TPU-PE、W-E 均能采集到基线平稳、清晰的 ECG 信号，PANI/TPU-ME10 采集的信号质量较好。在摆臂运动时，PANI/TPU-ME10、PANI/TPU-PE、W-E 采集的 ECG 信号均出现了不同程度的基线漂移。当进行左右转体运动时，PANI/TPU-ME10 和 W-E 受转体运动的影响较小，ECG 波形漂移程度较小，而 PANI/TPU-PE 的 ECG 信号中出现了很严重的噪声，基线漂移的现象严重。在志愿者处于走路状态时，PANI/TPU-ME10、PANI/TPU-PE、W-E 监测的 ECG 信号都有很严重的基线漂移。其中 PANI/TPU-PE 受运动状态的

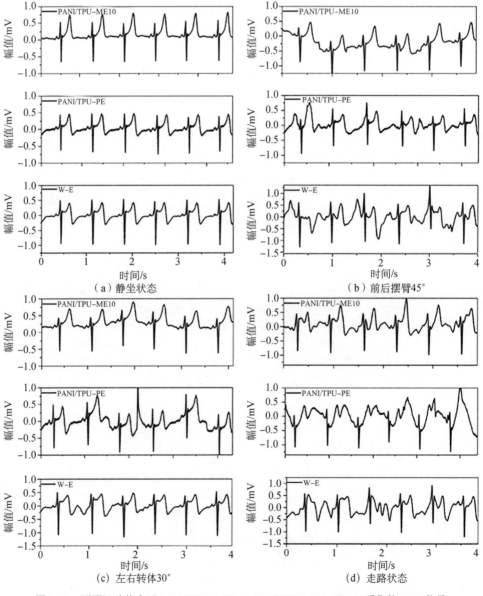

图 3-37　不同运动状态下 PANI/TPU-ME10、PANI/TPU-PE、W-E 采集的 ECG 信号

影响最大，基线漂移最严重，而 PANI/TPU－ME10 受到运动干扰的程度小于 PANI/TPU－PE 和 W－E，且能观察到 QRS 波群和 T 波。说明 PANI/TPU－ME10 的动态 ECG 信号采集性能较好。

如图 3-38 所示，在志愿者处于静坐状态下，W－E 的 ECG 信号基线波动为 0.011 4 V，PANI/TPU－ME10 和 PANI/TPU－PE 的信号基线漂移的幅值都高于 W－E。志愿者由静坐状态转为摆臂状态时，三种电极采集的信号基线波动幅值均有增大的现象，并且 W－E 的基线波动幅值达到了 0.472 7 V。在志愿者处于走路状态时，PANI/TPU－PE 与 W－E 监测的 ECG 基线波动幅值分别为 0.676 7 V、0.677 6 V，均高于 PANI/TPU－ME10。这是由于 PANI/TPU－ME10 表面的规整微纳米柱阵列结构在动态下也能与皮肤保持良好的接触。

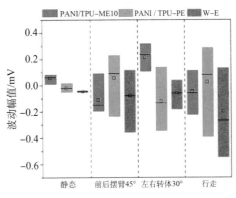

图 3-38　ECG 信号基线分析图

由图 3-39（a）所示，在四种运动状态下，W－E 的信号峰峰值（$V_s$）均高于 PANI/TPU－ME10、PANI/TPU－PE。由图 3-39（b）可知，在静坐状态下，PANI/TPU－ME10、PANI/TPU－PE、W－E 三种电极的噪声峰峰值（$V_n$）均较小，分别为（0.019 0 ± 0.004 4）mV、（0.052 0 ± 0.010 3）mV、（0.015 8 ± 0.004 5）mV，PANI/TPU－PE 的 $V_n$ 最大，W－E 的 $V_n$ 最小。随着运

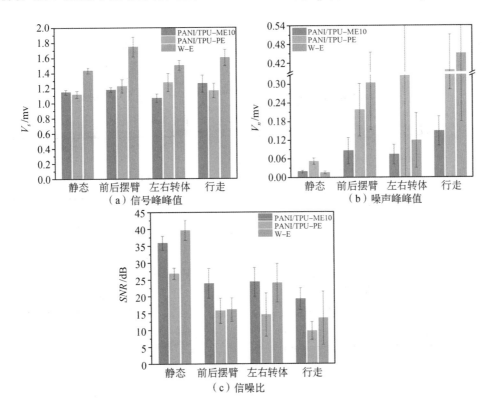

图 3-39　PANI/TPU－ME10、PANI/TPU－PE、W－E 在不同运动状态下的信号质量

动状态的改变，PANI/TPU-ME10、PANI/TPU-PE、W-E 三种电极的 $V_n$ 均显著增大。在摆臂状态下，PANI/TPU-ME10 的 $V_n$ 为（0.085 2 ± 0.042 4）mV，小于 PANI/TPU-PE、W-E 的噪声峰峰值。转体运动引起的信号噪声对 PANI/TPU-PE 影响最大，使 PANI/TPU-PE 的 $V_n$ 达到（0.326 9 ± 0.349 7）mV，PANI/TPU-ME10 的 $V_n$ 为（0.072 9 ± 0.032 0）mV。在走路状态下，PANI/TPU-ME10 的 $V_n$ 也比 PANI/TPU-PE、W-E 的小，为（0.148 2 ± 0.047 2）mV。与 PANI/TPU-PE、W-E 相比，PANI/TPU-ME10 在摆臂、转体、走路状态下的 $V_n$ 均为最小。

从图 3-39（c）可以看出，在静态下，W-E 的信噪比（SNR）最高，为（39.602 6 ± 2.961 2）dB，PANI/TPU-ME10 和 PANI/TPU-PE 的 $SNR$ 分别为（35.860 1 ± 2.072 3）dB、（26.815 5 ± 1.683 0）dB。当志愿者进行摆臂运动时，三种电极的 $SNR$ 都有减小的趋势，W-E 的 $SNR$ 降低了 59.5%；PANI/TPU-ME10 的 $SNR$ 为（23.869 7 ± 4.431 5）dB，降低了 33.4%。走路状态下，PANI/TPU-ME10 的 $SNR$ 仍能达到（19.178 0 ± 3.226 0）dB，高于 PANI/TPU-PE 和 W-E，表明其更适用于动态采集。

图 3-40 为三种电极在不同运动状态下的 $PSD$ 曲线，$PSD$ 可以反映 ECG 信号受运动伪影的影响程度，$PSD$ 越高，ECG 信号受运动伪影的影响越大。在静坐状态下，PANI/TPU-ME10 与 W-E 具有非常相似的频谱成分，表明了 PANI/TPU-ME10 具有与 W-E 相

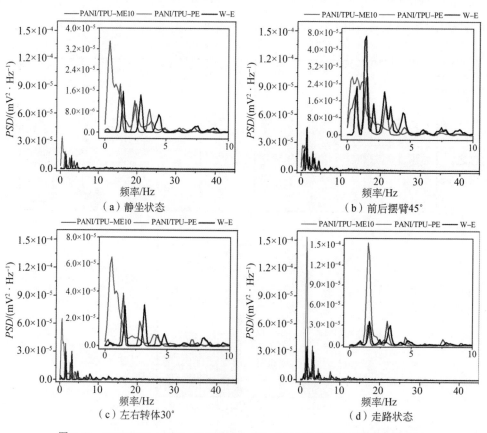

（a）静坐状态　　　　　　　　　　　（b）前后摆臂45°

（c）左右转体30°　　　　　　　　　　（d）走路状态

图 3-40　PANI/TPU-ME10、PANI/TPU-PE、W-E 在不同运动状态下的 $PSD$

似的电极性能。PANI/TPU-ME10 与 W-E 的最大 $PSD$ 分别为 $1.85 \times 10^{-5}$ mV$^2$/Hz、$1.57 \times 10^{-5}$ mV$^2$/Hz，小于 PANI/TPU-PE 的 $3.51 \times 10^{-5}$ mV$^2$/Hz。在前后摆臂 45° 状态下，W-E 的最大 $PSD$ 为 $4.65 \times 10^{-5}$ mV$^2$/Hz，高于 PANI/TPU-ME10 的 $2.77 \times 10^{-5}$ mV$^2$/Hz，表明 PANI/TPU-ME10 在摆臂状态下受运动的影响较小。左右转体 30° 状态下，PANI/TPU-ME10 与 W-E 的最大 $PSD$ 分别为 $3.88 \times 10^{-5}$ mV$^2$/Hz、$3.02 \times 10^{-5}$ mV$^2$/Hz；走路状态下，PANI/TPU-ME10 与 W-E 的最大 $PSD$ 分别为 $3.68 \times 10^{-5}$ mV$^2$/Hz 与 $3.58 \times 10^{-5}$ mV$^2$/Hz。综上所述，随着人体运动状态幅度的增大，三种电极的最大 $PSD$ 均出现增大的现象，而 PANI/TPU-ME10 在四种状态下与 W-E 具有相似的 $PSD$ 曲线，受运动影响较小。

## 3.5　总结与展望

本章对织物干电极、表面微纳米结构干电极进行了介绍，对其主要材料、制造技术和性能进行了详细的阐述，并对电极的评价测试方法进行了分析。相比常规的 Ag/AgCl 湿电极，表面生物电干电极在生物相容性、长期稳定性方面具有显著的优势，但仍然存在着一些不足。织物干电极具有透湿透气的优点，且织物干电极还可以集成到衣服或其他织物中，制成可穿戴智能纺织品，但是织物电极容易发生形变或者相对滑动，从而产生较大的动态噪声。表面微纳米结构干电极通过增大有效接触面积和摩擦力来保持与皮肤的稳定接触，具有较小的接触阻抗，但是不易与服装进行集成。

在长期生物电信号采集过程中，当皮肤处于潮湿或者闭塞状态时，会发生细菌滋生的现象，危害人体皮肤健康。此外，目前用于表面生物电干电极的材料，如各种金属和硅基弹性体，对皮肤的表面脂质没有抵抗能力，在电极的反复使用和长期应用过程中，将导致皮肤电极阻抗增加和生物电信号质量降低。

总之，表面生物电干电极的性能与湿电极的相当，但由于在制备工艺、生物电信号干扰、制造成本等方面还未有成熟的解决方案，因此，还没有大规模地推向市场。随着新型柔性电子材料和器件的发展，表面生物电干电极的种类将越来越丰富，性能优良、操作简便的生物电干电极将为长期可穿戴健康监测系统的开发带来新机遇。

# 第4章　柔性电化学传感器

## 4.1　柔性电化学传感器概述

### 4.1.1　柔性电化学传感器的应用现状

通过电化学方式进行测量的柔性传感器称为柔性电化学传感器，它可以选择性测量某一种离子或分子的浓度，被测介质包括气体、液体（如水和人体体液等）和固体（如食品）。电化学传感器的精度很高，经过测量方式和电极制作方式的改良和提高后，浓度监测下限（LOD）可低至 nmol/L 级或 ng/g 级。

随着传感器制作工艺的提高，以及人们对医疗健康的日益关注，柔性电化学传感器已被广泛应用在包括泪液、汗液、唾液、尿液、间质液等非侵入性体液监测领域，测量内容包括人体体内离子（$Na^+$、$K^+$、$Cl^-$、$OH^-$等）、代谢物（葡萄糖、乳酸、尿酸）、神经递质（多巴胺）、激素（胰岛素、皮质醇、肾上腺素）、蛋白质（血红蛋白、心肌肌钙蛋白）、药物（芬太尼、利多卡因）、重金属（Pb、Cu、Zn、Hg）离子和摄入物质（酒精、咖啡因、大麻）等。这些体液获取简单，且容易被收集，不会对被测者造成额外损伤和负担，同时，其成分浓度与血液中浓度具有相关性，可替代创伤监测，因此成为智能可穿戴领域的热门研究方向。

与其他体液相比，汗液量相对较大，人体在静态和动态下均可获得，且富含多种人体生理指标指示物，成为了非侵入健康监测柔性电化学传感器的一个重要分支。

### 4.1.2　柔性电化学传感器的监测内容及方法

#### 4.1.2.1　监测目标为离子浓度、pH

监测内容：汗液中最常见的金属离子为 $Na^+$，$Na^+$ 浓度通常在 $10\sim100$ mmol/L。一方面，$Na^+$ 流失会对人体的酶活性、渗透压等造成影响；另一方面，心率、舌下温度、出汗率与汗液中 $Na^+$ 浓度之间存在很强的相关性。为了实现离子选择功能，通常在电极表面涂覆主要功能成分为离子载体的离子选择膜。常用的 $Na^+$ 选择载体为 4-叔丁基杯芳烃四乙酸四乙酯（钠离子载体 X）。

钠离子传感器是钠离子选择电极［包括导电基底（电极）、离子-电子转导层、离子选择膜］与 Ag/AgCl 参比电极构成的测量系统，其响应机理如图 4-1 所示，在传感器接触到汗液时，钠离子载体 X 会特异性地吸收其中的钠离子（$Na^+$），形成离子络合物（$NaMc^+$）。然后，络合物通过离子选择膜运输到膜 / 转导层界面，PEDOT 作为离子-电子转导层，进一步将电子转移到导电基底上。当离子含量达到一定程度时，电极的整个界面会产生电位差。理想情况下，由于其他界面的电位为常数，电位的变化仅取决于汗液 / 膜的界面，因此，可根据热力学平衡原理和能斯特方程，测量电位值，计算钠离子的活度。

汗液的 pH 范围通常为 4～6，由皮肤菌群代谢副产物产生的游离氨基酸维持。汗液 pH 受到多种因素的影响，比如皮肤水分、洗涤剂、化妆品和外用抗生素等。常见的 pH 监测材料主要包括聚苯胺等。

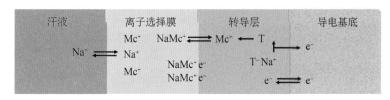

图 4-1　钠离子选择电极检测汗液中钠离子浓度的响应机理示意图

聚苯胺（PANi）聚合物链中氮原子的质子化和去质子化决定了其 pH 传感行为。如图 4-2 所示，在酸性环境中（pH < 7.0），溶液中的 $H^+$ 浓度较高，带有胺基的聚苯胺可与溶液中的 $H^+$ 掺杂，形成具有高导电性的祖母绿盐（ES），从而导致表面电位增加。在碱性环境中（pH < 7.0），溶液中较高浓度的 $OH^-$ 使得聚苯胺发生去质子化作用，并生成不导电的祖母绿碱（EB），导致表面电位降低。因此，汗液 pH 和电位之间的反比关系是聚苯胺的祖母绿碱和祖母绿盐之间电化学平衡的结果。

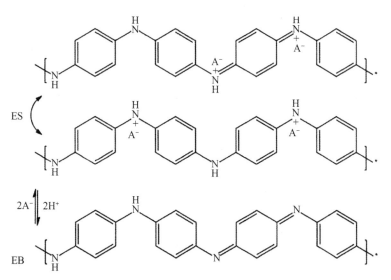

图 4-2　PANi 的不同形式以及它们之间的转化，$A^-$ 代表阴离子

监测方法：对于电解质来说，常使用的电化学监测方式为电位法。电位法是一种静态界面传感方法，用于测量两个电极或膜之间产生的电动势。测量的电动势与分析物浓度直接相关，基于能斯特方程：

$$E = E^0 + \frac{RT}{nF} \ln \frac{[RED]}{[OX]} \tag{4-1}$$

式中：$E$ 是电池电位（mV）；$E^0$ 是标准电极电位，标准氢电极（SHE）的值为 926 mV，Ag/AgCl 参比电极电位为 577 mV；$R$ 是气体常数，取值为 8.314 J/（mol·K）；$T$ 是绝对温度；$n$ 是反应中转移的电子数；$F$ 是法拉第常数，取值为 96 485.33 C/mol；$[RED]$ 是还原物质的活度；$[OX]$ 是氧化物质的活度。

能斯特系数 $RT/F$ 主要取决于温度，在 25 ℃，目标分析物浓度发生十倍变化时，每单位电荷值为 59.16 mV。

离子选择电极（ISE）是最常见的电位传感器工作电极类型，其本质是具有离子选择性膜（ISM）的工作电极（WE）。典型的离子选择传感器由离子选择电极与参比电极（RE）组合而成，并且在接近零电流的条件下使用。

### 4.1.2.2 监测目标为葡萄糖、乳酸

监测内容：乳酸水平是细胞完整性、组织缺氧和药物毒性的生理指标，它在运动医学特别是评估运动员的身体状况方面很有用。汗液中的乳酸水平可以反映运动员在长时间运动中的体力消耗水平。到目前为止，由于简单、集成和便携的原因，电化学和光学乳酸生物传感器获得了显著发展。测量乳酸的选择性功能物质为乳酸氧化酶（LOx），它是一种以黄素腺嘌呤二核苷酸（FAD）为辅基的黄素蛋白，常用于乳酸电化学生物传感器，它通过氧化还原中心（FAD/FADH2）选择性地催化乳酸转化为丙酮酸，同时伴随着氧气消耗和过氧化氢的产生。

糖尿病是现代生活中较为常见的疾病之一。糖尿病的预防与治疗需要对血糖浓度进行全天监测并做出实时反馈。目前，最常见的血糖检测方法是使用血糖试纸采集患者新鲜血液样本并将其插入血糖仪进行监测。这种监测方法不仅具有侵入性，而且会引起疼痛和潜在的神经损伤。完全无创的葡萄糖传感系统是突破这些局限性的一种非常有吸引力的手段，也是糖尿病高级管理的理想选择。1962 年，Clark 和 Lyon 提出了葡萄糖酶电极的概念，从此，人类打开了电化学生物传感器研究的大门。经过近 60 年的蓬勃发展，电化学葡萄糖传感器的研究已经取得相当大的进展。目前，根据有无酶参与催化反应，人们将电化学葡萄糖传感器分为含酶和非酶两大类。

监测方法：对于葡萄糖和乳酸的监测，最常见的是安培法。安培法是一种动态界面传感方法，在恒定外加电位下，它可以直接或间接地响应电极表面上分析物的存在，从而产生可以测量的电流信号。安培型电化学传感器由工作电极（WE）、参比电极（RE）和对电极（CE）组成。氧化还原反应发生在工作电极界面，在工作电极上修饰受体以响应特定的目标分析物，并将生物催化反应速率直接转换为电流信号；参比电极用于保持稳定的电位，对所

研究溶液的成分不敏感；对电极用于电流回路的形成。

### 4.1.3　柔性电化学传感器的常见基底

#### 4.1.3.1　薄膜

柔性电化学传感器面临的主要挑战是缺乏具有适当力学性能的可行基底材料。传统的电化学生物传感器的基底是刚性的、设备体积庞大，无法满足可穿戴应用的要求。柔性电化学传感器是将刚性基底传感器转化为软质、柔性和微型的传感器，并能承受反复的多轴机械变形。具有所有可穿戴柔性生物传感器的基本特征，诸如柔韧性、延展性和隐形性等，加上灵活性、舒适性和重量轻的优点，具有很大的市场竞争力。常见的薄膜基底包括 PET、PI 和 PDMS 等。PET 具有良好的透光性、低成本、适中的热膨胀系数、良好的耐疲劳和尺寸稳定性、化学惰性等优点，已成为制造可穿戴电化学传感器最常用的柔性基底之一。而 PI 具有较高的玻璃化转变温度和良好的柔韧性。它是一种可在高工作温度下使用的柔性电子基板材料，常见于需要高温加工制作的柔性电化学传感器。

#### 4.1.3.2　纤维/纱线

无论是天然纤维还是合成纤维，其制备的纱线或者由该纱线所编织成的织物都具有良好的柔性，织物基底电化学传感器不仅具有柔韧、透气和可穿戴的优点，而且可以很容易地融入现有的服装制造流程。织物基底可以与丝网印刷技术相结合制作平面电极，或是将导电纱线缝制在织物当中形成电极。导电纱线分为两种：一种是如碳纤维、银丝束等本身就具有导电能力的纱线，经过电化学处理后即可作为传感器使用；另一种是棉纱等纺织用常见天然纤维，或高弹硅线等本身绝缘的纱线。棉纱线可以通过炭化、浸渍导电油墨等方式使其具有导电能力；高弹硅线等可以通过在制作过程中掺杂导电成分，或制成后对其进行预拉伸，经沉积、涂覆导电材料的方式使其成为具有拉伸性能的弹性纤维电极。

## 4.2　基于碳纤维的 pH、钠离子传感器的研究

### 4.2.1　研究概述

聚苯胺（PANi）是有机半导体家族中的一种半柔性导电聚合物，由于其优异的导电性、环境稳定性及廉价的单体材料等特点而受到广泛关注。在多学科领域，已经报道了聚苯胺作为共轭聚合物的各种应用，如生物传感器、超级电容器、发光二极管、场效应晶体管、光伏电池、生物燃料电池、致动器、防腐膜、太阳能电池装置、充电电池、电磁干扰屏蔽等。聚苯胺可以通过电化学和原位化学聚合合成。在原位化学聚合中，苯胺单体被氧化剂（如过硫酸铵）氧化聚合为聚苯胺，而在电聚合中，苯胺单体通过电化学工作站施加电流/电势氧化聚合为聚苯胺。

聚（3，4-乙撑二氧噻吩）（PEDOT）因其价格低廉、电导率高、热稳定性好的优点，是使用最广泛的导电聚合物之一。薄 PEDOT 层已经非常成功地用于有机光伏和发光二极管领域，作为活性有机层和氧化铟锡（ITO）阳极之间的空穴传输"缓冲层"。PEDOT 合成主要有化学原位聚合、电化学聚合、气相聚合与化学气相沉积四种聚合方式。相比其他技术，电化学聚合可以直接在目标导电基底上获得 PEDOT 膜，无需使用黏合剂改善附着力，并且获得的聚合物膜更稳定，可以对薄膜厚度和形貌进行控制。因此，在生物电子学领域经常使用电化学聚合的方式合成 PEDOT 膜。电化学聚合 PEDOT 膜有恒电流、恒电位、脉冲电流和脉冲电位四种方式。

采用恒电流沉积的电化学方法将 PANi、PEDOT 分别沉积在碳纤维（CF）表面（表 4-1），另在 PEDOT/CF 表面涂覆钠离子选择膜，作为工作电极与商用 Ag/AgCl 电极组成 pH、钠离子传感器。通过测试 pH 传感器在 pH 为 2.2～8 的溶液中、钠离子传感器在 10～320 mmol/L 氯化钠溶液中的灵敏度，确定最优沉积时间和最优沉积电流。同时，对两种纤维传感器的灵敏度、线性检测范围、响应时间、检测限、选择性等传感性能进行了测试。此外，还探究了温度对传感器的传感性能的影响。

表 4-1　沉积聚苯胺与 PEDOT : PSS 实验药品与材料

| PANi | | PEDOT : PSS | |
| --- | --- | --- | --- |
| 苯胺 | 100 mmol | 3，4-乙撑二氧噻吩（EDOT） | 10 mmol |
| 盐酸 | 100 mmol | 聚（4-苯乙烯磺酸钠）（NaPSS） | 100 mmol |

## 4.2.2　基于碳纱线电极的材料与制备

以 pH 传感器为例，具体操作为：以 4 cm 长的碳纤维作为工作电极，2 cm × 2 cm 的铂片电极作为对电极，商用 Ag/AgCl 电极作为参比电极，设置一定的沉积时间和沉积电流，实验环境为恒温（20 ℃ ± 2 ℃）恒湿（55% ± 5%）环境。如图 4-3（a）所示，将聚合后 PANi/CF 电极依次用无水乙醇、蒸馏水冲洗数次，然后自然晾干，以待测试。

钠离子选择膜混合物由钠离子载体 X（1%）、聚氯乙烯（33%）、双（2-乙基己基）癸二酸酯（65.45%）和四［3，5-二（三氟甲基苯基）］硼酸钠（0.55%）组成，将 100 mg 膜混合物溶解在 660 μL 四氢呋喃中，制作完成的钠离子选择膜混合物溶液放在 4 ℃低温环境中保存。

如图 4-3（b）所示，沉积完成后，将得到的 PEDOT/CF 电极用无水乙醇和蒸馏水清洗数遍，自然晾干后，将电极的 PEDOT 修饰部分浸在钠离子选择膜混合物溶液中，浸渍 5 次，每次浸渍时长为 2 s，每次浸渍之间的干燥时间为 600 s，将制备的钠离子选择电极在 4 ℃环境中冷藏保存。在使用前，需要将钠离子选择电极浸泡在 100 mmol/L NaCl 溶液中 1 h，以减少测试时的电位漂移。

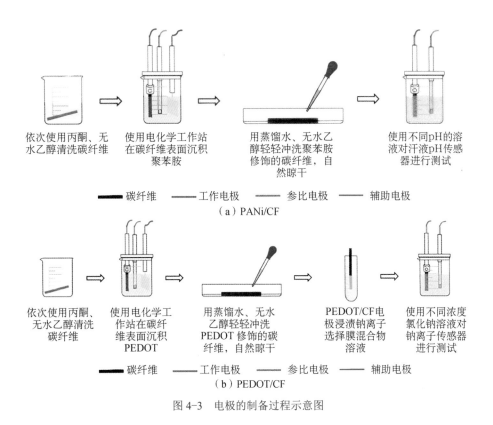

依次使用丙酮、无水乙醇清洗碳纤维　⇒　使用电化学工作站在碳纤维表面沉积聚苯胺　⇒　用蒸馏水、无水乙醇轻轻冲洗聚苯胺修饰的碳纤维，自然晾干　⇒　使用不同pH的溶液对汗液pH传感器进行测试

▬ 碳纤维　── 工作电极　── 参比电极　── 辅助电极

（a）PANi/CF

依次使用丙酮、无水乙醇清洗碳纤维　⇒　使用电化学工作站在碳纤维表面沉积PEDOT　⇒　用蒸馏水、无水乙醇轻轻冲洗PEDOT修饰的碳纤维，自然晾干　⇒　PEDOT/CF电极浸渍钠离子选择膜混合物溶液　⇒　使用不同浓度氯化钠溶液对钠离子传感器进行测试

▬ 碳纤维　── 工作电极　── 参比电极　── 辅助电极

（b）PEDOT/CF

图 4-3　电极的制备过程示意图

## 4.2.3　基于碳纱线电极的性能与表征

首先考察不同沉积电流对传感器灵敏度的影响。图 4-4（a）、（b）为沉积时间 80 s，沉积电流为 0.8 mA、1.0 mA、1.2 mA、1.4 mA、1.6 mA、1.8 mA、2.0 mA、2.2 mA 制备的 PANi/CF 电极在不同 pH 溶液中电位-时间响应与线性校准曲线。如表 4-2 所示，在沉积电流为 1.4 mA 时，传感器灵敏度最高达到 73.83 mV/pH，故选定 1.4 mA 为聚苯胺恒电流沉积的最优电流。图 4-4（c）、（d）为设置沉积电流为 1.4 mA，沉积时间为 20 s、40 s、80 s、160 s、320 s、640 s 制备的 PANi/CF 电极在不同 pH 溶液中电位-时间响应与线性校准曲线。结合表 4-3 可知，在沉积时间长于 80 s 时传感器体现出近能斯特响应，在沉积时间为 80 s 时，传感器灵敏度最高，故选定 80 s 为聚苯胺恒电流沉积的最优沉积时间。

表 4-2　不同沉积电流制备的 PANi/CF 电极线性拟合曲线与灵敏度

| 沉积电流 /mA | 线性拟合方程 | 灵敏度 /（mV·pH$^{-1}$） | $R^2$ |
| --- | --- | --- | --- |
| 0.8 | $E=0.595\,4-0.060\,04\ pH$ | 60.04 | 0.990 47 |
| 1.0 | $E=0.622\,32-0.058\,66\ pH$ | 58.66 | 0.976 69 |
| 1.2 | $E=0.619-0.071\,98\ pH$ | 71.98 | 0.998 80 |
| 1.4 | $E=0.633\,33-0.073\,83\ pH$ | 73.83 | 0.995 84 |
| 1.6 | $E=0.598\,77-0.067\,45\ pH$ | 67.45 | 0.996 26 |

| 沉积电流 /mA | 线性拟合方程 | 灵敏度 / (mV·pH⁻¹) | $R^2$ |
|---|---|---|---|
| 1.8 | $E=0.610\,89-0.066\,87\,pH$ | 66.87 | 0.995 55 |
| 2.0 | $E=0.600\,15-0.070\,93\,pH$ | 70.93 | 0.995 17 |
| 2.2 | $E=0.593\,16-0.068\,16\,pH$ | 68.16 | 0.995 83 |

表 4-3　不同沉积时间制备的 PANi/CF 电极线性拟合曲线与灵敏度

| 沉积时间 /s | 线性拟合方程 | 灵敏度 / (mV·pH⁻¹) | $R^2$ |
|---|---|---|---|
| 20 | $E=0.574\,37-0.047\,87\,pH$ | 47.87 | 0.975 25 |
| 40 | $E=0.561\,89-0.049\,59\,pH$ | 49.59 | 0.972 14 |
| 80 | $E=0.633\,33-0.073\,83\,pH$ | 73.83 | 0.995 84 |
| 160 | $E=0.594\,59-0.066\,75\,pH$ | 66.75 | 0.997 85 |
| 320 | $E=0.590\,4-0.065\,42\,pH$ | 65.42 | 0.996 62 |
| 640 | $E=0.561\,15-0.058\,89\,pH$ | 58.89 | 0.993 97 |

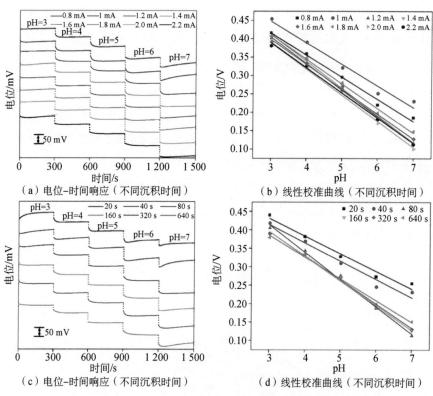

（a）电位-时间响应（不同沉积时间）　　（b）线性校准曲线（不同沉积时间）

（c）电位-时间响应（不同沉积时间）　　（d）线性校准曲线（不同沉积时间）

图 4-4　不同沉积电流及不同沉积时间制备的 PANi/CF 电极在不同 pH 的溶液中电位-时间响应与线性校准曲线

设置沉积时间为 300 s, 沉积电流为 0.1 mA、0.12 mA、0.14 mA、0.16 mA、0.18 mA、0.20 mA、0.22 mA、0.24 mA 制备的 PEDOT / CF 电极在不同浓度的氯化钠溶液中电位–时间响应与线性校准曲线［图 4-5（a）、（b）］。结合表 4-4 可知, 在沉积电流大于 0.20 mA 时制备的 PEDOT/CF 电极的灵敏度出现明显下降, 在沉积电流为 0.12 mA 时, 传感器的灵敏度显示出能斯特响应为 56.97 mV/lg [Na+], 故选定 0.12 mA 为 PEDOT 恒电流沉积的最优电流。设置沉积电流为 0.12 mA, 沉积时间为 100 s、200 s、300 s、600 s、900 s、1 200 s 制备的 PEDOT/CF 电极在不同浓度的氯化钠溶液中电位–时间响应与线性校准曲线［图 4-5（c）、(d)］。结合表 4-5 可知, 沉积时间位于 200～1 200 s 范围, 传感器显示出近能斯特响应, 在沉积时间为 300 s 时, 传感器灵敏度最高, 故选定 300 s 为 PEDOT 恒电流沉积的最优沉积时间。

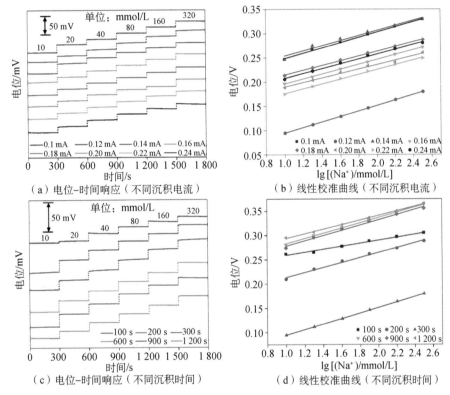

图 4-5 不同沉积电流、不同沉积时间制备的 PEDOT/CF 电极在不同 pH 溶液中电位–时间响应与线性校准曲线

表 4-4 电极线性拟合曲线与灵敏度

| 沉积电流 /mA | 线性拟合方程 | 灵敏度 / [mV·(lg [Na+])^{-1}] | $R^2$ |
| --- | --- | --- | --- |
| 0.10 | $E = 0.193\,75 + 0.054\,44\lg[Na^+]$ | 54.44 | 0.996 69 |
| 0.12 | $E = 0.037\,33 + 0.056\,97\lg[Na^+]$ | 56.97 | 0.999 87 |
| 0.14 | $E = 0.201\,01 + 0.052\,48\lg[Na^+]$ | 52.48 | 0.973 48 |

续表

| 沉积电流 /mA | 线性拟合方程 | 灵敏度 / [mV·(lg [Na$^+$]) $^{-1}$] | $R^2$ |
|---|---|---|---|
| 0.16 | $E=0.145\ 87+0.050\ 21\lg[Na^+]$ | 50.20 | 0.999 74 |
| 0.18 | $E=0.165\ 47+0.048\ 77\lg[Na^+]$ | 48.77 | 0.998 61 |
| 0.20 | $E=0.143\ 52+0.046\lg[Na^+]$ | 46.00 | 0.990 67 |
| 0.22 | $E=0.126\ 34+0.049\ 53\lg[Na^+]$ | 49.53 | 0.998 75 |
| 0.24 | $E=0.157\ 57+0.049\ 86\lg[Na^+]$ | 49.86 | 0.996 04 |

表 4-5　不同沉积时间制备的 PANi/CF 电极线性拟合曲线与灵敏度

| 沉积时间 /s | 线性拟合方程 | 灵敏度 / [mV·(lg [Na$^+$]) $^{-1}$] | $R^2$ |
|---|---|---|---|
| 100 | $E=0.228\ 61+0.030\ 77\lg[Na^+]$ | 54.44 | 0.996 69 |
| 200 | $E=0.161\ 51+0.051\ 34\lg[Na^+]$ | 56.97 | 0.999 87 |
| 300 | $E=0.037\ 33+0.056\ 97\lg[Na^+]$ | 52.48 | 0.973 48 |
| 600 | $E=0.228\ 92+0.053\ 79\lg[Na^+]$ | 50.20 | 0.999 74 |
| 900 | $E=0.223\ 92+0.053\ 84\lg[Na^+]$ | 48.77 | 0.998 61 |
| 1 200 | $E=0.246\ 4+0.047\ 22\lg[Na^+]$ | 46.00 | 0.990 67 |

　　通过一步恒电流电化学聚合的方法制备 PANi/CF 电极，通过冷场电子显微镜对其表面形貌结构进行分析（图 4-6），可以看到，未处理的碳纤维［图 4-6（a）］表面非常光滑，有纵向沟壑，为聚苯胺的电化学聚合和沉积提供了空间和附着位点，相比未处理的碳纤维，经聚苯胺修饰后的碳纤维（PANi/CF）表面［图 4-6（b）］被树枝状聚苯胺相互交织包裹，布满空隙，这有利于电荷转移，同时提高传感器灵敏度。与未处理的碳纤维相比，经 PEDOT 修饰的碳纤维（PEDDT/CF），在纤维轴向均匀覆盖一层 PEDOT 膜［图 4-6（c）］，将 PEDOT 修饰的纤维局部放大至 35 000 倍，如图 4-6（d）所示可以观察到纤维表面布满纳米级凸起，变得粗糙，可提供更多活性附着位点，同时有利于离子选择膜附着，由图 4-6（e）可知，覆盖在碳纤维表面的 PEDOT 膜厚度为 100～150 nm。

　　在 pH 为 2.2～8 的溶液、$10^{-7}$～1 mol/L NaCl 溶液中分别测定了 pH 和钠离子传感器的电位响应。根据国际纯粹与应用化学联合会（IUPAC）的规定，如图 4-7（a）所示，用作图法求得传感器在 pH 为 2.2～7.1 时具有线性响应，灵敏度为 63.74 mV/pH，校正曲线为 $E=0.587\ 1-0.063\ 74\ pH$（$R^2=0.995$）；如图 4-7（b）所示，钠离子传感器在 0.132～1 000 mmol/L 具有线性响应，灵敏度为 52.06 mV/lg [Na$^+$]，校正曲线为 $E=0.048\ 26+0.052\ 06\lg[Na^+]$（$R^2=0.998$），最低检出限为 0.132 mmol/L。将传感器浸入 pH=4 的缓冲溶液中，测试至电位稳定后，迅速将传感器浸入 pH=5 的缓冲溶液中，并记录响应电位达到稳定的时间（$\Delta E\leqslant 1$ mV/min），如图 4-7（c）所示，切换溶液后，传感器响应电位在 35 s 内达到稳定。用同样方法将钠离子传

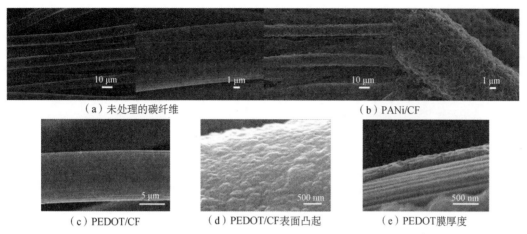

（a）未处理的碳纤维　　　　　　　　　　（b）PANi/CF

（c）PEDOT/CF　　　　（d）PEDOT/CF表面凸起　　　　（e）PEDOT膜厚度

图 4-6　PANi/CF 与 PEDOT/CF 的表面形貌结构

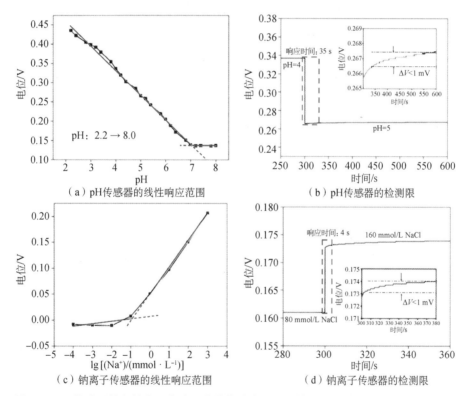

（a）pH传感器的线性响应范围　　　　　（b）pH传感器的检测限

（c）钠离子传感器的线性响应范围　　　　（d）钠离子传感器的检测限

图 4-7　pH 传感器的和钠离子传感器的线性响应范围和检测限（插图为传感器在 300～380 s 电位响应放大图）

感器从 80 mmol/L 放入 160 mmol/L NaCl 溶液中测定响应时间，变换溶液后，传感器响应电位在 4 s 内达到稳定。

图 4-8 显示的是 pH 传感器在 pH=5 的溶液、钠离子传感器在 160 mmol/L 的氯化钠溶液中分别每隔 100 s 滴加 1 mmol/L 葡萄糖、1 mmol/L 尿素、10 mmol/L 无水乙醇、1 mmol/L 多巴胺时的电位响应。由图可知，pH 传感器和钠离子传感器对葡萄糖、尿素、无水乙醇、多巴

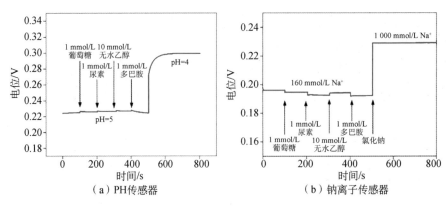

图 4-8　pH、钠离子传感器抗干扰测试

胺的电位响应不明显，再次改变溶液 pH 或添加 NaCl 时，电位响应急剧增加，说明葡萄糖、尿素、无水乙醇与多巴胺对 pH、钠离子传感器无明显干扰。

在实际应用中，pH 传感器对同一 pH 应具有相同或相似的电位响应，即具有出色的重复性、再现性、稳定性，以保证其检测成果的准确性与可靠性。图 4-9（a）～（c）显示了 pH 传感器在 pH=4 的缓冲溶液中连续 8 次进行重复性测试的 $RSD$ 为 3.11%；同一工艺制备的 pH 传感器在 pH=3 的缓冲溶液中的 $RSD$ 为 2.95%；pH 传感器连续 7 天在 pH=4 的缓冲溶液中的响应电位，随测试时间延长，传感器响应电位略有下降，但 7 天后传感器仍保持在初始电位的 90% 以上，由此可见，pH 传感器具有出色的重复性、再现性和稳定性。用类似方式测量了钠离子传感器的重复性、再现性和稳定性，前两项 $RSD$ 分别为 1.40%［图 4-9（d）］、3.84%［图 4-9（e）］。而图 4-9（f）显示了钠离子传感器连续 5 天在 160 mmol/L NaCl 溶液

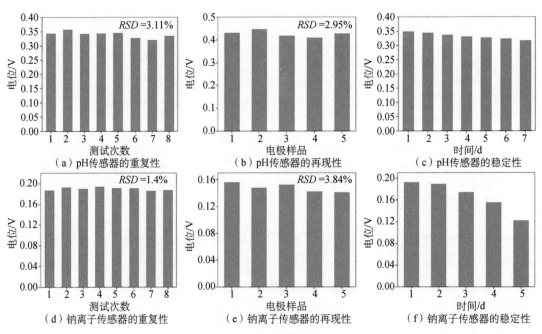

图 4-9　pH、钠离子传感器的重复性、再现性、稳定性

中的响应电位，随测试时间延长，传感器响应电位逐渐下降，这是由于为了减少电位漂移，每次测试前需要将传感器浸泡在 100 mmol/L NaCl 溶液中活化，随着浸泡次数变多，钠离子选择膜不断溶胀，导致其与 PEDOT 层结合不牢固，电子转移效率降低，因而传感器传感性能降低。

分别在 10 ℃、20 ℃、30 ℃、40 ℃、50 ℃、60 ℃ 的环境中测试了 pH 传感器在 pH 为 3～7 的缓冲溶液、钠离子传感器在 10～160 mmol/L NaCl 溶液中的灵敏度，结果如图 4-10 所示，经计算可知，在 10～30 ℃ 的环境中，pH 传感器的灵敏度均显示出能斯特响应或超能斯特响应，在温度达到 40 ℃ 时，传感器的灵敏度已经明显低于理论灵敏度，这是因为高温（≥ 40 ℃ 时）会促进聚苯胺的过度氧化，并破坏聚苯胺的共轭结构，从而降低聚苯胺在缓冲溶液中的电化学活性。而测试环境的温度变化对传感器的灵敏度影响很小，这得益于 PEDOT 膜出色的环境稳定性和热稳定性。

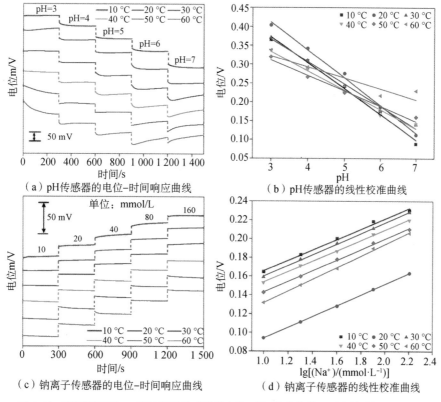

图 4-10　不同温度下 pH 和钠离子传感器的电位-时间响应曲线及对应的线性校准曲线

如图 4-11 所示，pH 和钠离子传感器在不同压缩-拉伸循环次数下，分别在 pH=4 和 100 mmol/L NaCl 溶液中的响应电位，经 500 次压缩-拉伸运动，传感器电位响应 *RSD* 分别为 2.06% 和 2.10%，证明 pH 和钠离子传感器在压缩-拉伸运动中保持了出色的响应电位稳定性，即传感器具有优异的柔性。

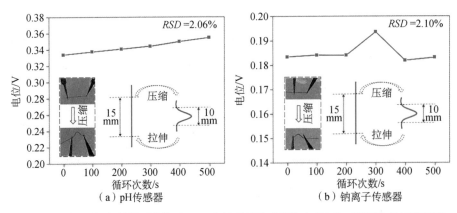

图 4-11　不同压缩-拉伸循环次数下，pH 和钠离子传感器的响应电位（插图为传感器压缩-拉伸示意图）

## 4.3　基于银镍纱线的非酶葡萄糖传感器研究

### 4.3.1　概述

镍（Ni）属于过渡金属，具有良好的延展性，化学性质比较活泼，但室温下在空气中难被氧化。目前，Ni 基材料是研究较多的葡萄糖催化剂，并且以各种形式出现，例如，Ni、NiO、Ni（OH）$_2$ 和 Ni 金属有机配合物。由于许多过渡金属氧化物的电导率低，因此，经常使用金属或碳基导电基底作为载体。Ni 基催化剂的氧化还原对是 $Ni^{2+}/Ni^{3+}$。无论最初合成的形式如何，在电催化过程中，最终都会转化为 $Ni^{2+}/Ni^{3+}$ 氧化还原对形式存在于电极的表面。例如，Ni 基催化剂在外加电势为 0.2～0.4 V（vs. Ag/AgCl）的葡萄糖溶液中发生 $Ni^{2+}/Ni^{3+}$ 转换，产生氧化电流，其中葡萄糖也发生氧化。目前，提高电子转移效率和增大比表面积是常用的提高传感器传感性能的方法。

金属氢氧化物具有层状双氢氧化物（LDH）的形态，主要包括带正电荷的金属离子和带负电荷的阴离子。由于层间阴离子和水以及金属阳离子的掺入使得层间空间更大，从而使其具有极好的氧化还原能力。近些年，镍钴氢氧化物（NiCo-LDH）由于能够提供具有出色电化学活性的氧化还原反应而在传感器、电池和超级电容器等领域被广泛研究。RONG 等采用静电纺丝法和化学沉积法制备了一种碳纳米纤维涂覆双氢氧化镍钴层（CNF@NiCo-LDH）的非酶葡萄糖传感器。NiCo-LDH 纳米片在 CNFs 上的存在极大地改善了表面积，从而提高了其电催化效率。该传感器具有较宽的线性范围（1～2 000 μmol/L）、较低的检测限（0.03 μmol/L）和较高的灵敏度 $[1.47\ \mu A/（mmol·L^{-1}·cm^2）]$。此外，CNF@NiCo-LDH 传感平台在人血清检测中具有实用的适用性和可靠性。WANG 等人开发了一种容易的方法来制造拨浪鼓型的 Au@NiCo-LDH 空心核壳纳米结构用于非酶葡萄糖检测。测试结果表明，Au@NiCo-LDH 修饰电极在 0.005～12.000 mmol/L 的线性范围内显示出 $864.70\ \mu A/（mmol·L^{-1}·cm^2）$ 的高灵敏度，检测限低至 0.028 μmol/L（S/N = 3），同时具有优异的抗干扰性能，说明

Au@NiCo-LDH 具有优异的电催化葡萄糖分解性能。

通过电沉积法将金属 Ni 沉积到镀银纱线 SCNF 表面，从所制备的 Ni 基电极的表面形貌和葡萄糖检测性能结果分析，分别探究了沉积时间和外加电势对葡萄糖传感性能的影响。另外利用 NiCo-LDH 的高活性位点和优异的电催化性能，通过再次电化学沉积的方法，直接以 SCNF@Ni 纱线电极为柔性基底，继续沉积了花瓣状 NiCo-LDH 纳米层作为葡萄糖催化剂，进一步提高电极的传感性能。比较电化学测试结果，确定了催化性能最好的电极制备工艺并对其传感性能进行测试。此外，还对传感器进行了柔性表征和影响因素探究。

### 4.3.2　基于银镍纱线的非酶葡萄糖传感器的材料与制备

通过自制的三电极纱线电沉积装置，以 30 cm 长的镀银纱线（SCNF）作为工作电极（阴极）、碳板作为对电极（阳极）、饱和甘汞电极（SCE）作为参比电极，采用阴极电沉积法，在双股 SCNF 表面电沉积金属 Ni 层，实验环境为恒温恒湿环境：温度为（20 ± 2）℃，相对湿度为（55 ± 5）%。

电沉积 Ni 层：SCNF 先在 0.1 mol/L $NiCl_2$ 和 2 mol/L $NH_4Cl$ 的电沉积溶液中预先浸泡 2 min，设置阴极电势为 $-1.0$ V（vs SCE），室温下电沉积时间分别为 100 s、200 s、300 s、400 s、600 s、900 s、1 200 s，获得的样品分别命名为 SCNF@Ni-100、SCNF@Ni-200、SCNF@Ni-300、SCNF@Ni-600、SCNF@Ni-900、SCNF@Ni-1200（图 4-12）。电沉积化学反应式为：

$$Ni^{2+} + 2e^- \rightarrow Ni \tag{4-2}$$

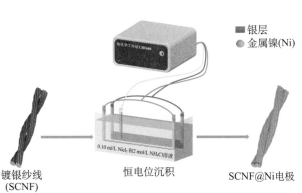

图 4-12　SCNF@Ni 纱线电极的制备过程示意图

### 4.3.3　基于银镍纱线的非酶葡萄糖传感器的性能与表征

随着电沉积时间的增大，Ni 在镀银纱线表面由金属颗粒逐渐连接成层并将其包裹。当镀银纱线表面的 Ni 沉积层达到一定厚度时，纱线的弯曲变形会导致 Ni 沉积层脱落，这限制了纱线的柔性。此外，SCNF@Ni 在催化葡萄糖分解过程中，需要尽可能地与葡萄糖接触，同时，还需要与 Ag 层有一定的接触面积，以促进电子信号的传递。因此，Ni 层沉积时间的选择，还需要考虑电极的形貌和结构。

Ni 电沉积时间为 300 s 的 SCNF@Ni-300 表现出良好的柔性。图 4-13 为 SCNF@Ni-300 电极在不同放大倍数下的 SEM 图，由图可知，Ni 沉积层以亚微米尺寸的 Ni 颗粒形式存在，Ni 颗粒间排列紧密，在 SCNF 表面初步形成覆盖，但因沉积层厚度较薄，电极的柔性基本不受限制。更重要的是，从图可以发现，Ni 颗粒其实是由大量更微小的交错分级纳米尺寸枝晶组成，这些纳米枝晶使 SCNF@Ni 电极具有了更大的比表面积，有助于增强纱线电极的界面电荷传导率。

图 4-13　不同放大倍数下的 CNF@Ni-300 的 SEM 图

为进一步研究 CNF@Ni-300 的电化学性质，在 0.1 mol/L NaOH 溶液中，通过 CV 曲线研究了不同扫描速率（5 mV/s、10 mV/s、20 mV/s、40 mV/s、60 mV/s、80 mV/s、100 mV/s）对 SCNF@Ni 电极的电化学行为的影响，扫描区间为 0.10～0.65 V。如图 4-14（a）所示，SCNF@Ni 电极的每条 CV 曲线都有明显的氧化还原峰，这些峰与 $Ni^{2+}/Ni^{3+}$ 的氧化还原过程有直接关系。随着扫描速率的增加，峰值电流都明显增大。同时，两峰对应的电位分别向两端偏移。图 4-14（b）显示了峰值电流与扫描速率的平方根呈线性关系，这表明电化学过程是扩散控制的。

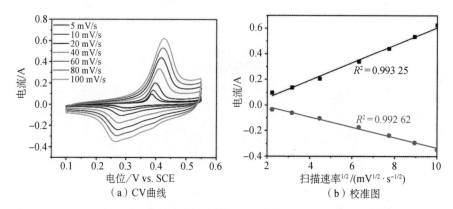

　　（a）CV曲线　　　　　　　　　　　　（b）校准图

图 4-14　SCNF@Ni 电极以不同扫描速率的 CV 曲线及对应的峰值电流与扫描速率的平方根的校准图

图 4-15（a）、（b）显示了在不同外加电位下 SCNF@Ni 电极对葡萄糖传感性能的影响。结果表明，在 0.1 mol/L NaOH 中连续添加 0.3 mmol/L 葡萄糖，电流均发生稳定而快速的变化。随着施加电位的增大，相同操作条件下的响应电流也在增大。由图 4-15（b）可知，在不同的施加电位下，葡萄糖浓度与响应电流具有良好的线性关系，其线性相关度如表 4-6 所示，说明了 SCNF@Ni 电极对葡萄糖的催化性能受到施加电位的影响。同时，由图 4-15（a）可知 SCNF@Ni 电极平稳运行时的背景电流也受到施加电位的影响，电位越大，背景电

流越高。而且随着葡萄糖的不断添加，高外加电位下，响应电流的波动也越来越大，对葡萄糖的氧化产生干扰。综上所述，选择 0.50 V 作为 SCNF@Ni 电极的最佳外加电位。

图 4-15（c）、（d）显示了不同电沉积时间所制备的 SCNF@Ni 电极对葡萄糖的氧化性能的影响。在 0.50 V 的外加电位下，通过向 0.1 mol/L NaOH 中连续添加 0.3 mmol/L 的葡萄糖溶液，对比电流的变化。从图中可知，随着电沉积时间的增加，所制备的 SCNF@Ni 电极对葡萄糖的催化性能先增强后减弱，电沉积时间为 300 s 时的 SCNF@Ni 电极对葡萄糖的催化性能最优。电沉积时间低于 300 s 时，金属 Ni 以金属颗粒状存在，可与溶液中的葡萄糖充分接触催化其氧化，所以电沉积时间越长，催化性能越好。同时，金属颗粒之间的孔隙有利于溶液与 Ag 导电基底接触，加速电子信号传递。但随着电沉积时间超过 300 s，金属颗粒连接成层，颗粒之间的空隙被填充，反应过程中，电子信号不能直接被传递，导致电极传感性能下降。电沉积时间越久，镀层越厚，导致电极传感性能越差。

表 4-6　不同外加电势下 SCNF@Ni 电极对葡萄糖的催化性能

| 电位 /V | 0.30 | 0.40 | 0.45 | 0.50 | 0.55 | 0.60 |
|---|---|---|---|---|---|---|
| 灵敏度 / $[\mu A \cdot mmol^{-1} \cdot L \cdot cm^{-2}]$ | 11.03 | 36.29 | 72.25 | 73.48 | 89.41 | 80.79 |
| $R^2$ | 0.996 93 | 0.995 81 | 0.999 86 | 0.993 71 | 0.997 49 | 0.995 41 |

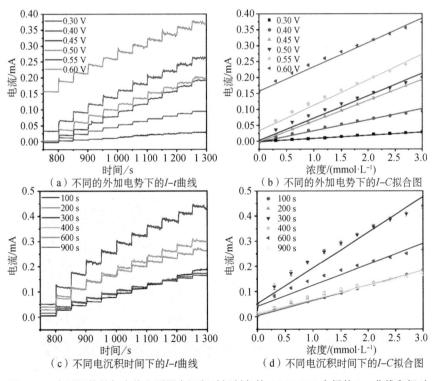

图 4-15　在不同的外加电势和不同电沉积时间制备的 SCNF@Ni 电极的 I-t 曲线和相对应的 I-C 拟合图

以 CNF@Ni-300 电极为基底，电沉积 NiCo-LDH 制备 SCNF@Ni@NiCo-LDH 电极。

电沉积 NiCo-LDH 层：SCNF@Ni 直接浸在 0.01 mol/L Ni（NO₃）₂ 和 0.01 mol/L Co（NO₃）₂ 的电沉积溶液中，设置阴极电势为−1.0 V（vs SCE），室温下电沉积时间分别为 50 s、100 s、200 s、400 s、600 s 和 800 s，所获得的样品分别命名为 SCNF@Ni@NiCo-LDH-50、SCNF@Ni@NiCo-LDH-100、SCNF@Ni@NiCo-LDH-200、SCNF@Ni@NiCo-LDH-400、SCNF@Ni@NiCo-LDH-600 和 SCNF@Ni@NiCo-LDH-800。电沉积化学反应式为式（4-3）~式（4-5）：

$$NO_3^- + 7H_2O + 8e^- \rightarrow NH_4^+ + 10OH^- \tag{4-3}$$

$$Ni^{2+} + 2OH^- \rightarrow Ni(OH)_2 \tag{4-4}$$

$$Co^{2+} + 2OH^- \rightarrow Co(OH)_2 \tag{4-5}$$

作为对比，在相同条件下，选用原始的 SCNF 直接电沉积 NiCo-LDH 层，电沉积时间为 400 s，样品命名为 SCNF@NiCo-LDH。

图 4-16（a）~（c）分别显示了电沉积时间为 100 s、400 s、600 s 时的 SCNF@Ni@NiCo-LDH 电极的表面形貌。从图中可以知道，随着电沉积时间的增加，新的沉积物覆盖到 SCNF@Ni 电极表面。电沉积时间为 100 s 时，沉积物填充金属 Ni 颗粒之间的孔隙使表面变得平整；电沉积时间为 400 s 时，沉积物颗粒布满整个电极表面；电沉积时间为 600 s 时，沉积物颗粒之间的孔隙被填充，形成一个光滑的表面。图 4-16（d）是电沉积时间为 400 s 所制备的纱线电极的不同放大倍数的 SEM 图，可以知道电极表面颗粒由许多垂直生长的纳米片组成，类似于花瓣状分布，具有亚微米尺寸孔隙，进一步增大了电极的比表面积。这种镍基活性材料的纳米片呈分层结构分布，有利于提高电活性位点数量，从而提高电极的电催化性能。图 4-16（e）是 SCNF@Ni@NiCo-LDH 电极的 EDS 图，从图中可以知道沉积物可能为 Ni 和

（a）SCNF@Ni@NiCo-LDH-100　（b）SCNF@Ni@NiCo-LDH-400　（c）SCNF@Ni@NiCo-LDH-600

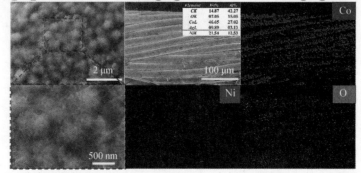

（d）SCNF@Ni@NiCo-LDH-400放大SEM　（e）SCNF@Ni@NiCo-LDH的EDS图

图 4-16　不同电沉积时间所制备的 SCNF@Ni@NiCo-LDH 电极的 SEM 图及 EDS 图

Co 的金属氧化物，均匀地沉积在电极表面。

在 0.1 mol / L NaOH 溶液中，通过循环伏安法研究了不同扫描速率（5 mV/s、10 mV/s、20 mV/s、40 mV/s、60 mV/s、80 mV/s、100 mV/s）对 SCNF@Ni@NiCo-LDH 电极的电化学行为的影响，扫描区间为 –0.30～0.65 V。如图 4-17（a）所示，SCNF@Ni@NiCo-LDH 电极的每条 CV 曲线都有明显的氧化还原峰，这些峰与 Ni$^{2+}$/Ni$^{3+}$ 和 Co$^{2+}$/Co$^{3+}$/Co$^{4+}$ 的氧化还原过程有关。随着扫描速率的增加，峰值电流都明显增大。同时，峰值对应的电位分别向两端偏移。

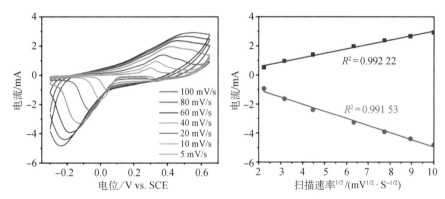

图 4-17　SCNF@Ni@NiCo-LDH 电极以不同扫描速率的 CV 曲线及对应的峰电流与扫描速率平方根的校准图

在碱性溶液中，Ni 和 Co 的阳极峰分别出现在约 0.50 V 和 0.30 V 处。由图 4-18（a）可知，无论是否有加入 1 mmol/L 葡萄糖，在 0.1 mol/L NaOH 溶液中，SCNF@Ni@NiCo-LDH 电极在 0.50 V 和 0.30 V 附近的电流密度明显增强，这是由于电极表面的活性物质催化葡萄糖分解所导致。SCNF@Ni@NiCo-LDH 电极表面上的 Ni$^{2+}$ 和 Co$^{2+}$ 在碱性溶液中首先被分别氧化为 Ni$^{3+}$ 和 Co$^{3+}$/Co$^{4+}$，然后再与溶液中的葡萄糖反应，催化其分解，传感原理如图 4-18（b）所示，最终溶液中 Ni$^{2+}$/Ni$^{3+}$ 和 Co$^{2+}$/Co$^{3+}$/Co$^{4+}$ 浓度的变化导致峰值电流的变化。具体的反应式如式（4-6）～式（4-10）所示：

$$\mathrm{Ni(OH)_2 + OH^- \rightarrow NiOOH + H_2O + e^-} \tag{4-6}$$

$$\mathrm{NiOOH + 葡萄糖 \rightarrow Ni(OH)_2 + 葡萄糖酸内酯} \tag{4-7}$$

$$\mathrm{Co(OH)_2 + OH^- \rightarrow CoOOH + H_2O + e^-} \tag{4-8}$$

$$\mathrm{CoOOH + OH^- \rightarrow CoO_2 + H_2O + e^-} \tag{4-9}$$

$$\mathrm{CoO_2 + 葡萄糖 \rightarrow CoOOH + 葡萄糖酸内酯} \tag{4-10}$$

研究了不同外加电位对 SCNF@Ni@NiCo-LDH 电极催化性能的影响。通过在 0.1 mol/L NaOH 溶液中每 50 s 添加 0.3 mmol/L 葡萄糖溶液，共 10 次，记录电流响应情况，结果如图 4-19（a）、（b）所示。从图 4-19（a）可知，电流发生稳定而快速的响应变化，当施加电势为 0.3 V 时，葡萄糖只有一个小的逐步电流响应，这表明 SCNF@Ni@NiCo-LDH 电极的电催化氧化从 0.3 V 左右开始。随着外加电势从 0.3 V 增加到 0.6 V，响应电流先增大后减小。在外加电势

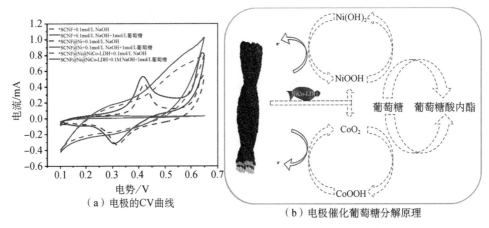

（a）电极的CV曲线　　　　　　（b）电极催化葡萄糖分解原理

图 4-18　（a）SCNF、SCNF@Ni 和 SCNF@Ni@NiCo-LDH 电极的 *CV* 曲线（扫描速率：50 mV/s）及 SCNF@Ni@NiCo-LDH 电极催化葡萄糖分解原理示意图

为 0.5 V 时，响应电流达到最大值。

由图 4-19（b）可知，在不同的外加电势下，葡萄糖浓度与响应电流具有良好的线性关系，其线性相关度如表 4-7 所示，同样说明了 SCNF@Ni@NiCo-LDH 电极对葡萄糖的催化性能受到外加电势的影响。此外，由图 4-18（a）可知，SCNF@Ni@NiCo-LDH 电极平稳运行时的背景电流也受到外加电势的影响，外加电势越大，背景电流越高。而且随着葡萄糖不断添加，高外加电势下的响应电流波动也越来越大，对葡萄糖的氧化产生干扰。综上所述，通过电化学研究，选择 0.50 V 作为 SCNF@Ni@NiCo-LDH 纱线电极的最佳外加电势。

表 4-7　不同外加电位下 SCNF@Ni@NiCo-LDH 电极对葡萄糖的催化性能

| 电位 /V | 0.30 | 0.40 | 0.45 | 0.50 | 0.55 | 0.60 |
|---|---|---|---|---|---|---|
| 灵敏度 / $[\mu A \cdot mmol^{-1} \cdot L \cdot cm^{-2}]$ | 34.52 | 119.42 | 153.17 | 170.94 | 133.16 | 100.03 |
| $R^2$ | 0.992 83 | 0.992 08 | 0.993 51 | 0.996 7 | 0.993 71 | 0.996 23 |

探究了不同电沉积时间所制备的 SCNF@Ni@NiCo-LDH 电极对葡萄糖的氧化性能的影响。在 0.50 V 的外加电势下，通过向 0.1 mol/L NaOH 溶液中每 50 s 添加 0.3 mmol/L 的葡萄糖溶液，连续添加 10 次，对比响应电流的变化。由图 4-19（c）、（d）可知，随着电沉积时间的增加，所制备的 SCNF@Ni@NiCo-LDH 纱线电极的传感性能先增强后减弱，电沉积时间为 400 s 时的纱线电极的传感性能最优。传感性能增强归因于 NiCo-LDH 对葡萄糖具有更优良的催化活性，随着电沉积时间的增加，NiCo-LDH 在 SCNF@Ni 电极表面生长，金属颗粒具有良好导电性的同时，还为 NiCo-LDH 的生长提供了更多的附着位点。由图 4-16（a）～（c）可知，电沉积时间为 400 s 时具有最合适的表面形貌，由图 4-16（d）可知，垂直生长的 NiCo-LDH 具有花瓣状纳米片结构，可与溶液充分接触，提高活性位点的数量，更有效地催化葡萄糖发生氧化，从而提高传感性能。

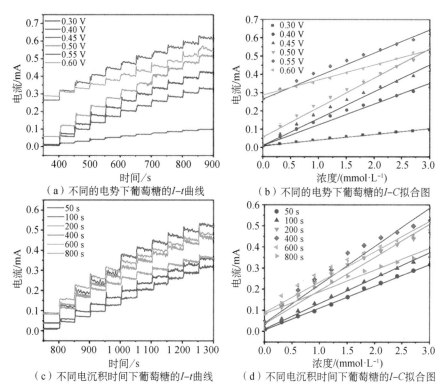

（a）不同的电势下葡萄糖的 $I-t$ 曲线 　（b）不同的电势下葡萄糖的 $I-C$ 拟合图

（c）不同电沉积时间下葡萄糖的 $I-t$ 曲线 　（d）不同电沉积时间下葡萄糖的 $I-C$ 拟合图

图 4-19　SCNF@Ni@NiCo-LDH 电极在不同的电势和不同电沉积时间下葡萄糖的 $I-t$ 曲线和相对应的 $I-C$ 拟合图

如图 4-20（a）所示，在 0.1 mol/L NaOH 水溶液中，外加 0.5 V 恒定电压，通过连续添加不同浓度的葡萄糖来评估传感器的电流响应。SCNF@Ni@NiCo-LDH 对葡萄糖浓度的变化表现出显著而敏感的响应，与 Ni 层的纳米尺寸的枝晶结构有关，电极的大比表面积增大了其与溶液的接触面积，催化速率更高，响应电流更大。如图 4-20（b）所示，SCNF@Ni@NiCo-LDH 对葡萄糖的响应在 2 μmol/L～26 mmol/L 的范围内分段呈线性。当电解液中葡萄糖含量达到 26 mmol/L 时，电极的催化能力达到饱和，响应电流基本不再增加。图 4-20（c）～（e）显示了不同浓度范围内的响应电流与葡萄糖浓度的线性关系，具体关系如表 4-8 所示，此外，SCNF@Ni@NiCo-LDH 对葡萄糖的响应时间短于 4 s［图 4-20（f）］，检测限计算为 0.22 μmol/L（S/N=3）。

表 4-8　SCNF@Ni@NiCo-LDH 传感器对不同浓度范围葡萄糖的线性响应

| 测试范围 | 线性拟合曲线 | 灵敏度 / $(\mu A \cdot mmol^{-1} \cdot L \cdot cm^{-2})$ | $R^2$ |
|---|---|---|---|
| 2 μmol$^{-1}$～1 mmol$^{-1}$ | $I=0.059\,307+0.176\,358C$ | 191.44 | 0.995 13 |
| 1～10 mmol$^{-1}$ | $I=0.183\,756+0.078\,771C$ | 88.18 | 0.990 11 |
| 10～26 mmol$^{-1}$ | $I=0.514\,155+0.045\,722\,3C$ | 51.85 | 0.991 03 |

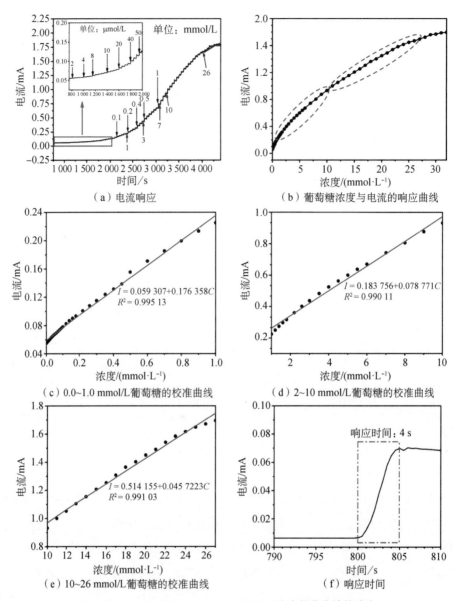

图 4-20　SCNF@Ni@NiCo-LDH 对不同浓度的葡萄糖的响应

（a）电流响应

（b）葡萄糖浓度与电流的响应曲线

（c）0.0～1.0 mmol/L 葡萄糖的校准曲线

（d）2～10 mmol/L 葡萄糖的校准曲线

（e）10～26 mmol/L 葡萄糖的校准曲线

（f）响应时间

　　表 4-9 对 NiCo 基葡萄糖传感器进行了总结，可以看到，SCNF@Ni@NiCo-LDH 显示了更好的传感性能。与 SCNF@Ni 传感器相比，SCNF@Ni@NiCo-LDH 的高性能可能归为以下原因：① SCNF 的 Ag 基底提高了电极的电子传输效率；② NiCo-LDH 中的 Co 和 Ni 之间的强电子相互作用与不饱和的金属原子增强葡萄糖的电化学催化氧化；③垂直的花瓣状纳米片赋予电极较大的表面积，并有利于电催化反应的快速发生和电荷传输。因此，NiCo-LDH 是制备非酶葡萄糖传感器的优良材料。

表 4-9 SCNF@Ni@NiCo-LDH 与其他 NiCo 基非酶葡萄糖传感器的比较

| 葡萄糖传感器 | 灵敏度 / [μA·mmol⁻¹·L·cm⁻²] | 检测范围 / (mmol·L⁻¹) | LOD / (μmol·L⁻¹) | 稳定性 | 抗干扰性 |
|---|---|---|---|---|---|
| Ni-Co-S/PPy/NF | — | 0.002～0.140<br>0.140～2.000 | 0.82 | 几周<br>（91.40%） | UA, AA, D-Fru |
| NiCo/TiO₂/C NFAs | 975.30 | 1.000～7.658 | 0.60 | — | Man, Fru, AP, UA, AA, DA |
| NiCo-MOFNs | 684.40 | 0.001～8.000 | 0.29 | 30 d（95.00%） | NaCl, Urea, AA, DA, UA, AP |
| CNF@NiCo-LDH | 1 470.00 | 0.001～2.000 | 0.03 | 2 d | AA, DA, UA |
| NiCo₂O₄/GCE | 1 917.00<br>703.00 | 0.010～0.300<br>0.300～2.240 | 0.60 | 7 d（96.67%） | AA, UA, DA, Su, NaCl |
| SCNF@Ni@NiCo-LDH | 191.44<br>81.18<br>51.85 | 0.002～1.000<br>1.000～10.000<br>10.000～26.000 | 0.22 | 17 d（41.00%） | AP, Su, HQ, AA, UA, DA, D-Fru |

注 NF—泡沫镍，NFAs—核壳纳米纤维阵列，MOFNs—有机骨架，CNF—碳纳米纤维，GCE—玻碳电极，Man—甘露糖，AP—对乙酰氨基苯酚，UA—尿酸，AA—抗坏血酸，DA—多巴胺，Fru—果糖，NaCl—氯化钠，Urea—尿素，Su—蔗糖，HQ—对苯酚。

图 4-21 是 SCNF@Ni@NiCo-LDH 传感器在连续添加葡萄糖、0.10 mmol/L Su、0.10 mmol/L AP、0.02 mmol/L D-Fru、0.01 mmol/L AA、0.01 mmol/L DA、0.01 mmol/L HQ 和 0.01 mmol/L UA 时的电流响应，从图中可以看出，SCNF@Ni@NiCo-LDH 电极对葡萄糖的响应明显，但加入干扰物质的响应与加入葡萄糖时相比并不显著。当再次加入葡萄糖时，电流响应再次急剧增加，说明 AP、Su、D-Fru、HQ、AA、UA、DA 对葡萄糖的检测没有显著干扰，这证明 SCNF@Ni@NiCo-LDH 在检测过程中具有良好选择性。

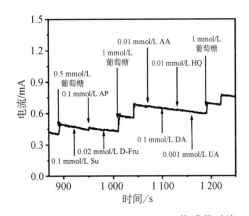

图 4-21 SCNF@Ni@NiCo-LDH 传感器对连续添加葡萄糖和各种干扰物质的电流响应

葡萄糖传感器的重复性、再现性和稳定性（图 4-22）是实际检测应用中的关键因素。图 4-22（a）显示了 SCNF@Ni@NiCo-LDH 传感器在 0.1 mol/L NaOH 溶液中对 1 mmol/L 葡萄糖的 12 次重复性测试，计算得到响应电流的 RSD 为 3.97%，说明了 SCNF@Ni@NiCo-LDH 传感器具有良好的重复性。图 4-22（b）显示了 5 个相同条件下制备的 SCNF@Ni@NiCo-LDH 传感器对 3 mmol/L 葡萄糖的电流响应，得到的 RSD 仅为 3.53%，证明 SCNF@Ni@NiCo-LDH 具有良好的再现性。

SCNF@Ni@NiCo-LDH 的稳定性如图 4-22（c）所示，通过连续多天进行的 SCNF@

Ni@NiCo-LDH 对 1 mmol/L 葡萄糖的响应测试。从图中可以看到传感器的稳定性逐渐降低，第 17 天时对 1 mmol/L 葡萄糖的响应电流下降为初始电流的 41% 左右。造成这种结果的主要原因是 SCNF 表面的 Ag 容易被氧气氧化，生成 $Ag_2O$，使其电极导电性能变差，从而使 SCNF@Ni@NiCo-LDH 的稳定性降低。

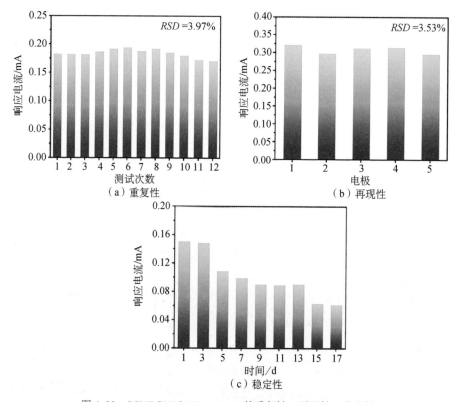

图 4-22　SCNF@Ni@NiCo-LDH 的重复性、再现性、稳定性

葡萄糖传感器的柔性是其在可穿戴和实时监测领域的一大难题。在此，对 SCNF@Ni@NiCo-LDH 的柔性进行了研究，通过自制的柔性压阻测试仪将纱线循环弯曲 1 000 次，记录弯曲过程中纱线电极电阻和传感器性能的变化（图 4-23），以弯曲循环次数为横坐标，分别以弯曲过程中电阻阻值为初始阻值的百分比和响应电流相对初始电流的百分比为纵坐标，绘制图像如图 4-23（b）所示。

在柔性测试中，SCNF@Ni@NiCo-LDH 的有效长度设定为 20 mm，具体运动过程如图 4-23（a）和（b）的插图所示，SCNF@Ni@NiCo-LDH 以 2 mm/s 的速度收缩至 10 mm，然后再以相同的速度反方向运动至 20 mm，循环往复。在不同弯曲次数下，SCNF@Ni@NiCo-LDH 的电阻基本维持不变，1 000 次弯曲后的电极电阻仅为初始电阻的 101.0%。此外，SCNF@Ni@NiCo-LDH 的弯曲运动基本不影响葡萄糖的响应能力，1 000 次弯曲后对葡萄糖的响应电流为初始电流的 91.7%，如图 4-23（b）所示，说明 SCNF@Ni@NiCo-LDH 具有良好的柔性。

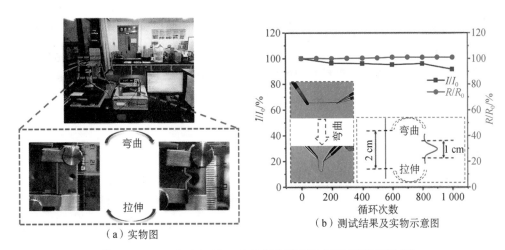

（a）实物图　　　　　　（b）测试结果及实物示意图

图 4-23　SCNF@Ni@NiCo-LDH 弯曲运动测试实物图及测试结果

为探究电解液的 pH、温度对 SCNF@Ni@NiCo-LDH 响应电流的影响，在 3 mmol/L 葡萄糖浓度情况下，分别检测在 1.0 mmol/L、10.0 mmol/L、0.1 mol/L 和 1.0 mol/L 的 NaOH 溶液中，和在 10 ℃、20 ℃、30 ℃、40 ℃、50 ℃、60 ℃温度环境下 SCNF@Ni@NiCo-LDH 的响应电流。

对响应电流进行曲线拟合，根据结果可知，NaOH 浓度对传感器的响应过程有明显的影响。如图 4-24 所示，随着 NaOH 浓度的增大，电极的响应电流先增大后减小，响应电流达到最大值所对应的 NaOH 浓度为 0.1 mol/L，作为 SCNF@Ni@NiCo-LDH 传感器的最优反应的溶液环境。响应电流随 NaOH 浓度先增大后减小的原因：NaOH 参与催化反应，将 $Ni^{2+}$ 和 $Co^{2+}$ 分别还原为 $Ni^{3+}$ 和 $Co^{3+}/Co^{4+}$。NaOH 浓度的增大，加快了氧化还原反应的进行，使电极附近的 $Ni^{3+}$、$Co^{4+}$ 含量迅速增大，从而提高了葡萄糖的氧化速率，因而响应电流增大。但当 NaOH 浓度过大时，破坏了电极结构，致使传感性能迅速降低。

由图 4-25 可知，温度对 SCNF@Ni@NiCo-LDH 响应过程有明显的影响。随着溶液温度的升高，传感器的响应电流不断增大，这一点与含酶传感器的最适工作温度有所不同，SCNF@Ni@NiCo-LDH 具有更宽的工作温度范围，并且能够在单位时间内催化更多的葡萄

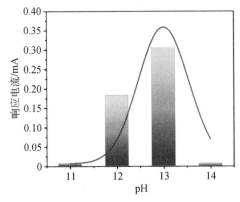

图 4-24　不同 pH 条件下 SCNF@Ni@NiCo-LDH
传感器对于 3.0 mmol/L 葡萄糖的响应电流

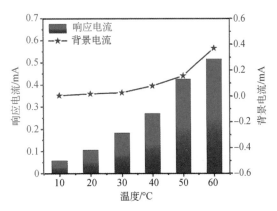

图 4-25　SCNF@Ni@NiCo-LDH 传感器在不同温度
下的背景电流和对 3.0 mmol/L 葡萄糖的响应电流

糖，从而产生更高的响应电流。但从图中还可以看到，伴随着温度的升高，传感器响应过程中的背景电流也增大。产生这种现象的原因是：随着溶液环境温度的逐渐提高，溶液中以及电极上的电子转移速率增加，电极对葡萄糖具有更高的响应性能，但也消耗了更多的能量。因此，选择一个合适的温度环境进行测试尤为重要。

## 4.4　总结与展望

柔性电化学传感器的基底材料的选择首先侧重于刚性传感器采用的类似工艺的材料，如PET、PI 等具有耐腐蚀性或耐高温等特点的高聚物薄膜基底。随着人们对柔性电化学传感器、智能可穿戴电子器件、智能服装等方向的深入研究，传感器纤维化是必然趋势。纤维基底的传感器易于与服装集成，对服装本身的透气性和舒适性不造成影响，同时，制作出的传感器性能与薄膜基底相当。

本章着重介绍了以碳纤维和镀银纱线为柔性基底，通过电化学方式，分别结合 PANi、PEDOT 和钴镍氢氧化物等，制备了 pH、钠离子、非酶葡萄糖传感器，证明了纤维作为柔性导电基底的柔性电化学传感器的可行性，为纤维基电化学传感器作为非侵入体液监测方面的应用提供了参考。

# 第 5 章　柔性加热元件及其应用

## 5.1　电加热原理

### 5.1.1　焦耳定律

柔性加热元件是一种利用电能实现加热功能的柔性电子元件，其原理以焦耳定律为基础，即载流导体中产生的热量 $Q$（称为焦耳热）与电流 $I$ 的平方、导体的电阻 $R$、通电时间 $t$ 成正比，表述为公式（5-1）：

$$Q = I^2Rt \tag{5-1}$$

式中：$Q$ 为热量（W）；$I$ 为电流（A）；$R$ 为电阻（Ω）；$t$ 为加热时间（s）。

### 5.1.2　热动力学基本理论

热力学第一定律是涉及热现象领域内的能量守恒和转化定律，反映了不同形式的能量在传递与转换过程中的守恒。能量既不能被创造，也不能被消灭，它只能从一种形式转换为另一种形式，或从一个系统转移到另一个系统，而其总量保持恒定，即能量守恒定律。这一定律应用于伴有热现象的能量和转移过程，即热力学第一定律［式（5-2）］。

$$E_{in} - E_{out} = \Delta E \tag{5-2}$$

式中：$E_{in}$ 和 $E_{out}$ 分别为进入和离开系统的总能量（J）；$\Delta E$ 为系统总能量的增加（J）。

系统的总能量 $E$ 包括两方面。①系统的热力学能。广义热力学能是指构成系统的所有分子运动动能（内动能）、分子间相互作用势能（内位能）、分子内部以及原子核内部各种形式能量的总和。内动能是温度的函数，对应的这部分能量也称为显能；内位能的改变将影响物质相态（固态、液态和气态）的转变，这部分能量则称为潜能。内动能和内位能之和就是传热研究关注的热能。由于通常的物理过程不涉及分子内部以及原子核内部能量的变化，所以，热能也可看作是狭义的热力学能。②系统的动能和势能。动能取决于物体的宏观运动速度，势能取决于物体在外力场中所处的位置。它们都是因为物体做机械运动而具有的能量，所以合称为机械能。

通过边界进、出系统的能量包括：①以传热模式（导热、对流传热或辐射传热）传递的热量；②在系统边界处发生的功（由于边界移动、轴转动等）、外界对系统做功，或系统对外界做功；③流体携带的能量，如果有流体流入、流出系统，则流体必定携带相应的热能和机械能。

在传热问题的研究中，有时候会遇到分子内部或原子核内部储存能量（即除热能以外的热力学能部分）的改变，其改变部分通常会转化成热能。如物体内部存在化学反应时，将有化学能与热能的转换；物体内部有核反应时，核能转变为热能；物体内有电流通过时，电能转变为热能。对于这些系统内产生的热量，通常将其当作系统的内热源。如系统存在内热源，则公式（5-2）可改写为式（5-3）形式，即

$$E_{in} - E_{out} + Q_g = \Delta E_{st} \qquad (5-3)$$

式中：$\Delta E_{st}$ 为系统总能量中的热能机械能（J）；$Q_g$ 为内热源所生成的热量（J）。

## 5.1.3 传热学基本理论

传热学是研究在温差作用下热量传递规律的科学，能量传递的三种基本机理即热传导、热对流和热辐射。

### 5.1.3.1 热传导

热传导也称为导热，是指依靠分子、原子及自由电子等微观粒子的随机热运动（热扩散）而引起的热量传递现象。导热通常发生在相互接触且温度不同的物体之间，或一个物体内部温度不同的各部分之间。导热是物体的固有属性，固体、液体和气体中都可能发生导热。

导热基本定律即傅里叶定律，就是在导热过程中，单位时间内通过给定截面的导热量，正比于垂直于该截面方向的温度变化率和截面面积，而热量传递的方向则与温度升高的方向相反，表达为：

$$q = -\lambda \operatorname{grad} t \qquad (5-4)$$

式中：$q$ 为热流密度，单位为 W /（m · K）；$\lambda$ 为材料的导热系数（或导热率），单位为 W /（m · K），与导热体的材料有关，$\lambda$ 越大，导热性能越好；$\operatorname{grad} t$ 是空间某点的温度梯度，数值上等于最大温度变化率。

在直角坐标系下，各坐标轴方向上的热流密度分量可分别表示为：

$$q_x = -\lambda \frac{\partial t}{\partial x}, q_y = -\lambda \frac{\partial t}{\partial y}, q_z = -\lambda \frac{\partial t}{\partial z} \qquad (5-5)$$

对于通过垂直于温度梯度某截面的热流量（$\Phi$）可表示为：

$$\Phi = \lambda A \frac{\Delta t}{\delta} \qquad (5-6)$$

式中：$A$ 为截面面积（$m^2$）；$\delta$ 为厚度（m）。

#### 5.1.3.2　热对流

热对流是指流体发生宏观运动，由流体迁移携带引起的热量传递。但是，当流体内存在温差时，也必然产生导热现象，因此，热对流往往和流体的导热同时发生，如图 5-1 所示。

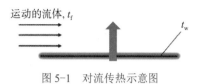

图 5-1　对流传热示意图

对流传热的热流量使用牛顿冷却公式计算如下：

$$\Phi = hA\Delta t \tag{5-7}$$

$$\Delta t = t_w - t_f(t_w > t_f)，或 \Delta t = t_f - t_w(t_w < t_f) \tag{5-8}$$

式中：$h$ 为整个固体表面上的平均传热系数 [W / (m² · K)]；$A$ 为流体与固体表面接触的面积（m²）；$t_w$ 为固体表面的平均温度（℃）；$t_f$ 为流体温度（℃）。

对流传热过程中，热量的传递包含紧贴固体壁面的纯导热和流体当中的热对流及导热，所以，影响流体导热和热对流的因素较多，例如，流动的起因（强制对流、自然对流）、流体的种类（导热系数、密度、比热容、黏度、体胀系数和汽化潜热等）、换热表面的几何尺寸、换热表面和流体的物理条件、流动的状态（层流和湍流）。

#### 5.1.3.3　热辐射

热辐射是仅由物体内部微观粒子的热运动引起的物体向外发射辐射能的现象。一般用辐射力、光谱辐射力、定向辐射力和定向辐射强度等表征一个物体表面发出的热辐射能量。黑体是辐射研究的理想辐射表面，能够吸收各个方向、各种波长的辐射能。Stefan-Blotzmann 定律确定了黑体的辐射力与热力学温度之间的关系，表达式为：

$$E_b = \sigma T^4 = C_0 \left( \frac{T}{100} \right)^4 \tag{5-9}$$

式中：σ 为黑体辐射常数，σ = 5.67 × 10⁻⁸ W / (m² · K⁴)；$T$ 表示物体的热力学温度（K）；$E_b$ 表示黑体的辐射力（W/m²）；$C_0$ 为黑体辐射系数，$C_0$=5.67 W / (m² · K⁴)。

但实际物体的组成成分、表面粗糙度、温度、辐射波长等因素导致其辐射强度并不完全遵循 Stefan-Blotzmann 定律，而是需要引入辐射率 $\varepsilon$，用来衡量物体辐射性能的优劣。在某一温度 $T$ 时的辐射通量密度 $E'$，与具有同一温度 $T$ 时的黑体辐射通量密度 $E_b$ 的比值，表达为：

$$\varepsilon(T) = \frac{E'(T)}{E_b(T)}（同温度下） \tag{5-10}$$

则可推导出实际物体的辐射热能 $E$ 表示为：

$$E = \varepsilon \sigma T^4 = \varepsilon C_0 \left( \frac{T}{100} \right)^4 \tag{5-11}$$

对于某一表面的热辐射能，可表示为：

$$\varPhi = \varepsilon \sigma A T^4 = \varepsilon C_0 \left( \frac{T}{100} \right)^4 \tag{5-12}$$

式中：$A$ 为物体的辐射面积（$m^2$）。

### 5.1.3.4 稳态导热与非稳态导热

上述三种热量传递现象中，如果系统中给定的点的温度不随时间而改变，则称为稳态导热，反之则称为非稳态导热。

（1）稳态导热

对于一维几何体的无内热源可根据热传导定律计算其内部温度分布规律及导热量分布。含有内热源的一维稳态导热可作为加热织物元件的导热分析基础，可由导热微分方程式和定解条件组成导热体内的温度场的数学描写，以能量守恒定律和傅里叶定律为基础，描述导热体内部的温度分布。定解条件描述导热体在时间和几何边界上的热状态。

（2）非稳态导热

根据物体随时间变化的特点，非稳态导热可分为瞬态导热和周期性导热。瞬态导热是指物体内任意位置的温度随时间连续升高（加热过程）或连续下降（冷却过程），直至逐渐趋近于某个新的平衡温度，或者随着时间的推移呈现不规则的变化。一般是由边界换热突然发生阶跃变化、内热源瞬间发生或停止、内热源强度随时间改变等情况引起的。

对于非稳态的导热体，内部温度既随空间变化也随时间变化，在直角坐标系中，温度场可表示为 $t = f(x, y, z, \tau)$。当物体内温差相差不大时，可近似认为在这种非稳态导热过程中物体内的温度分布与坐标无关，仅随时间变化，这就是集总参数模型。因此，物体温度可用其任一点的温度表示，而将该物体的质量和热容量等视为集中在这一点，即 $t = f(\tau)$，这种与空间坐标无关的模型也称为零位非稳态模型。集总参数模型可以大大简化问题的复杂程度。

集总参数模型的使用条件如下：导热体的导热系数越大，导热体内的温度差异越小；几何尺寸越小，导热体内的温度不均匀性越小；若表面传热系数 $h$ 越小，则通过表面与流体交换的热流量越少，物体内部温度差异越小。导热系数、几何尺寸和传热系数的共同影响可用一个无量纲参数 $Bi$ 表示，即：

$$Bi = \frac{hl}{\lambda} = \frac{l/\lambda}{1/h} \tag{5-13}$$

$Bi$ 称为毕渥数，定性地表示非稳态导热中，内部导热热阻（$l/\lambda$）与外部表面换热热阻（$1/h$）的相对大小。$l$ 是物体的特征长度，一般取对物理过程影响最大的物体几何尺寸。

非稳态导热过程中，$Bi$ 越小，使用集总参数模型带来的误差也越小。当 $Bi \leqslant 0.1$ 时，导热体中最大与最小温度之差小于 5%，导热体温度足够均匀。当 $Bi \leqslant 1.0$ 时，物体符合用集总参数法简化计算的条件。

对于零位的非稳态导热体，能量守恒关系遵循：

$$\frac{dU}{dt} = \varPhi_{in} - \varPhi_{out} + V \dot{\varPhi} \tag{5-14}$$

式中：$\dfrac{\mathrm{d}U}{\mathrm{d}t}$ 为某一时间段系统内能量的变化，$\Phi_{\mathrm{in}}$ 和 $\Phi_{\mathrm{out}}$ 分别为通过界面传入和传出的热量；$\Phi$ 为内热源在单位体积内单位时间所产生的热量（$\mathrm{W/cm}^3$）；$V$ 为控制容积（$\mathrm{cm}^3$）。

热力学广泛应用于生物医学、轻工纺织、电气电子、食品加工等领域，柔性加热元件的加热过程是典型的热力学工程问题，从热力学角度研究柔性加热元件的加热过程，可分析其表面和空间区域中的温度分布，以及计算传递过程中热量传递的速率等。建立热力学数学模型，定性定量地分析加热温升过程、热场分布等，并预测实验结果，可降低实验和测试成本。

有限元是将弹性理论、数学和计算机软件结合在一起的一种数值分析技术，可有力地解决工程实际问题。该方法在机械制造、材料科学、航空航海、土木工程、电气工程、石油化工等科学技术和实际工程领域得到广泛应用。有限元模拟软件（Fluent、ANSYS、Abaqus 等）具有强大的结构、流体、热、电磁及相互耦合分析的功能，通过简单的操作可实现复杂的多物理场分析流程及多物理场优化分析功能。在制备和测试柔性加热元件的过程中，耗材耗时及测试条件要求较高，实验数据量较大，处理过程长，采用有限元模拟仿真软件可对柔性加热元件的电热性能、热量传导、热量分布等进行模拟。还可以将上述建立的数学模型导入有限元模拟软件中，使有限元模型的精确性更高，这样既可减少实验量和数据处理量，又可将模拟结果"可视化"，将大量的计算结果整理成变形图、等值分布云图等。

## 5.1.4　测试仪器方法

### 5.1.4.1　织物热性能测试仪

利用红外热成像仪、恒温控制箱、电压 / 电流控制系统自主研制了织物热性能测试仪，如图 5-2 所示，用来测量材料的热学性能参数（如平板热源下的热传递系数和点热源下的热扩散系数），测量织物或其他材料的导热系数，能够动态直观地观测热量在织物中的传递和扩散过程，具有精度高、测量速度快、操作简单和数据信息全面的特点。

织物热性能测试仪的主要组成部件介绍如下。

① 红外热成像仪是用来捕捉织物或其他材料的表面温度的，分辨率为 384 像素 ×288 像素，温度测量精度为 ±1 ℃，能够自动追踪测量图像最高温和中心点温度，定时自动补偿以确保测量温度的准确性，通过红外图像采集软件读取图像温度数据，并存储于计算机中，红外图像采集软件的实际采集频率可达 16 帧 /s，红外图像采集软件如图 5-3 所示。

② 恒温控制箱中的加热板可以设定恒定温度，结合红外热像仪采集的织物或其他材料的表面温度，通过表面两侧温差实现对导热系数的测量。

③ 电压 / 电流控制系统主要包含电压测量模块、电流测量模块、继电器模块和直流电源等，继电器模块控制直流电源电压的输入和输出，通过控制程序可以实现电路的通断，电压和电流测量模块采集织物通电时的电流和电压数据，并由电压 / 电流采集程序记录。

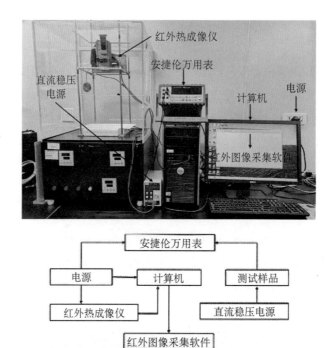

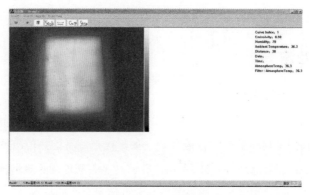

图 5-2　织物热性能测试仪

图 5-3　红外图像采集软件

### 5.1.4.2　电热性能测试方法

① 打开机器电源，启动红外热成像仪，打开红外图像采集软件、继电器控制程序和电压/电流采集程序，在红外图像捕捉界面设定红外图像采集频率（分升温阶段、温度稳定阶段、降温阶段三个阶段采集）和填写保存路径。

② 将织物或其他材料与电源连接，调节好电源电压，点击红外图像捕获，待采集完 5 幅图像后，在继电器控制程序界面点击"继电器开"，对织物或其他材料进行通电加热，打开电压/电流采集程序开始采集电压/电流数据。

③ 观察红外图像采集界面显示的材料表面温度，当温度趋于稳定时，点击"稳定"按钮进入稳定时期的图像采集，稳定一段时间后，在继电器控制程序界面点击"继电器关"，停

止通电，同时，电压／电流采集程序停止采集数据，在红外图像采集界面点击"散热"按钮，进入散热阶段的红外图像采集，当温度降到与环境温度相近时，停止红外图像采集。

④ 在红外图像采集程序的主菜单选择"红外图像转化"，将红外图像的温度数据保存为文本格式（txt）文件，然后导入 Matlab 进行转化分析，得到材料加热过程中的温度和时间数据，电压／电流数据由电压／电流采集程序保存为 txt 文件，根据伏安法可计算出电阻数据。

### 5.1.4.3　保暖性能测试方法

织物或其他材料的导热系数以材料两面温差 $\Delta t$ 和热量流通量 $Q$ 计算：

$$\lambda = \frac{Q \times d}{A \times \Delta t} \tag{5-15}$$

式中：$\lambda$ 为导热系数 $[\mathrm{W/(m^2 \cdot K)}]$；$Q$ 为热流量（W）；$\Delta t$ 为材料两面的温差（K，$1\,\mathrm{K} = -272.15\,℃$）；$A$ 为材料的面积（$\mathrm{m^2}$）；$d$ 为材料的厚度（m）。

具体测试方法如下。

① 打开机器电源，启动红外热成像仪，打开红外图像采集程序，在红外图像捕捉界面设定红外图像采集频率（升温阶段、温度稳定阶段），并填写保存路径。

② 打开恒温控制箱开关，将加热板温度设定为 36 ℃，将织物或其他材料放置在加热板中间位置，点击红外图像捕获，观察红外图像界面显示的材料表面温度，当温度趋于稳定时，点击"稳定"按钮进入稳定时期的图像采集。

③ 在红外图像采集程序主菜单选择"红外图像转化"，将红外图像的数据保存为 txt 文件，导入 Matlab 中进行转化分析，得到织物表面的温度数据。通过测试织物的面积和厚度以及加热板维持温度消耗的功率，计算材料的导热系数。

织物热性能测试仪为柔性加热元件的热性能测试提供了有力的技术支持。在使用过程中，通过红外热成像仪捕捉柔性加热元件的表面温度，并设定捕捉时间间隔，将加热过程中的柔性加热元件拍成红外图像保存下来，用来分析记录柔性加热元件的电热反应过程，再将红外图像转化成 txt 文件，记录元件各点的温度，分析柔性加热元件各点的加热和散热过程，最后用 Matlab 画出柔性加热元件发热的三维温度图像，表征柔性加热元件表面温度分布状态。

### 5.1.4.4　功率消耗测量装置和方法

为定量研究额定功率与最大上升温度之间、功率消耗（功耗）与预设平衡温度之间的相关性，研制了温度控制与功率测量装置。该装置的测量单元示意如图 5-4（a）所示，其功能是模拟织物的静态工作状态，覆盖织物、沉淀织物、泡沫分别模拟的是穿着的服装、内衣和人体表面，温度传感器放置在泡沫平面和衬垫织物之间。温度控制和测量单元的示意如图 5-4（b）所示。

测量单元和温控测量单元分别放置在老化室的内部和外部，并由电源线和一些信号线通过室右侧的孔连接。SCC-RTD01 模块（NI，USA）用于调节 PT100 温度传感器的模拟电压信号，并使用固体继电器作为电源开关。信号采集和温度控制由 PC 主机 PCI 总线上的 PCI-6221（M 系列 DAQ）多功能数据采集板完成。

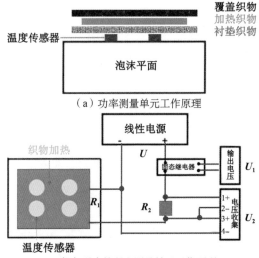

（a）功率测量单元工作原理

（b）温度控制和测量单元工作原理

图 5-4  温度控制与功率测量装置

### 5.1.4.5  柔性加热元件的形貌测试

可采用扫描电子显微镜、光学显微镜对样品进行微观、宏观的表征，采用织物厚度测试仪、厚度仪、川端风格测试仪等对样品的厚度、风格等参数进行采集。

### 5.1.4.6  柔性加热元件的电阻值测试

使用万用电表测试样品的电阻值，测试方法为：将样品拉直后由两个带有凸起的铜块加持，凸起的作用是增加样品和铜块摩擦力以便准确测试样品电阻，即用万用表测试的电阻值减去导线鳄鱼夹的接触电阻。如图 5-5 所示，测试在恒温恒湿条件下进行，温度为（20.0 ± 0.5）℃，相对湿度为（60% ± 5%）。

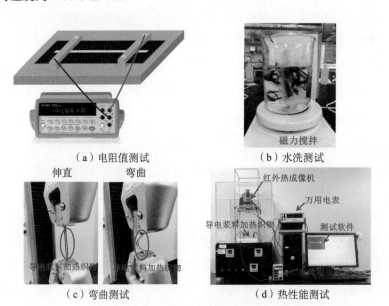

（a）电阻值测试 （b）水洗测试

（c）弯曲测试 （d）热性能测试

图 5-5  导电加热织物性能测试

### 5.1.4.7　柔性加热元件的老化性能测试

采用烘箱加热和通电加热对柔性加热元件进行老化性能测试，以实际需求的温度和时长来进行测试，以如下测试方法为例。

烘箱老化：准备 50 块柔性加热元件，放入电热鼓风干燥箱内进行加热老化，加热老化温度分别为 60 ℃、80 ℃、100 ℃，每种老化温度放入 15 块样品，每 10 h 测试一次电阻值，计算电阻平均值和标准方差。在老化时间达到 50 h、100 h、200 h、300 h、400 h 则分别取出 3 个样品，对老化后的样品进行电阻稳定性测试。

通电老化：取两块样品分别输入 2.0 V 和 2.5 V 电压，每 10 h 记录一次电阻值，测试 1 000 h，分析通电老化后的电阻稳定性。

### 5.1.4.8　加热织物应力场作用下电阻稳定性测试

拉伸实验：强力仪夹头夹持样品的有效长度为 100 mm，拉伸速率为 0.5 mm/s，用万用电表记录拉伸前后的电阻值，使用作者自主研发的安捷伦数据采集系统采集电阻值，每 200 ms 采集一个数据，用于测试柔性加热元件能承受的最大伸长率。如图 5-6 所示是安捷伦数据采集系统软件界面。

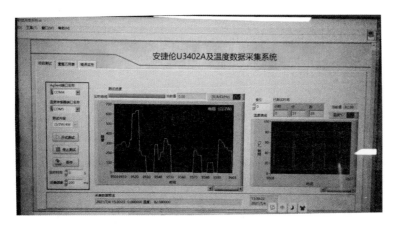

图 5-6　安捷伦数据采集系统界面

拉伸耐久性实验：测试样品伸长率为 1%～8% 时的电阻值，万用电表与样品两端连接，记录其 300 s 下的电阻值，使用安捷伦数据采集系统采集电阻值，每 200 ms 采集一个数据，用以测试柔性加热元件在拉伸状态下的电阻值，观察其电阻稳定性。

弯曲循环测试：使用万能强力仪对样品进行 200 次弯曲循环实验，样品夹持长度为 100 mm，弯曲时夹头间距为 70 mm，如图 5-5（c）所示，拉伸速率为 2 mm/s，同时将万用电表与样品两端连接，使用自主研发的安捷伦数据采集系统采集电阻值，每 200 ms 采集一个数据，记录弯曲过程中的电阻值。测试均在恒温恒湿条件下进行，温度为（20 ± 0.5）℃，相对湿度为（60% ± 5%）。

### 5.1.4.9 柔性加热元件加热织物的水洗测试

水洗测试方法可参照国家推荐标准 GB/T 8685—2008，待样品晾干后测试电阻值，直至样品电阻超过仪器测量范围。

## 5.2 基于机织、针织和刺绣工艺的柔性加热织物

### 5.2.1 制备工艺

#### 5.2.1.1 机织加热织物的制备

机织加热织物（FHF）可以通过将导电纤维 / 纱线以机织（梭织）的方式编织为导电织物。为了避免 FHF 的某些部分过热，导电纤维或纱线应均匀分布在 FHF 中。FHF 的物理性能由导电纱线的跨度和不导电纱线的热阻等决定。FHF 参数的关系函数可以用式（5-16）表示。

$$P = \frac{U^2}{R} = \frac{U^2 \times n \times S}{\rho \times l} \tag{5-16}$$

式中：$P$ 和 $R$ 分别为 FHF 的设计功率（W）和电阻（Ω）；$U$ 为直流电源电压（V）；$n$ 为并联导电纱根数；$l$ 为单根导电纱长度（m），$\rho$ 为导电纱电阻率（Ω·m）；$S$ 为导电纱的横截面积（m²）。

一般来说，为了保持设计电阻值的恒定，在设计过程中，当 $n$ 增大时，$l$ 应相应增大。FHF 中的导电纱线应按图 5-7（a）左侧的形状编织。为了方便描述 FHF 的结构，忽略不导电的经纱，经纱和纬纱交叉点的外观显示在图 5-7（a）右侧，红色实心圆圈代表导电纱线，黑色空心圆圈代表不导电纱线。图 5-7（c）显示了 FHF 的等效电路，如果 $R_1$，$R_2$，…，$R_n$ 相

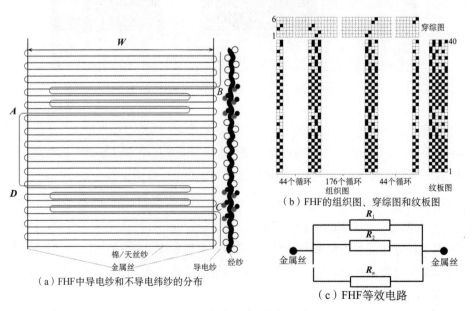

（a）FHF中导电纱和不导电纬纱的分布

（b）FHF的组织图、穿综图和纹板图

（c）FHF等效电路

图 5-7　机织加热织物的制备及原理

等，则 FHF 的总电阻为 $R_1/n$。

　　分别织造了三块长为 13 cm 和宽为 11 cm、设计电阻分别为 10 Ω、14 Ω 和 18 Ω 的 FHF。织造过程按图 5-7（b）中的组织图、穿综图和纹板图进行。综框由开口机构控制，做上下交替运动，使经纱分成两层，形成梭口，通过引纬，编织 10 根不导电纬纱。其中经、纬纱密度分别为 354 根 /10 cm 和 167 根 /10 cm，经、纬纱支数为 50 tex（40/2 公支），由 60% 的棉和 40% 的天丝纤维组成。钢筘筘号为 87，布幅宽度为 15 cm，两根导电经纱之间的距离为 11 cm。3、4 综框控制左侧 88 根经纱的开度，1、2 综框控制中间 352 根经纱上下交替，5、6 综框控制右侧 88 根经线上下交替。图 5-8 显示了具有 10 Ω 和 14 Ω 电阻的 FHF 的外观。

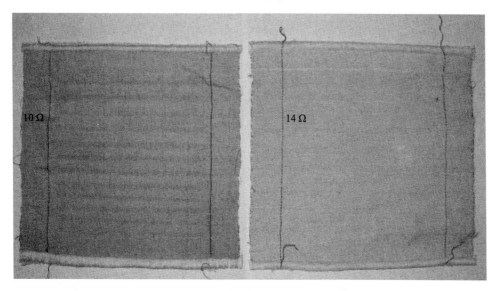

图 5-8　具有 10 Ω 和 14 Ω 电阻的 FHF 的外观

### 5.2.1.2　针织加热织物的制备

　　采用 12（E12）针距的电脑横机（中国龙兴公司）制作三种针织加热织物（KHF），即平针织物（PSF）、罗纹针织物（RSF）和双罗纹针织物（ILK），并进行测试。在上述 KHFs 中，PSF 的柔韧性最好、最薄，RSF 的弹性最好，ILK 最厚，保形能力最好。图 5-9（a）、（c）和（e）显示了三种 KHF 的模拟图像（黄色表示非导电纱线，紫色表示导电纱线）。图 5-9（b）、（d）和（f）分别显示了三种 KHF 的外观。通过进行一系列实验，获得了织造具有良好可缝合性和优异结构稳定性的 KHF 的几何参数，见表 5-1。

　　图 5-9（a）、（c）和（e）中的模拟图像显示，镀银复合钞（SPCY）均匀分布在 KHF 中，它们由两个 SPCY 条连接。图 5-9（g）显示了 KHF 的等效电路图，其中变量 $R_1$，$R_2$，…，$R_n$ 表示平行导电纱条的电阻，变量 $r_1$，$r_2$，…，$r_n$ 代表左右交叉点的接触电阻。

表 5-1 KHF 参数

| 质地 | 宽度 /cm | 高度 /cm | 厚度 /mm | 面密度 /(g·m$^{-2}$) | 面积 /cm$^2$ | 横密（WPC）/ (根·cm$^{-1}$) | 纵密（CPC）/ (根·cm$^{-1}$) |
|---|---|---|---|---|---|---|---|
| ILK | 10.8 | 7 | 2.06 | 528 | 75.6 | 7.0 | 9.6 |
| PSF | 12 | 6.4 | 1.24 | 322 | 76.8 | 5.8 | 9.6 |
| RSF | 10 | 7 | 1.38 | 367 | 70 | 6.8 | 10.6 |

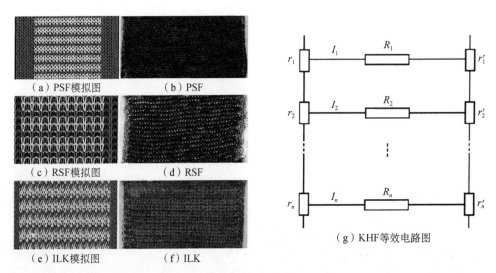

（a）PSF模拟图　　（b）PSF
（c）RSF模拟图　　（d）RSF
（e）ILK模拟图　　（f）ILK
（g）KHF等效电路图

图 5-9 KHF 模拟图及等效电路图

### 5.2.1.3 刺绣工艺加热织物的制备

（1）镀银纱线加热织物的制备

在镀银纱线加热织物（SPYHF）的设计方案中，不同纱线线密度、单纱长度、纱线间距和电路设计都会影响 SPYHF 的加热效果。为了优化 SPYHF 的电热性能，设计了四种并联电路和三种行距（2 mm、3 mm 和 4 mm）。使用缝纫机刺绣四种电路，刺绣面积为 10 cm × 10 cm，如图 5-10（a）所示。SPY 的四个电路的电阻分别为 0.89 Ω（电路 1）、2.95 Ω（电路 2）、1.95 Ω（电路 3）和 5.52 Ω（电路 4）。

（2）纳米陶瓷粉体（NCP）/水性聚氨酯（WPU）薄膜的制备

分别在电子天平上称量定量的 WPU 和 NCP。将称好的 NCP 分 10 次加入 WPU 中，每次都在高速分散搅拌机中搅拌 3 min 以充分混合，制备得到 2.5% 和 5% 的 NCP/WPU 混合物。用涂布精整机在 SPYHF 上均匀涂布 NCP/WPU 混合物，涂布厚度为 1 mm，涂布速度为 5 mm/s。图 5-10（b）是 N/W-SPYHF 的原理图和俯视图。

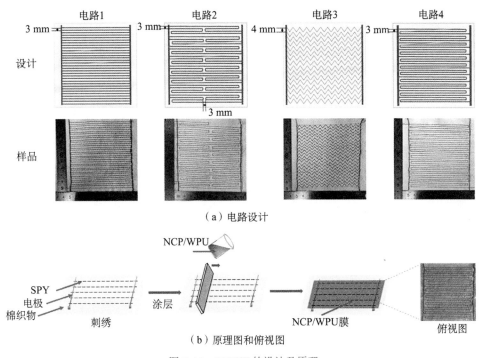

（a）电路设计

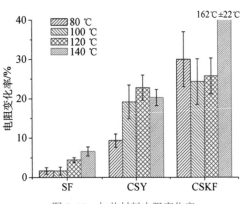

（b）原理图和俯视图

图 5-10　SPYHF 的设计及原理

## 5.2.2　机织、针织和刺绣工艺柔性加热织物的性能表征

对上述三种工艺制备的加热织物样品分别进行电阻和热性能的相关测试，并进行了应用测试。

### 5.2.2.1　电阻测试

（1）机织加热织物

对机织加热织物进行了温度对于电阻变化率的测试，以确定热稳定性。如图 5-11 显示，银丝（SF）的电阻变化率（RVR）在 80 ℃和 100 ℃时小于 1.66%，而在 120 ℃和 140 ℃时分别为 4.4% 和 6.5%。显然，镀银纱线（CSY）和涂层镀银织物（CSKF）的 RVR 大大超过了 SF，所以，SF 的热稳定性肯定比 CSY 和 CSKF 的好，且 80 ℃影响最小，更适用于加热织物。

图 5-11　加热材料电阻变化率

（2）针织加热织物

测试镀银复合纱线在不同温度下的老化时间对于电阻的影响。如图 5-12（a）所示，在 120 ℃环境温度下，SPCY 的电阻随着老化时间的增加而急剧增加。老化 264 h 后，SPCY 在 120 ℃下的电阻超过万用表的测量范围（0～100 MΩ），镀银复合纱（SPCY）在 80 ℃和 100 ℃下的电阻分别增加 17.8% 和 78.0%。然而，SPCY 在 80 ℃环境温度下的电阻在最初的几天内有所增加，随后即趋于稳定值。SPCY 的力学性能和电性能在环境温度低于 80 ℃时是稳定的。因此，为了获得安全耐用的 KHF 产品，KHFs 中每个 SPCY 的最高温度应控制在 80 ℃以下。

KHF 的电阻稳定性直接影响 KHF 额定功率的稳定性，如图 5-12（b）所示，当负载电压和表面温度升高时，RSF 和 ILK 的电阻比 PSF 的电阻更稳定；PSF、RSF 和 ILK 在加热过程中的电阻波动分别为 25.0%、4.3% 和 9.6%。因此，ILK 和 RSF 的电阻比 PSF 更稳定。

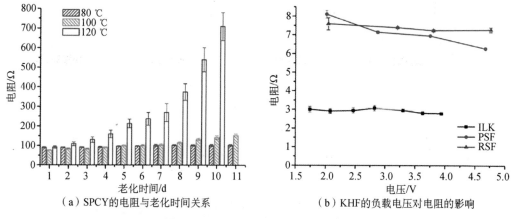

（a）SPCY 的电阻与老化时间关系　　　　（b）KHF 的负载电压对电阻的影响

图 5-12　SPCY 和 KHF 的电阻稳定性

（3）刺绣工艺加热织物

通过测试 120 ℃环境温度条件下老化时间对于电阻的影响。如图 5-13（a）所示，随着电老化时间的增加，SPYHF 的电阻增加。因为镀银纱线（SPY）的银涂层逐渐与空气中的硫发生反应，形成导电性差的硫化银，这增加了 SPYHF 的电阻。电老化 120 h 后，SPYHF 的电阻从 5.51 Ω 变化到 14.65 Ω，变化率为 166.10%。然而，5% N/W-SPYHF 电阻是稳定的，以 0.09% 的速率从 5.13 Ω 变化到 5.14 Ω。NCP/WPU 膜将 SPYHF 与空气隔离，并保护 SPY 不受硫化影响，因此，电阻基本保持不变。如图 5-13（b）显示了 SPYHF 和 5% N/W-SPYHF 的阻抗性与洗涤时间的关系。SPYHF 的阻抗随着洗涤时间的延长而增加，这是由于反复搅

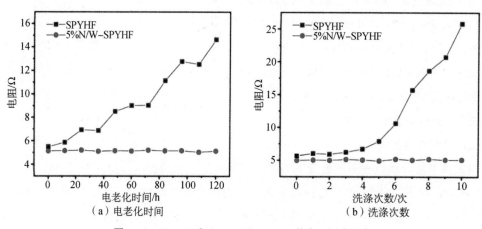

（a）电老化时间　　　　　　　　　（b）洗涤次数

图 5-13　SPYHF 和 5% N/W-SPYHF 的电阻影响因素

拌导致部分银涂层从 SPY 身上脱落，暴露在空气中也会导致阻力增加。经过 10 次洗涤后，SPYHF 的电阻从 5.67 Ω 变为 25.81 Ω，变化率为 355.12%。5% N/W−SPYHF 电阻稳定，从 4.98 Ω 变化到 5.08 Ω，变化率为 1.95%。NCP/WPU 膜紧紧包裹着 SPYHF，防止银涂层从 SPYHF 上脱落，同时将 SPYHF 与空气隔离，因此，电阻基本不变。

### 5.2.2.2　电热性能

（1）机织加热织物

机织加热织物需要控制负载，避免局部过热。如图 5-14 所示，当 SF 负载超过 0.3 A 的电流与非导电针织布接触时，非导电针织布被烧毁，但在此期间 SF 的电阻变化可以忽略不计。然而，CSY 负载超过 0.1 A 的电流将被分解。因此，无论选择哪种导电材料，在设计 FHF 时都必须控制导电材料的最高上升温度，或者说单一导电材料的最高负载电流。为了避免极高频的局部过热或单根导电纱线的电流过载，应遵守一些设计原则，即单根导电纱线的长度应尽可能长，以减少电流负荷，同时应增加并联的导电纱线的总数量，以保持恒定的功率。此外，导电纱线越多，导电纱线之间的跨度就越小，热能就会更均匀地分布在 FHF 的表面。

图 5-14　与负载 0.3 A 电流的 SF 接触的织物外观

表 5-2 显示了三种不同额定功率的 FHF 在全功率状态下工作时的最高上升温度和时间推移。显然，覆盖织物的热阻越大，最高上升温度越高。然而，FHF 的额定功率越大，最高上升温度越高，经过的时间越短。

表 5-2　0 ℃下 FHF 的最高上升温度（UAT）和经过时间（ET）

| 功率 | 2.72 W | | 3.5 W | | 4.9 W | |
|---|---|---|---|---|---|---|
| | UAT /℃ | ET/s | UAT /℃ | ET/s | UAT /℃ | ET/s |
| 厚绵布（TCF） | 24.6 | 369.1 | 38.7 | 287.5 | 68.3 | 86.2 |
| 粗毛织物（CWF） | 10.9 | 367.0 | 18.6 | 207.0 | 54.4 | 120.0 |
| 棉针织物（CKF） | 9.3 | 354.4 | 15.4 | 204.2 | 45.1 | 140.0 |

（2）针织加热织物

通过红外图像分析织物的热性能。图 5-15 显示了 PSF、RSF 和 ILK 的二维和三维红外图像。亮暗色条交替分布在 PSF 上。这主要是由于 PSF 的针迹密度低，导电纱线的线圈和非导电纱线的线圈之间存在气隙，空气的热阻高于非导电纱线，导电纱线上的热量不易传递到非导电纱线。因此，亮黑色交替条反映了导电针迹和非导电针迹之间的高温差。但 ILK 的导电纱线和非导电纱线紧密接触，热量可以更快地从导电纱线传递到不导电纱线，导电纱线和不导电纱线的温差很小，因此，在红外图像上观察不到明显的条纹 ILK 的温度图像。

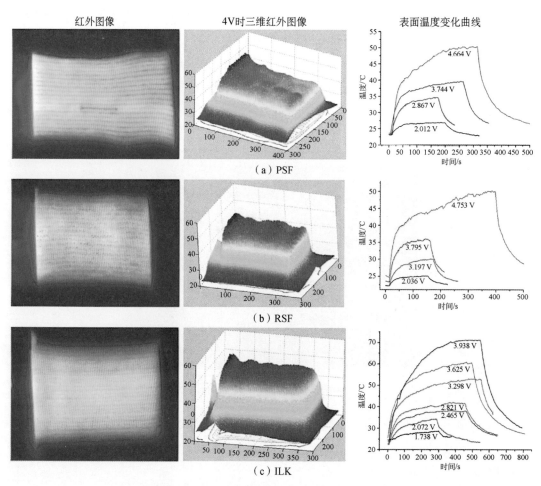

图 5-15　针织加热织物的热性能的红外图像分析

图 5-15 表明 KHF 的温度与时间的曲线形状与 SPCY 相似。可以观察到，当负载电压分别为 4.664 V、4.753 V 和 3.298 V 时，PSF、RSF 和 ILK 的最高平衡温度（SMET）大致相等。通过对实测数据的分析可以得到 PSF、RSF、ILK 在初步 20 s 内的温度变化率，它们的范围分别为：$0.30 \leqslant \left(\dfrac{\Delta T}{\Delta t}\right)_{\text{PSF}} \leqslant 1.30$，$0.30 \leqslant \left(\dfrac{\Delta T}{\Delta t}\right)_{\text{RSF}} \leqslant 1.17$，$0.30 \leqslant \left(\dfrac{\Delta T}{\Delta t}\right)_{\text{ILK}} \leqslant 0.47$。KHF 的表面温度

与加热时间、温度变化率与负载电压或时间的相关性与 SPCY 的相关性一致。PSF、RSF 和
ILK 的温度变化率的阶数为 $\left(\dfrac{\Delta T}{\Delta t}\right)_{\mathrm{ILK}} \leqslant \left(\dfrac{\Delta T}{\Delta t}\right)_{\mathrm{RSF}} \leqslant \left(\dfrac{\Delta T}{\Delta t}\right)_{\mathrm{PSF}}$。

　　PSF、RSF 和 ILK 的质量分别为 2.473 g、2.569 g 和 3.992 g。当电功率为常数时，根据
等式 $F=c \cdot m \cdot \mathrm{d}T/\mathrm{d}t$，温度变化率 $\mathrm{d}T/\mathrm{d}t$ 与比热 $c$ 和质量 $m$ 成反比。ILK 的权重最高，温度
变化率最低；PSF 的权重最低，温度变化率最高。显然，实验结果与理论分析一致。

　　（3）刺绣工艺加热织物

　　通过红外图像分析织物的热性能。图 5-16 显示了 2.5% N/W-SPYHF 和 5% N/W-SPYHF
（SPY，电路 4 和 3 mm 线间距）在 5 V 下的热红外图像和三维温度图。它们的温度-时间曲线
和热均匀性如图 5-17（a）所示。2.5% N/W-SPYHF 和 5% N/W-SPYHF 的加热温度分别为
73.555 ℃ 和 64.466 ℃，高于 SPYHF（54.084 ℃）。因为 NCP/WPU 膜有一定的厚度，可以锁定
温度。NCP 作为一种具有良好导热性的材料，可以将 SPYHF 产生的热量传导出去，然而，NCP/
WPU 薄膜的涂层降低了 SPYHF 的热均匀性。最大加热温度—功率的线性拟合图如图 5-17（b）
所示。可以看出，SPYHF、2.5% N/W-SPYHF 和 5% N/W-SPYHF 的图像具有高度重叠，表
明 NCP/WPU 薄膜的涂层没有增加功耗。

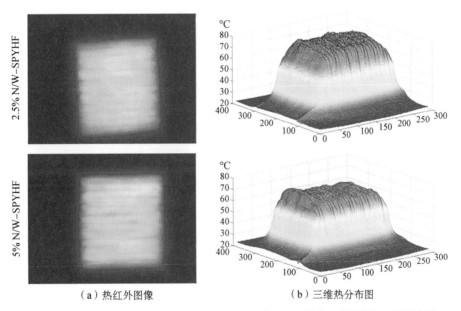

（a）热红外图像　　　　　　　　　（b）三维热分布图

图 5-16　2.5% N/W-SPYHF 和 5% N/W-SPYHF 在 5 V 下的热红外图像和三维温度图

　　导热系数反映了材料的传热性能。导热系数越高意味着热量可以更快地从加热元件内部
传递到衣服或皮肤表面。SPYHF、2.5% N/W-SPYHF 和 5% N/W-SPYHF 的导热系数分别为
0.258 4 W/(m·K)、0.313 2 W/(m·K) 和 0.362 0 W/(m·K)。在 WPU 中掺杂 NCP 可提高
SPYHF 的热导率。综合所有因素，5% N/W-SPYHF 具有最佳的电热性能和传热效果，增加
了热舒适性。

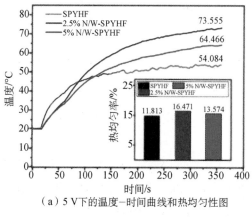 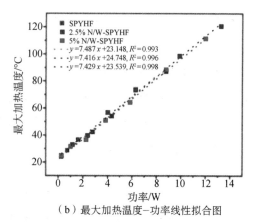

（a）5 V下的温度-时间曲线和热均匀性图 （b）最大加热温度-功率线性拟合图

图 5-17 SPYHF、2.5% N/W-SPYHF 和 5% N/W-SPYHF 的热性能

### 5.2.2.3 机织、针织和刺绣工艺柔性热织物的应用

探索了不同种类机织物的功耗度与平衡温度的关系，以及不同环境温度和覆盖织物下的功率消耗。表 5-3 显示了当环境温度在 0 或 10 ℃以下，预设平衡温度为 28 ℃，覆盖织物为 TCF、CWF 和 CKF 时，10 Ω 电阻的高频电源的功率消耗。由表 5-3 可知，随着环境温度的降低和覆盖织物热阻的降低，功率消耗会增加。因此，额定功率和覆盖织物的热阻是影响加热织物性能评价的重要原因。

图 5-18 显示，在环境温度为 0 和 10 ℃时，功率消耗与预设的平衡温度是线性相关的。通过拟合这些测量数据，可以得到公式（5-17）的线性拟合函数，功率消耗和预设平衡温度之间的相关系数都超过了 0.976 8。此外，实验结果表明，公式（5-17）的斜率与覆盖织物的传热系数之间也存在强烈的线性相关（相关系数超过 0.976 8）。

$$
\begin{cases}
y_{ThickCotton,10} = 0.052\,0x - 0.410\,0, R^2 = 0.997\,9 \\
y_{CoatesWool,10} = 0.098\,4x - 0.521\,9, R^2 = 0.999\,6 \\
y_{KnittedCotton,10} = 0.133\,0x - 0.801\,4, R^2 = 0.998\,3 \\
y_{ThinckCotton,0} = 0.055\,5x - 0.157\,0, R^2 = 0.986\,4 \\
y_{CoarseWool,0} = 0.111\,8x - 0.252\,4, R^2 = 0.993\,5 \\
y_{KnittedCotton,0} = 0.133\,1x - 0.645\,2, R^2 = 0.976\,8
\end{cases}
\tag{5-17}
$$

式中：$y$ 代表 FHF 的功率消耗，$x$ 代表预设平衡温度。

表 5-3 10 Ω FHF 的功率消耗

| 覆盖织物 | TCF | | CWF | | CKF | |
|---|---|---|---|---|---|---|
| 环境温度 /℃ | 0 | 10 | 0 | 10 | 0 | 10 |
| 功率消耗 /W | 1.41 | 1.15 | 2.69 | 1.39 | 3.47 | 1.85 |

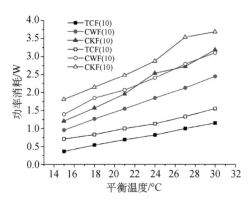

图 5-18 功率消耗与 FHF 平衡温度的关系

表 5-4 显示了 A、B、C 覆盖织物在不同预设温度和环境温度下的功率消耗，A 和 B 覆盖织物的内部温度在功率消耗为 10 ℃ 和 20 ℃ 左右时不能达到 28 ℃。由式（5-18）可知，预置温度与功率消耗有很强的相关性，相关系数均大于 0.963 7：

$$\begin{cases} y_{A,0} = 0.185\,9x + 0.356\,4, R^2 = 0.995\,6 \\ y_{B,0} = 0.179\,2x + 0.186\,2, R^2 = 0.997\,2 \\ y_{C,0} = 0.101\,3x + 0.962\,0, R^2 = 0.995\,8 \\ y_{A,-10} = 0.155\,0x + 2.935, R^2 = 0.963\,7 \\ y_{B,-10} = 0.159\,6x + 2.504, R^2 = 0.994\,5 \\ y_{C,-10} = 0.120\,5x + 0.931\,2, R^2 = 0.990\,9 \\ y_{C,-20} = 0.107\,2x + 2.453\,5, R^2 = 0.996\,5 \end{cases} \tag{5-18}$$

表 5-4 不同环境温度和覆盖织物下的功率消耗

单位：W

| 预设温度 /℃ | 0 | | | −10 | | | −20 | | |
|---|---|---|---|---|---|---|---|---|---|
| | A | B | C | A | B | C | A | B | C |
| 5 | 1.23 | 1.15 | 1.49 | 3.59 | 3.20 | 1.54 | 5.20 | 4.42 | 2.95 |
| 10 | 2.20 | 1.87 | 2.01 | 4.41 | 4.20 | 2.13 | 6.07 | 5.61 | 3.51 |
| 15 | 3.17 | 2.85 | 2.44 | 5.55 | 4.96 | 2.73 | — | — | 4.11 |
| 20 | 4.26 | 3.83 | 2.90 | 6.16 | 5.68 | 3.29 | — | — | 4.67 |
| 25 | 4.93 | 4.73 | 3.52 | 6.59 | 6.45 | 4.11 | — | — | 5.12 |
| 28 | 5.50 | 5.14 | 3.84 | — | — | 4.20 | — | — | 5.40 |

探索了不同种类针织物的功率密度与最高温度的关系。如图 5-19 可以看出，在相同环境条件下，三种 KHF 的功率密度与 SMET 呈强线性相关，相关系数均大于 0.989，且功率密度与最高温度的 3 条线近似叠加，即 KHF 的功率密度决定了 SMET；也就是说，功率密度和额定功率共同决定了 KHF 和 EHG 的加热能力。上述结论与式（5-18）一致。

在不同温度下进行功率消耗（功耗）预设温度实验，SPYHF 和 5% N/WSPYHF 在不同环境温度下的功耗预设温度如图 5-20 所示。随着预设温度的升高和环境温度的降低，功耗逐渐

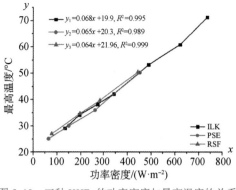

图 5-19　三种 KHFs 的功率密度与最高温度的关系

增加。当环境温度为 0 ℃且预设温度低于 30 ℃ 时，SPYHF 的功耗低于 5% N/W－SPYHF。当环境温度为 –15～0 ℃时，预设温度为 40 ℃，5% N/W－SPYHF 的功耗低于 SPYHF。环境温度越低，SPYHF 功耗增加的幅度越大，而 5% N/W－SPYHF 功耗增加的幅度较小。NCP/WPU 薄膜在一定限度上降低了功耗。当环境温度为 –15 ℃，预设温度为 40 ℃时，SPYHF 的功耗为 16.082 W，远高于 5% N/W－SPYHF

的功耗（6.080 W）。因为 NCP/WPU 膜可以防止热量逸出，热量集中在加热织物的表面，这意味着更好的保温效果。5% N/W－SPYHF 在较低的环境温度（–15～0 ℃）下消耗较少的功率，是一种良好的低温保护产品。

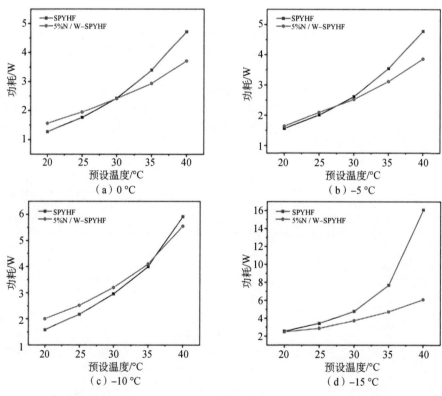

图 5-20　SPYHF 和 5%N/W－SPYHF 在不同环境温度下的功耗预设温度图

## 5.3　基于丝网印刷工艺的柔性加热织物

丝网印刷是一种典型的掩模印刷技术。在印刷过程中，刮刀在丝网表面施加一定压力，将功能油墨从丝网图案一侧刮至另一侧，在承印物上形成图案。独特的印刷方法使丝网印刷能够在平面或曲面上实现快速、大面积、低成本的制造要求。我国从 20 世纪 60 年代起，开始将丝网印刷技术用于工业领域，与光刻技术相比，丝网印刷可以在多种基底材料表面印刷图案，应用于印刷电路板、锂离子电池、超级电容器、电极、燃料电池和太阳能电池（特别是染料敏化太阳能电池）等制造工艺。

## 5.3.1　丝网印刷加热感温织物（SPHF）的制备

### 5.3.1.1　锦纶（尼龙）织物的预处理

裁剪长度为 150 mm，宽度为 50 mm 的织物若干，采用无水乙醇超声波清洗（60 W，40 kHz，60 min）方式清洗尼龙织物。织物用去离子水洗涤后，在 70 ℃ 风干烘箱中干燥 1 h，冷却至室温，放入干燥器中储存。

### 5.3.1.2　导电银浆尼龙织物的制备

影响丝网印刷电路电阻值的因素众多，例如，油墨的表面张力、黏度，承印材料的表面形貌，丝网印刷模板的网目，印刷工艺流程，印刷速度及印刷次数等，印刷后的整理烘干温度、时间等。其中印刷次数、烘干时间和烘干温度三个因素对印刷电路电阻的影响较大，以下探讨这三个因素，并探索出制备导电银浆 / 尼龙加热织物的最优工艺。

丝网印刷法制备的导电银浆 / 尼龙加热织物的制备流程如图 5-21 所示。将采购的导电银浆倒入烧杯中，用玻璃棒搅拌 5 min，使银浆完全混合均匀后，取 5 mL 银浆置于丝网印刷模板图案一侧，启动丝网印刷机将银浆印刷于尼龙织物表面，将印刷后的样品置于烘箱中烘干。首先，定制丝网印刷模板，网目为 250，网版图案采用长度为 150 mm，宽度为 2 mm、3 mm、4 mm、5 mm 的长方形线条，对印刷的电路宽度的精度进行测试，每个宽度印刷 5 个样品，每个样品随机取 5 个位置，采用长度测量软件进行测量；其次，探讨印刷次数对电阻的影响，分别印刷尺寸为 150 mm × 3 mm 的样品 1~6 次，烘干固化后测量单位长度银浆电路的电阻值；再次，探讨烘干温度对电阻的影响，在 1 h 的烘干时间下，烘干温度分别为常温、70 ℃、80 ℃、90 ℃、100 ℃、110 ℃、120 ℃、130 ℃，测试不同条件下的导电银浆电路的电阻值；最后，探讨烘干时间对电阻的影响，在 90 ℃、110 ℃、130 ℃ 的烘干温度下，烘干时间分别为 10 min、20 min、30 min、40 min、50 min、60 min，测试不同条件下的导电银浆电路的电阻值；每种条件下各制备 5 个样品，取平均值。

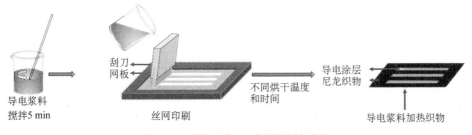

图 5-21　导电银浆 / 尼龙织物制备流程

### 5.3.2 丝网印刷加热织物电热性能分析

#### 5.3.2.1 丝网印刷加热织物的表面形貌

图 5-22（a）和（b）是丝网印刷模具光学图及银浆织物和 SPHF 样品的光学图。丝网印刷可以准确地呈现设计的图案，样品的准确率为 2.8%。覆盖在织物上的银浆层为图 5-22（c）所示的叠层结构，导致结合强度低。银浆在织物上的附着力主要依靠分子间的二次结合力。图 5-22（d）是 SPHF 的横截面 SEM 图。银浆与织物紧密结合，银浆形成导电通路，达到电加热的目的。银层的深度可以通过截面的扫描电镜图像计算，只有 5～12 μm。这意味着通过丝网印刷方式可在织物表面涂上一层薄的导电层。为了改善黏合强度的缺陷，在银层上覆盖了聚氨酯（PU）。然后将 SPHF 和带有 PU 的 SPHF 折叠 200 次。如图 5-22（e）和（f）所示，SPHF 的折叠位置出现了裂纹，而带有 PU 的 SPHF 没有明显的变化。SPHF 和 SPHF 随PU 阻抗性的变化率分别为 69.6% 和 13.8%。所以，PU 可以作为保护层来提高黏合强度。

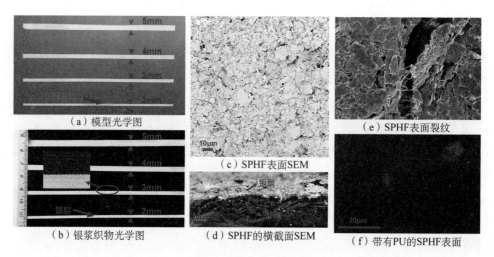

（a）模型光学图　　（c）SPHF 表面 SEM　　（e）SPHF 表面裂纹

（b）银浆织物光学图　　（d）SPHF 的横截面 SEM　　（f）带有 PU 的 SPHF 表面

图 5-22　丝网印刷加热织物

#### 5.3.2.2 丝网印刷加热织物的电阻测试

将不同烘干温度条件下制备的样品进行电阻稳定性测试，样品输入电压从 0.5 V 开始，待样品进入最高平衡温度时，记录温度和电阻值，输入电压从 0.5 V 开始，每上升 0.5 V 测试一次。图 5-23（a）所示不同烘干条件下制备的丝网印刷织物（SF）样品在一定电压下的电阻值比较稳定，当超过所能承受的电压和电流后，电阻值明显下降，直至把织物烧毁；图 5-23（b）为不同干燥温度下的 SF 样品所能承受的最大功率。因此，在设计电路时，需参照样品可实际承受的最大电流值来选用适宜的电压值，以保证加热元件的安全性和稳定性。图 5-23（c）显示的是不同烘干温度下 SF 样品在不同负载电压下的加热温度，可以看出电阻值越小的样品在相同输入电压下的加热温度越高；选取烘干温度为 110 ℃的样品，如图 5-23（d）所示，加热温度随电压的升高而升高，且电阻值比较稳定。

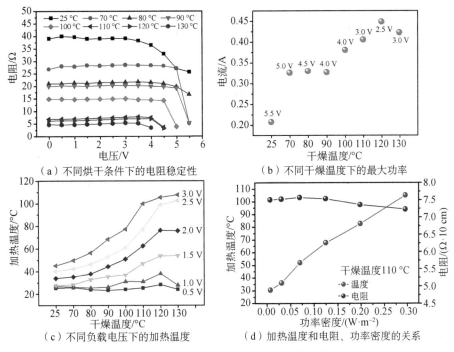

（a）不同烘干条件下的电阻稳定性　　　（b）不同干燥温度下的最大功率

（c）不同负载电压下的加热温度　　　（d）加热温度和电阻、功率密度的关系

图 5-23　丝网印刷加热织物的电阻稳定性

### 5.3.2.3　丝网印刷加热织物的力学性能测试

柔性加热元件具有良好的力学性能，有利于其实际应用。身体部位不同，对拉伸率的要求差异较大。以膝盖为代表的关节处需要承受弯曲变形，因此对抗拉强度要求高。而背部、腰部、腹部区域则不需要大范围的机械变形。如图 5-24（a）所示，当拉伸率超过 3% 时，电阻率保持稳定。当 SPHF 干燥温度高于 90 ℃时，在 0.5% 的拉伸应变下电阻率变化率仅为 7%，原因是完整的干燥过程使银层紧密连接，电阻率略有变化。当拉伸应变为 1% 时，电阻率变化率高达 12%。因此，丝网印刷法的合适基材是无弹性织物或拉伸率小于 0.5% 的织物，即 FEHE。否则，拉伸变形会导致银浆层破裂，如图 5-24（c）所示。如图 5-24（b）所示为拉伸率为 0.5% 时 SPHF 电阻率随不同干燥温度的变化。可以看出，电阻率越小，拉伸过程中的变化率越低。当拉伸速率保持在 0.5% 300 s 时，电阻率稳定，表明 SPHF 在一定的拉伸下具有良好的耐久性。干燥温度为 110 ℃、拉伸应变为 0.5%～8.0% 的 SPHF 电阻表明，即使在较大的拉伸速率下电阻率发生较大变化，SPHF 电阻率仍具有良好的耐久性。

如图 5-24（d）所示，SPHF 经过 200 次弯曲角度为 180°的弯曲，干燥温度分别为 110 ℃和 25 ℃条件下，电阻率仅变化 0.8 Ω·10 cm 和 2 Ω·10 cm。因此，弯曲变形不会影响 SPHF 的电阻率。同时，FEHE 应清洗或防水以保持清洁。干燥温度为 10 ℃的 SPHF 洗涤 10 次后电阻率无显著变化，如图 5-24（e）所示。图 5-24（f）是经过 10 次洗涤后的 SPHF 表面 SEM 图，可以看出表面出现了许多裂纹。

总之，干燥温度和时间对电阻率有显著影响，使银层与织物具有良好的界面附着力，在机械变形下保持稳定的电阻率。然而，黏附性限制了 SPHF 的拉伸性能。

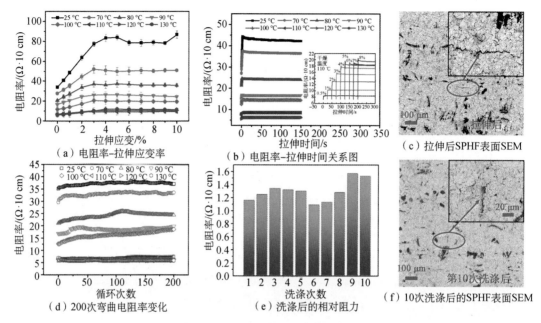

（a）电阻率-拉伸应变率　　（b）电阻率-拉伸时间关系图　　（c）拉伸后SPHF表面SEM

（d）200次弯曲电阻率变化　　（e）洗涤后的相对阻力　　（f）10次洗涤后的SPHF表面SEM

图 5-24　丝网印刷加热织物的力学性能

### 5.3.2.4　丝网加热织物的热性能表征

实测与仿真的温升曲线对比如图 5-25（a）所示，表明在 1.0～4.0 V 的负载电压下，直至达到稳态的温度变化情况，仿真与实测比较吻合。SMET 测量与仿真的差异率仅为 5.9 %，代表了仿真的优良精度。图 5-25（b）是功率密度和 SMET 的测量和模拟对比。功率密度与 SMET 高度一致，实测与仿真一致，也准确验证了模型。SPHF 在 80 W/m² 的功率密度下可达到 80 ℃，能耗低，达到低功耗便携应用的目的。与 FEHE 的其他情况相比，SPHF 在 4 V 负载电压下可以达到 80 ℃。SMET 与负载电压之间的 SPHF 关系与其他研究进行了比较，如图 5-25（c）所示。可以清楚地看到 SPHF 在较低的负载电压下可以达到相当高的温度。不锈钢丝、铜纳米线（CuNWs）和镀银丝等金属材料在 12.0 V、3.0 V、4.0 V 下分别可加热到

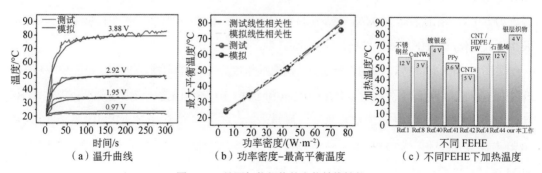

（a）温升曲线　　　　　（b）功率密度-最高平衡温度　　　（c）不同FEHE下加热温度

图 5-25　丝网加热织物的电热转换性能

60.0 ℃、58.2 ℃和 68.9 ℃。导电聚合物 PPy 在 3.6 V 下可加热至 55.3 ℃。碳材料，如碳纳米管（CNTs）、CNTs 复合材料和石墨烯在 5.0 V、20.0 V 和 12.0 V 下可加热至 44.5 ℃、64.2 ℃和 63.0 ℃。同时，作者团队制备的 SPHF 在 4.0 V 下可以加热到 77.8 ℃，较低的电压值可以获得较高的加热温度，表现出良好的电热转换性能。

图 5-26（a）显示了负载电压为 1.0～4.0 V 下稳态时的热图像。表面温度分布（STD）也与模拟和测量比较一致。随着负载电压的增加，表面温度逐渐升高，纵向受热面积也随之增加。如图 5-26（b）所示，在 1.0～4.0 V 的负载电压下模拟了空气场温度分布（ATD）。随着电压的增加，ATD 的面积扩大，呈椭圆形扩展。STD 是由 FTPA 获得的，但 ATD 很难测试。Ansys 仿真可以同时呈现 STD 和 ATD，以分析用于柔性电加热元件（FEHE）设计的 SPHF 的加热温度分布。

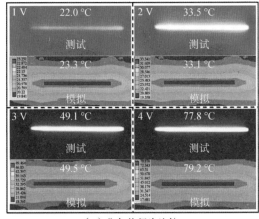

（a）焦尔热行为比较

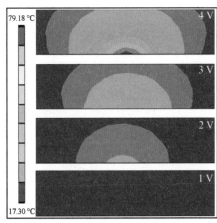

（b）稳态空气场温度分布仿真

图 5-26　SPHF 的热性能

### 5.3.3　丝网印刷加热织物小结

一种简单、低成本的丝网印刷法用于制备 FEHE。电阻率可以通过印刷图案进行调整。110 ℃的干燥温度和 40 min 的干燥时间可使银浆完全干燥，SPHF 的电阻率约为 6.0 Ω·10 cm。完全干燥有利于提高机械变形下的稳定性。SPHF 的加热温度在 3.5 V 负载电压下可达到 100 ℃，并在加热过程中保持稳定的电阻率。SPHF 的电阻率在一个阶段拉伸时是稳定的，不受弯曲变形的影响。

建立瞬态有限元模型来模拟 SPHF 的焦耳热行为。在测量和仿真之间比较加热过程和温度分布，以验证模型的准确性。即使调整了 SPHF 模式，该模型仍然与样本的实际情况相匹配。因此，该模型可用于为 FEHE 设计有利的电路。有限元模型可以扩展到模拟不同环境下的加热或布料中的热传递，具有广阔的应用前景。

## 5.4 基于化学镀层的柔性加热织物

### 5.4.1 基于化学镀层的柔性加热织物的制备工艺

#### 5.4.1.1 镀银聚酰胺／聚氨酯（SPPAF/PU）织物的制备

采用两步法制备 SPPAF（图 5-27）。尺寸为 5 cm × 5 cm 的 PA 织物（PAFs）在室温下浸入无水乙醇溶液中 30 min，然后在室温下风干。随后，PAF 被多巴胺（3，4-二羟基苯丙氨酸）（PDA）改性，并在其表面镀上聚多巴胺镀层。两步法的第一步是将聚多巴胺镀膜的 PAF（PPAF）浸泡在硝酸银（99%）、氢氧化钠（0.1 mol/L）和氨水（200 mL/L）的银氨 [Ag（NH$_3$）$_2$OH] 溶液中；第二步是将银氨 [Ag（NH$_3$）$_2$OH] 溶液与葡萄糖溶液混合进行还原反应。最后，用蒸馏水清洗 SPPAF，在室温下风干。

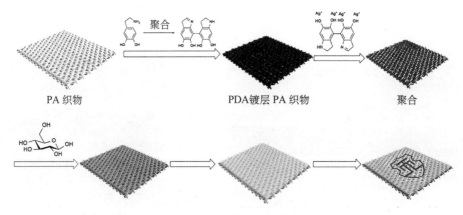

图 5-27　多层结构 SPPAF 的制备

将两片铜片粘贴到 SPPAF 的两端作为电极，然后涂覆 PU（图 5-28）。首先，将 PU 溶解在 DMF 中，以降低其黏度。然后用自动涂膜机（BEVS1811/3，中国）将 PU 溶液均匀涂覆在 SPPAF 上，涂膜机的厚度为 60 μm。最后，DMF 自然挥发后可得到 SPPAF/PU。

红色热变色涂料是一种可逆变色涂料，变色温度为 31 ℃。用蒸馏水稀释热变色涂料，降低其黏度，然后用激光打标机打印铜板作为模具。用刀片沿着模具的形状将热变色涂料涂在

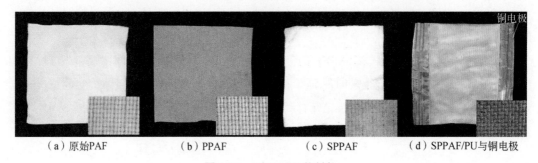

（a）原始 PAF　　　　　（b）PPAF　　　　　（c）SPPAF　　　　（d）SPPAF/PU 与铜电极

图 5-28　SPPAF/PU 的制备

SPPAF/PU 上。

### 5.4.1.2　聚吡咯涂层织物的制备

将市售的棉织物剪成 5 cm × 5 cm 大小，清洗干燥。首先将其放置于烧杯中，倒入丙酮没过织物，并超声清洗 20 min 以去除织物的油脂杂质；随后先用无水乙醇没过织物再次超声清洗 20 min 以洗掉丙酮溶液；最后使用去离子水清洗数遍，将洗干净的棉织物（Cotton）放在 60 ℃的烘箱中进行烘干。取 500 mL 烧杯，加入 350 mL 蒸馏水和 150 mL 无水乙醇混合均匀，然后加入 0.423 5 g 三羟甲基氨基甲烷（Tris），用于调节 pH，得到 pH 约为 8.5 的缓释溶液，再将 1.4 g 盐酸多巴胺（4 g/L）加入烧杯，再将经过预处理的粗纱棉织物放入烧杯使得多巴胺修饰溶液浸没织物（浴比 1 : 50），在室温下放置于磁力搅拌器上搅拌 24 h。待反应完成后将聚多巴胺涂层织物从溶液中取出，使用去离子水清洗干净后，于室温下静置干燥。

如图 5-29 所示，取一个干净的 100 mL 烧杯，在其中加入 30 mL 去离子水和相应浓度的吡咯，在磁力搅拌器上匀速搅拌直至吡咯与水均匀混合，在混合均匀溶液中加入清洗过的织物，匀速搅拌 30 min。取一个 50 mL 烧杯，在其中加入 30 mL 去离子水、相应浓度的氯化锌和对甲苯磺酸，搅拌至药品完全溶解。将配制的氯化铁（$FeCl_3$）溶液缓慢倒入吡咯溶液中，混合溶液继续在磁力搅拌器上缓慢搅拌一定的反应时间。待反应完成后，将样品取出并在蒸馏水中清洗干净，在 60 ℃的烘箱中烘至样品干燥。

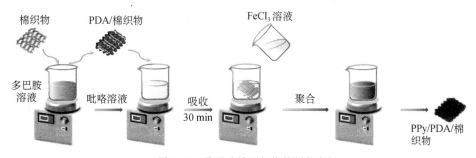

图 5-29　聚吡咯涂层织物的制备流程

## 5.4.2　化学镀层的柔性加热织物的性能表征

对上述两种工艺制备的样品分别进行表面形貌和热性能的相关测试，并进行了应用测试。

### 5.4.2.1　化学镀层的柔性加热物的表面形貌

（1）镀银聚酰胺 / 聚氨酯（SPPAF/PU）织物

对制备的 SPPAF/PU 织物进行形貌表征。图 5-30 为不同浓度硝酸银溶液制备的原始 PAF、PPAF 和 SPPAF 的场发射扫描电子显微镜（FE-SEM）图像。图 5-30（c）显示，除了一些微米级的缺陷外，原始的 PAF 表面是光滑的。然而，从图 5-30（d）中可以清楚地观察到一些聚多巴胺片段。PPAF 的纱线直径为（15.03 ± 0.16）μm，大于 PA 原纱直径（14.63 ± 0.22）μm（表 5-5）。从图 5-30（e）～（h）可以看出，随着硝酸银浓度的增加，SPAF 表面的银颗粒逐渐增多。从图 5-30（i）可以看出，随着硝酸银浓度的增加，SPPAF 的纱线直径增大。当硝酸银浓度为 20 g/L 时，PPAF 纱线上形成的银颗粒不能形成完整的层状，且纱径 [（15.00 ± 0.27）μm] 更接近 PPAF 的纱径。当硝酸银浓度为 30 g/L 时，PPAF 纱线表面开始形成完整的银膜。当硝酸银浓度在 40～60 g/L 时，银层厚度越来越厚，银颗粒越来越大，因此，SPPAF 的纱线直径大大增加。

图 5-30　SPPAF/PU 的实物图及 FE-SEM 图

表 5-5　不同硝酸银浓度条件下 SPPAF 的纱线直径值

| 样品 | PAFs | PPAFs | SPPAFs$_{20}$ | SPPAFs$_{30}$ | SPPAFs$_{40}$ | SPPAFs$_{50}$ |
| --- | --- | --- | --- | --- | --- | --- |
| 直径 / μm | 14.63 ± 0.22 | 15.03 ± 0.16 | 15.00 ± 0.27 | 16.65 ± 0.57 | 21.74 ± 0.53 | 24.34 ± 0.27 |

注　SPPAFs$_{20}$ 指硝酸银浓度为 20 g/L 工艺制备的 SPPAFs。

（2）PPy/PDA/ 棉织物

对制备的 PPy/PDA/棉织物进行形貌表征。如图 5-31（a）所示为制备 PPy 涂层织物所需的基底材料；（b）为 PPy 涂层织物；（c）为纱线表面的 PDA 涂层；在浓度为 0.1 mol/L 的吡咯溶液中制备的 PPy 涂层织物，如图 5-31（d）所示有少量的 PPy 附着于纱线上；随着浓度增大为 0.2 mol/L 时，纱线表面生长出枝权状 PPy [图 5-31（e）]；当吡咯浓度再次增加为 0.3 mol/L，在纱线上开始生长出均匀的 PPy 涂层［图 5-31（f）］；当吡咯浓度为 0.4 mol/L 时，在织物的最外层可以明显地看到 PPy 涂层，但是内部却并未渗透进去［图 5-31（g）］；吡咯浓度在 0.5 mol/L 时，PPy 均匀地涂覆于内外织物表面［图 5-31（h）］；吡咯浓度在 0.6 mol/L 时，大块 PPy 脱落，使得织物上的 PPy 涂层参差不齐［图 5-31（i）］。

（a）基底材料　　　　　　　（b）PPy 涂层织物　　　　　　（c）纱线表面 PDA 涂层

（d）0.1 mol/L　　　　　　　（e）0.2 mol/L　　　　　　　　（f）0.3 mol/L

（g）0.4 mol/L　　　　　　　（h）0.5 mol/L　　　　　　　　（i）0.6 mol/L

图 5-31　PPy/PDA/ 棉织物及形貌表征

#### 5.4.2.2　化学镀层的柔性加热织物的电热性能

（1）SPPAF/PU 织物

通过热性能测试仪进行热性能表征。图 5-32（a）～（c）为硝酸银浓度分别为 30 g/L、40 g/L 和 50 g/L 的 SPPAF/PU 在加热下的红外图像。当硝酸银浓度为 30 g/L 和 40 g/L 时，SPPAF/PU 的红外图像颜色不均匀，因此，温度分布不均匀。当硝酸银浓度为 50 g/L 时，红外图像颜色比较均匀，因此，温度分布均匀。图 5-32（d）～（f）为 SPPAF/PU 的最高温度（红色）和平均温度（黑色）随时间的变化曲线。两曲线差异越小，SPPAF/PU 加热均匀性越好。由图 5-32（d）～（e）可知，当硝酸银浓度为 30 g/L、40 g/L 时，硝酸银的浓度最大，SPPAF 的温度大于平均温度。当硝酸银浓度为 30 g/L 时，温度平衡阶段（25～125 s）的最高温度与平均温度之差为 5.24 ℃，误差率为 10.94%（表 5-6）；当硝酸银浓度为 40 g/L 时，温度平衡阶段（25～125 s）的最高温度与平均温度之差为 4.84 ℃，误差率为 10.71%（表 5-6）。最高温度和平均温度的曲线具有良好的吻合（图 5-32），温度误差只有 0.5 ℃，误差百分比是 1.27%（表 5-6）。这表明，SPPAF 随着硝酸银的浓度增加，镀银层的均匀性越来越好。硝酸银浓度为 50 g/L 的 SPPAF/PU 的热稳定性优于其他浓度。因此，选用硝酸银浓度为 50 g/L 的 SPPAF/PU 进行加热变色试验。

图 5-32（g）为 SPPAF/PU 在 0.1～0.6 V 电压下的温度—时间曲线图。快速加热阶段为 10～35 s，温度平衡阶段为 35～135 s，冷却阶段为 135～155 s，无电压时间点为 135 s。在快速加热阶段，外加电压越高，SPPAF/PU 表面平衡温度越高，升温速率越快。当电压为 0.6 V 时，表面平衡温度可达 40.17 ℃，高于热变色漆图案变色温度 31 ℃。在温度平衡阶段，SPPAF/PU 的温度趋于平衡。当电压在 135 s 后卸载时，温度急剧下降。显然，SPPAF/PU 的表面温度可以通过电压来调节。SPPAF/PU 具有优异的加热性能和加热灵敏度。

图 5-32（h）显示了在 0.6 V 电压下，SPPAF/PU 在 100 次循环中的温度循环稳定性。为了研究 SPPAF/PU 的温度稳定性，选取了 5 个时间点：快速加热阶段（第 35 s）、温度平衡阶段（第 85 s 和第 110 s）、电压卸载阶段（第 135 s）和冷却阶段（第 155 s）。第 35 s 时的温度误差为 0.40 ℃（表 5-7），主要是因为 100 次循环的室温不完全相同，导致快速加热阶段结束时

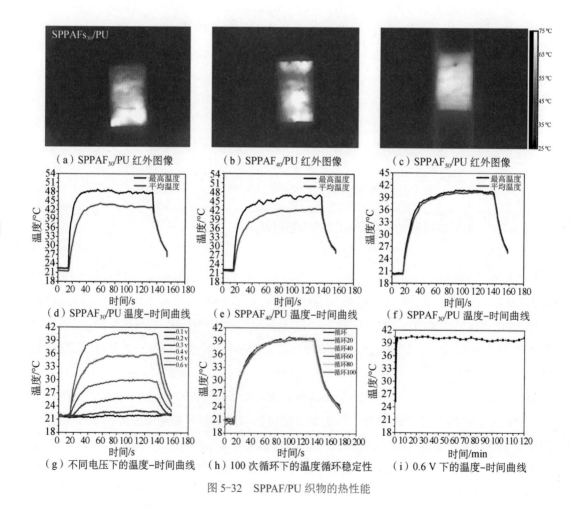

图 5-32　SPPAF/PU 织物的热性能

温差较大。第 85 s、第 110 s、第 135 s 时的平均温度比较接近，这表明温度平衡阶段的稳定性较好。冷却阶段第 155 s 的温度误差为 0.22 ℃，说明 SPPAF/PU 在 100 次冷却循环中具有良好的温度重复性。

图 5-32（i）显示 SPPAF/PU 在恒定电压 0.6 V 下 2 h 内温度-时间曲线。在加热过程中，最低温度是（39.55 ± 0.10）℃，最高温度是（40.54 ± 0.23）℃，平均温度波动范围是（40.06 ± 0.30）℃。温度的波动可能是由于加热过程中室温的变化影响了 SPPAF/PU 的加热和散热的平衡。因此，SPPAF/PU 在加热过程中表现出良好的稳定性。但连续加热时的平均温度略高于加热循环时的平均温度，可能是由于连续加热时热量损失较慢。

表 5-6　不同硝酸银浓度下 SPPAFs/PU 的表面平衡平均温度值和最高温升值

| 硝酸银的浓度 /（g·L⁻¹） | 最高温度 /℃ | 平均温度 /℃ | 温差 /℃ | 误差率 |
|---|---|---|---|---|
| 30 | 47.91 ± 0.31 | 42.67 ± 0.37 | 5.24 | 10.94 |
| 40 | 45.16 ± 1.87 | 40.32 ± 2.84 | 4.84 | 10.71 |
| 50 | 39.19 ± 1.74 | 38.69 ± 1.76 | 0.50 | 1.27 |

表 5-7　100 个重复循环过程中不同时间点的平均温度值

| 时间点 | 35 s | 85 s | 110 s | 135 s | 155 s |
|---|---|---|---|---|---|
| 温度 /℃ | 34.55 ± 0.40 | 39.20 ± 0.17 | 39.46 ± 0.08 | 39.09 ± 0.23 | 27.78 ± 0.22 |

（2）PPy/PDA/ 棉织物

通过热性能测试仪进行热性能表征。图 5-33（a）显示了在不同吡咯浓度的 PPy/ 棉织物上施加 5 V 电压，并用红外摄像机监测了织物的表面温度变化。可以观察到，吡咯浓度为 0.5 mol/L 时，样品具有最高的表面温度和温度变化率。

图 5-33（b）显示出在 1～5 V 的负载电压下 PPy/PDA/ 棉织物的表面温度随着时间变化的曲线，可以看出，较高的负载电压导致表面温度较高，并且在最初 50 s 内加热速率较快。当 5 V 的负载恒定电压施加在 PPy/PDA/ 棉织物上时，其最高平衡温度可高达 115.5 ℃，这可满足电加热元件的温度要求。经过 50 s 后，随着升温速率的逐渐降低，温度趋于稳定。在打开电源开关的初始阶段，样品的加热速率迅速增大，之后，表面温度逐渐升高并趋于平衡，这是因为表面散热率等于一段时间后稳定条件下的加热率。在 230 s 时，随着电源的关闭，表面温度急剧下降，表明样品具有良好的热电性能和供电能力。

如图 5-33（c）所示，对聚吡咯涂层织物进行加热 / 冷却循环稳定性研究。记录聚吡咯涂层织物 600 s（5 V 加热 300 s，0 V 冷却 300 s）的温度变化。经过 120 个循环后，加热 / 冷却曲线基本保持不变，说明涂层织物具有良好的稳定性和重复性。在每个加热过程中，表面温度均能在最初的 100 s 从室温升高到 50 ℃ 以上，表明聚吡咯导电涂层的加热速率非常高。棉纤维具有保温性能，使其在断电状态下，能够保持较低的散热速度。

如图 5-33（d）所示，研究了聚吡咯涂层织物在 5 V 恒定电压下连续加热 7 200 s，温度随时间的变化情况。结果表明，在整个加热过程中，织物表面温度迅速上升，然后稳定在一个狭窄的区域（68 ℃ ± 3 ℃）。表面温度的波动可能是由于在纤维结处的电子流经历了多次分离 / 重组，从而在织物的每一点都达到了动态平衡，表现出显著的电阻加热性能和热稳定性。

对聚吡咯涂层织物施加 5 V 的工作电压，观察红外摄像机记录的热红外图，如图 5-33（e）可见，织物在最初的升温时间内温度是逐渐上升的，在第 100 s 时成像已与第 200 s 和第 300 s 时并无差异，该时间段内达到最高平衡温度并维持稳定，在 300 s 后开始降温，成像温度有明显的降低。由 Matlab 处理后的 3D 温度分布趋势如图 5-33（f）～（h）所示，从三维图、侧视图和俯视图的热分布可以看出，样品在有效的加热区域内加热均匀稳定。

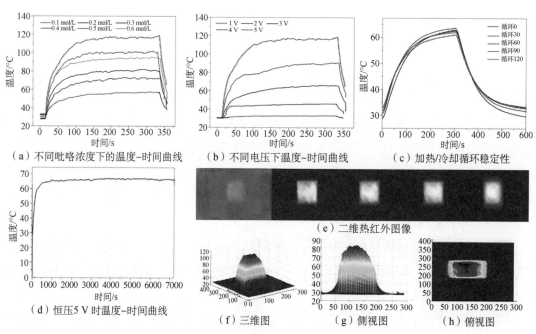

图 5-33　PPy/PDA/ 棉织物的热性能

### 5.4.2.3　化学镀层的柔性加热织物的应用

（1）SPPAF/PU 织物

热变色涂料应用于加热织物。图 5-34（a）显示了 SPPAF 银层均匀覆盖在 PA 织物上。图 5-34（b）表明 PU 连续均匀涂覆在 SPPAF，这确保了银层将电流转换成电阻热，可以在均匀加热过程中转移到 PU 层。从图 5-34（c）可以看出，热变色漆图案层成功地涂覆在 PU 层上。使用的热变色涂料图案层是红色热变色涂料，褪色温度为 31 ℃。如图 5-34（d）所示，在常温下，热变色漆纹为红色，在电压加载时，热变色漆纹由红色变为无色 [图 5-34（e）]，在电压卸载时，热变色漆纹恢复为红色。

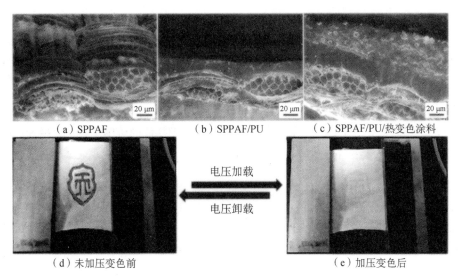

（a）SPPAF　　　　　　（b）SPPAF/PU　　　　　（c）SPPAF/PU/热变色涂料

电压加载

电压卸载

（d）未加压变色前　　　　　　　　　　　（e）加压变色后

图 5-34　热变色涂料在 SPPAF/PU 上的应用

（2）PPy/PDA/ 棉织物

将 PPy/PDA/ 棉织物制得的电加热元件固定在护膝上 [图 5-35（a）]，从设备开机前 [图 5-35（b）]和开机后 [图 5-35（c）]的红外热成像可以看出，电加热织物有效地加热了相应位置，表明可穿戴式护膝在热疗保暖领域应用的可行性，并且电加热元件的温度随着电压的变化而均匀变化 [图 5-35（d）]，而置于护膝内的电加热元件可通过电压进行三档控温 [图 5-35（e）]，且加热效果均匀 [图 5-35（f）]，特别稳定的导电性保证了即使在运动时穿戴，也能有效地操控用于关节热疗的加热织物。

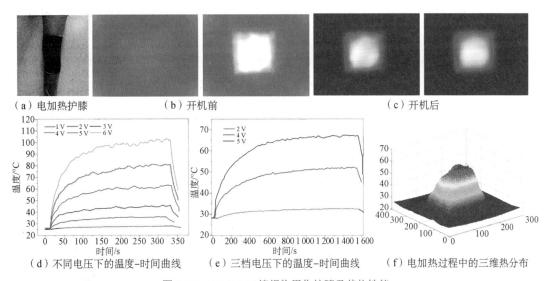

（a）电加热护膝　　　　　　（b）开机前　　　　　　　　（c）开机后

（d）不同电压下的温度-时间曲线　　（e）三档电压下的温度-时间曲线　　（f）电加热过程中的三维热分布

图 5-35　PPy/PDA/ 棉织物用作护膝及其热性能

## 5.5　柔性多功能加热织物

人体是一个复杂的多功能集成系统，可以同时识别压力、应变、温度、湿度、气体等多种信号，并根据不同的情况做出相应的动作。柔性电加热织物是基于智能可穿戴发展趋势而产生的。当前，仅仅具有单一加热功能的电热元件已经无法满足人们的日常需求，电热元件需要新功能的引入，使其变得更为智能化。以加热为基础功能的传感装置主要模式：压力-应变、压力/应变-温度、压力/应变-湿度及抗菌等其他功能。

### 5.5.1　压力感知柔性加热织物

炭化是指缺氧热解炭化，即在隔绝氧气的条件下，将材料在惰性气氛（氮气或氩气）中进行高温热处理，从而使该材料转化为碳材料的一种工艺。炭化工艺参数主要为炭化温度、升温速率和保温时间。通过对棉织物和静电纺丝的聚丙烯腈（PAN）纤维膜进行炭化，制备具有高附加值的导电织物和功能化织物，将在柔性传感器、电加热元件和电极材料等柔性可穿戴领域具有不容忽视的研究价值。

#### 5.5.1.1　压力感知柔性加热织物的制备工艺

（1）炭化棉织物/热塑性聚氨酯（TPU）复合织物的制备

炭化所用织物为平纹组织的机织棉织物和三种不同组织（纬平针、罗纹和双罗纹）的针织棉织物。将棉织物裁剪清洁，置于 60 ℃的电热干燥箱中烘干 6 h。将棉织物置于刚玉舟中并放制于管式炉体中央，将平纹棉织物在氮气气氛中炭化，设置炭化温度为 800 ℃、900 ℃、1 000 ℃和 1 100 ℃，升温速率为 3 ℃/min，保温时间为 1 h，得到炭化平纹棉织物（CCF）。根据炭化温度，炭化后的织物依次命名为 CCF-800、CCF-900、CCF-1000 和 CCF-1100。

分别配制质量分数为 2%、4% 和 6% 的 TPU 溶液，根据 TPU 的质量分数，将配置的 TPU 溶液依次命名为 2TPU、4TPU 和 6TPU。在培养皿中倒入足量的 TPU 溶液，将炭化棉织物浸渍在 TPU 溶液中 5 min，取出并在 80 ℃的真空干燥箱中干燥 5 min。重复上述浸渍/干燥步骤两次，浸渍三次后将处理后的炭化棉织物置于 80 ℃的真空干燥箱中真空干燥 2 h，得到炭化棉/TPU 复合织物。制备流程见图 5-36。

（2）炭化聚丙烯腈纳米纤维复合膜（CNFF）的制备

以聚丙烯腈（PAN）粉末为原料，配制纺丝液，通过静电纺丝工艺、预氧化工艺及炭化工艺制备 CNFF，然后采用干燥-浸渍法与热塑性聚氨酯（TPU）结合制备 CNFF/TPU。

将 PAN 粉末按一定配比加入 DMF 溶液，水浴加热搅拌直至 PAN 粉末全部溶于 DMF，配制成质量分数为 12% 的纺丝液。将纺丝液进行静电纺丝制备纳米纤维膜（NFF）。将干燥后的 NFF 固定悬挂放入电热恒温鼓风干燥箱内，制备预氧化纳米纤维膜（PNFF）。将 PNFF 裁剪成 5 cm × 5 cm 的尺寸，平整地放入瓷舟内，放进管式炉中进行炭化处理制备 CNFF，

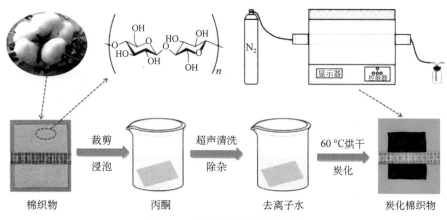

图 5-36　炭化棉织物的制备流程

设置炭化温度分别为 800 ℃、900 ℃、1 000 ℃和 1 100 ℃。如图 5-37 所示，配置 6% 的 TPU 溶液，将 CNFF 浸入 TPU 溶液中进行膜处理。图 5-37 为 CNFF/TPU 的工艺流程示意图。

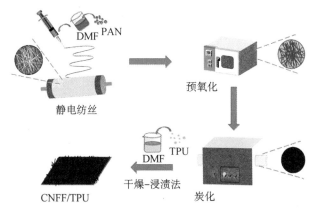

图 5-37　CNFF/TPU 的工艺流程示意图

（3）碳纳米管膜的柔性加热元件的制备

将碳纳米管薄膜按固定尺寸进行裁剪后，与 TPU 热熔胶及锦纶（尼龙）反射银面料利用热转印印花机进行热压黏合，温度为 170 ℃，压力为 7 kPa，时间为 60 s，热压完成后静置 10 s。将印制电路板焊接温度传感器，将印制电路板背面涂覆导电银浆，利用导电银浆的黏性与已经准备好的碳纳米管薄膜进行黏合，以玻璃板进行平面按压，直至导电银浆固化并与碳纳米管薄膜完整贴附。利用 TPU 热熔胶对碳纳米管薄膜进行封装，取相同规格的尼龙反射银面料进行表层封装，制备完整柔性加热元件（图 5-38）。

称取 4.0 g 碳纳米管分散液（MWCNTs）与 2.67 g DMF 分散液放入烧杯中。制备质量分数为 10% 的 MWCNTs 与 PU 混合均匀的溶液备用。取玻璃板数块，将四种不同规格的砂纸（150 目、240 目、320 目、400 目）背部用双面胶带黏合在玻璃板上。将适量混合均匀的

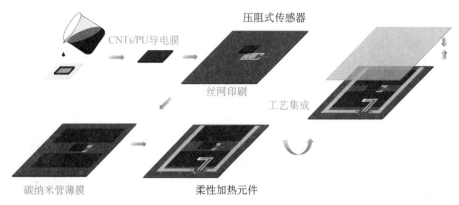

图 5-38 具有压力感知的柔性加热织物的制备流程

MWCNTs/PU 混合溶液注入玻璃板的凹槽内，并进行铺膜处理。最后置入装有蒸馏水的容器中进行浸泡凝固 12 h 后干燥。根据导电膜的结构命名为平面膜（FCF）、150 目砂纸结构导电膜（SCF-150）、240 目砂纸结构导电膜（SCF-240）、320 目砂纸结构导电膜（SCF-320）和400 目砂纸结构导电膜（SCF-400）。

### 5.5.1.2 压力感知柔性加热织物测试结果分析

（1）表面形貌分析

① 炭化棉织物 /TPU 复合织物的制备：棉织物经炭化后，由黑色变为白色，尺寸明显缩小，这说明炭化处理使棉织物的组分发生变化。如图 5-39 所示，炭化棉（CC）和炭化棉 / 热塑性聚氨酯（CC/TPU）是通过炭化、浸渍和干燥方法获得的。可以看出，炭化后的棉织物（CF）从白色变为黑色，其尺寸显著减小（从 11 cm × 11 cm 到 6 cm × 7 cm）。例如，炭化棉织物（CCF）-1000 的质量和表面积分别减少了 81.47% 和 47.37%，表明炭化处理改变了 CF 的组成。

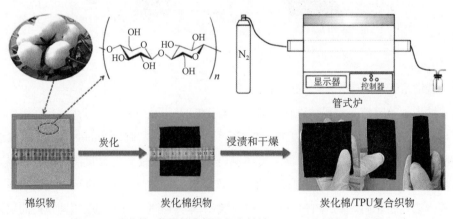

图 5-39 炭化棉 / 热塑性聚氨酯复合材料（CC/TPU）制造示意图

图 5-40（a）～（f）显示了 CF 和 CCF-1000 的 SEM 图像。可以看出，CCF 结构完整，炭化后变得更紧密。纤维表面粗糙，呈细长的扁平管状结构，纤维变得更薄、更扭曲和收缩。棉纤维的平均直径为 12.2 μm，而炭化后的棉纤维平均直径显著减小。随着炭化温度的升高，

一些纤维断裂。这可归因于纤维素纤维的脱水和炭化处理对有机物的分解。随着炭化温度的升高，CC 的炭化程度增加。图 5-40（g）～（i）显示了不同 TPU 含量的 CCF/TPU 的 SEM 图像。在微观层面上，TPU 与 CC 成功结合并均匀分布。随着 TPU 含量的增加，黏附现象变得更加明显。从宏观层面上看，CCF/TPU 受压后不会出现黑色粉末。这是因为炭化纤维部分涂有 TPU，使得炭化纤维难以受到机械力的破坏。同时，由图 5-39 看出，CC/TPU 表现出极好的灵活性，可以被压平、弯曲或折叠。

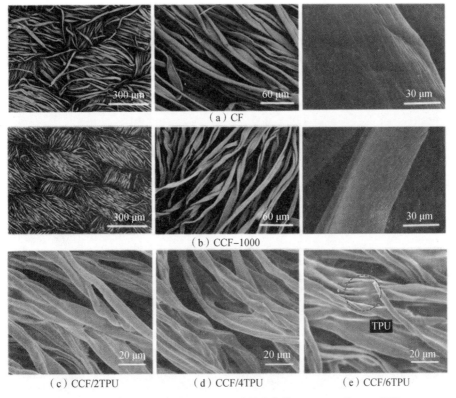

图 5-40　CF、CCF-1000 及不同 TPU 质量分数的 CCF/TPU 的 SEM 图像

② 炭化聚丙烯腈纳米纤维复合膜（CNFF）：经过炭化，预氧化后的聚丙烯腈纳米纤维薄膜在规格、厚度及质量上也产生了变化，见表 5-8。以 CNFF-1000 为例，PNFFs 经过炭化后，面积由 5 cm × 5 cm 缩小为 4.2 cm × 4.1 cm，收缩率为 31.12%，厚度变化率为 79.82%，质量变化率为 89.88%。

表 5-8　PNFF 和 CNFF-1000 的基本测试

| 预氧化温度 /℃ | 规格 /cm | 厚度 /mm | 质量 /g |
| --- | --- | --- | --- |
| 270 | 5 × 5 | 0.114 | 0.041 5 |
| 1 000 | 4.2 × 4.1 | 0.023 | 0.004 2 |

聚丙烯腈纳米纤维膜经预氧化和炭化后，纤维表面形貌未发生明显变化。从图 5-41 （a）~（f）可以看出，NFF 中纤维均匀分布，表面无残留溶剂，纤维疏松，空隙较大，纤维间无黏结，根根分明；纤维无断裂且纤维间排列更紧密。这是因为预氧化阶段，在空气气氛中，氧的自由基被吸收，PAN 的化学结构会随着环化、脱氢、芳构化、氧化和交联反应而发生变化，形成共轭梯形结构，这种结构可使纤维承受更高的炭化温度，且在炭化过程中不熔融、不粘连，减少纤维间的断裂，仍使 CNFF 保持原有的表面形貌。从图 5-41（c）~（f）可以看出 CNFF 是由直径均匀、表面光滑、随机排列的连续碳纳米纤维组成的。由图 5-41（g）~（i）可以看出炭化后的纤维仍呈现管状结构，表面光滑无杂质且无明显的凹槽。由此可知，炭化温度与纤维粗细呈反比关系，即随着炭化温度的升高，非碳元素损失，导致 CNFF 的纤维直径减小。

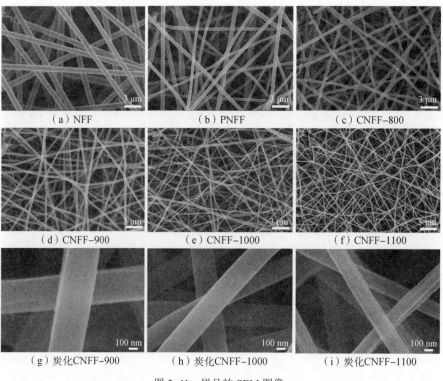

（a）NFF　　　　　　　　（b）PNFF　　　　　　　（c）CNFF-800

（d）CNFF-900　　　　　（e）CNFF-1000　　　　　（f）CNFF-1100

（g）炭化CNFF-900　　　（h）炭化CNFF-1000　　　（i）炭化CNFF-1100

图 5-41　样品的 SEM 图像

制备的 CNFF/TPU 具有相应的柔软度。图 5-42（a）为 CNFF/TPU-1000 的 SEM 图像，可以看出纤维表面均被 TPU 包覆，浸渍烘干后纤维无断裂，纤维间有粘连。如图 5-42（b）~（d）所示，CNFF/TPU-1000 具有良好的柔软性，且经过折叠和卷曲后，表面形貌保持稳定。这是因为 TPU 分子链中含有聚氰酸酯化合物类硬链和羟基化合物类软链，使 TPU 兼备柔性、刚性和良好的生物相容性，TPU 进入 CNFF 纤维网络内部，包覆纤维表面，赋予 CNFF/TPU-1000 良好的弹性及力学强度，使其能够任意弯曲，在承受外来作用力时仍能保持稳定的结构。

多功能元件制备中使用的 CNTs 的基本性能测试结果见表 5-9。如图 5-43 所示，CNTs 具有良好的柔软性，且经过折叠和卷曲后，表面形貌保持稳定。这是因为 CNTs 具有很大的长径比，使它能够自组装形成网状结构的薄膜，而不需要任何基体的支撑，这种自支撑结构使得 CNTs 具有很好的弹性及良好的力学强度。同时，CNTs 具有的质量轻、厚度薄、导电性好等优点使其具有成为优异柔性电加热元件材料的潜力。

（a）SEM图　　　　　（b）平铺状态　　　　　（c）折叠状态　　　　　（d）卷曲状态

图 5-42　CNFF/TPU-1000 的 SEM 图像和实物照片

表 5-9　CNTs 的基本性能测试

| 材料 | 面密度 | 厚度 | 薄层方阻 | 电导率 |
| --- | --- | --- | --- | --- |
| CNTs | 0.01 g/cm$^2$ | 55 μm | 4.8 Ω/m$^2$ | 3 787.9 S/m |

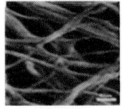

（a）SEM图　　　　　（b）平铺状态　　　　　（c）折叠状态　　　　　（d）卷曲状态

图 5-43　CNTs 的 SEM 图和实物图

（2）电热性能分析

对于不同的炭化材料，炭化温度是影响电热性能的重要因素，因此，分别对经炭化后的棉织物、聚丙烯腈纳米膜和碳纳米管膜的电热性能进行研究。

① 炭化棉织物 / TPU 复合织物：为了研究炭化温度对 CCF 电加热性能的影响，研究了在 800～1 100 ℃炭化的 CCF 的加热性能并进行了分析。图 5-44（a）显示了 CCF 在 5 V 下随时间变化的温度曲线。加热过程可分为三个阶段：加热阶段、稳态阶段和冷却阶段。CCF 的表面温度在施加电压时迅速升高，在 330 s 断电时立即下降，表明 CCF 具有良好的电加热温升性能。CCF-800 只达到 37.3 ℃，因此，CCF-800 不能满足在低于 10 V 的低电压下加热人体或理疗的需要。在 5 V 下，CCF 在 1.5 min 内都进入稳态阶段。CCF-900、CCF-1000 和

CCF-1100 的表面温度分别可达到 48.62 ℃、60.65 ℃、74.44 ℃。加热性能的差异可归因于导电性的差异。如热红外图像（图 5-45）所示，CCF 在有效加热区域显示出均匀的温度分布和较小的温差，表明 CCF 具有良好的加热均匀性。

如图 5-44（b）～（d）所示，CCF-1000 的表面温度随外加电压的增加而升高，最大加热值随炭化温度和外加电压的增加而增加。CCF-1000 在 5 V 下的最大加热速率和冷却速率为 8.32 ℃ 和 7.43 ℃。这进一步证明了 CCF 的快速热响应和优异的电加热性能。图 5-44（e）～（h）显示了电压、电流、功率、功率密度和 CCF 最高平衡温度之间的关系。通过线性拟合方程式（5-19），可以发现电压和电流、电压平方（$U^2$）和温度、功率和温度以及功率密度和温度之间存在显著的线性正相关。

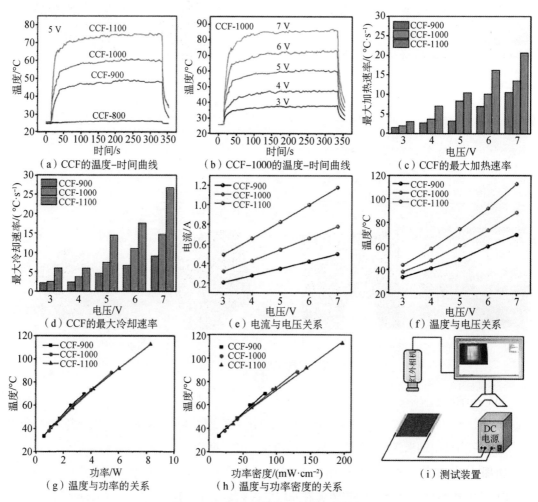

图 5-44 不同温度下 CCF 的电加热性能

$$\begin{cases} y_{900} = 0.073\,4x - 0.017\,8, & R^2 = 0.999\,6 \\ y_{1\,000} = 0.115\,2x - 0.029\,2, & R^2 = 0.999\,8 \\ y_{1\,100} = 0.172\,1x - 0.029\,5, & R^2 = 0.999\,7 \end{cases} \tag{5-19}$$

对电压的平方（$U^2$）与表面最高平衡温度的曲线进行二次多项式拟合，得到拟合曲线方程式（5-20），可以看出 $U^2$ 与表面最高平衡温度呈高度线性正相关关系，线性相关系数均大于 0.99，直线的斜率随着炭化棉织物电阻的减小而增大。结果表明，在 900 ~ 1 100 ℃下炭化的 CCF 具有优异的电阻稳定性［图 5-44（e）］。

$$\begin{cases} y_{900} = 0.909\,2x + 25.973\,0, & R^2 = 0.995\,4 \\ y_{1\,000} = 1.255\,8x + 27.835\,2, & R^2 = 0.996\,7 \\ y_{1\,100} = 1.170\,2x + 30.065\,7, & R^2 = 0.997\,4 \end{cases} \tag{5-20}$$

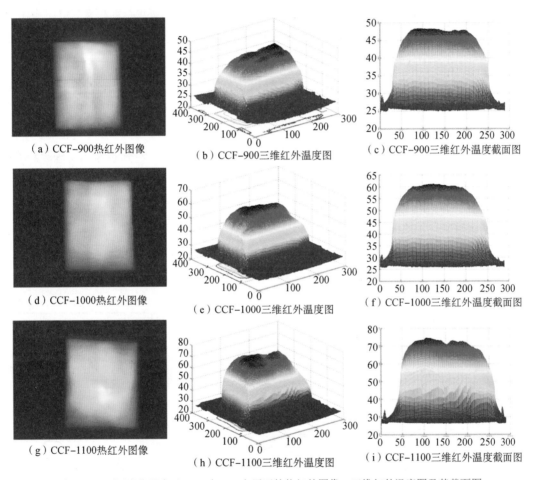

（a）CCF-900热红外图像　　（b）CCF-900三维红外温度图　　（c）CCF-900三维红外温度截面图

（d）CCF-1000热红外图像　　（e）CCF-1000三维红外温度图　　（f）CCF-1000三维红外温度截面图

（g）CCF-1100热红外图像　　（h）CCF-1100三维红外温度图　　（i）CCF-1100三维红外温度截面图

图 5-45　不同炭化温度下 CCF 在 5 V 电压下的热红外图像、三维红外温度图及其截面图

如图 5-44（f）所示，最高平衡温度随着外加电压的增加和电阻的降低而升高，表明 CCF 的加热温度可以通过调节样品的外加电压和电阻来控制，符合焦耳加热原理。功率密度是指加热元件单位面积消耗的功率。由式（5-21）可以得知，这三种炭化棉织物的功率密度与表面最高平衡温度呈高度线性正相关关系，线性相关系数均大于 0.99。从图 5-44（h）可以看出，CCF-900、CCF-1000 和 CCF-1100 在相同功率密度下表现出相近的最高平衡温度，分别在 60.29 mW/cm² 、 64.88 mW/cm² 和 62.57 W/cm² 的功率密度下，表面最高平衡温度

分别达到 59.88 ℃、60.60 ℃和 57.90 ℃。

$$\begin{cases} y_{900} = 26.583\,8 + 0.531\,2x, & R^2 = 0.994\,1 \\ y_{1\,000} = 28.695\,0 + 0.468\,2x, & R^2 = 0.995\,4 \\ y_{1\,100} = 30.898\,5 + 0.423\,3x, & R^2 = 0.996\,2 \end{cases} \tag{5-21}$$

图 5-46（a）显示了具有不同织物结构的 CC（在 1 000 ℃下炭化）在 5 V 下随时间变化的温度曲线。CCF、炭化纬平针棉织物（CPF）、炭化罗纹棉织物（CRF）和炭化双罗纹棉织物（CIF）的表面温度分别可达到 60.60 ℃、39.71 ℃、41.89 ℃和 56.64 ℃。在相同电压下，CCF 和 CIF 的温度显著高于 CPF 和 CRF，这可能是由于电阻的差异。平纹织物和交叉缝织物比平纹织物和罗纹织物更紧。因此，使用 CCF 和 CIF 更容易形成由炭化纤维和纱线构成的丰富导电网络，并且它们比 CRF 和 CPF 表现出更好的导电性。

TPU 不导电，因此，它与 CC 的结合会影响 CC 的导电性和加热性能。鉴于 CCF 的显著加热性能，制备并评估了不同 TPU 含量的 CCF/TPU，以研究 TPU 对其电加热性能的影响。如图 5-46（b）所示，CCF/TPU 表现出良好的电加热性能，并在 1.5 min 内在 5 V 下达到稳定状态。CCF/2TPU、CCF/4TPU 和 CCF/6TPU 的表面温度分别可达到 58.56 ℃、55.72 ℃和 53.45 ℃。尽管随着 TPU 含量的增加，CCF/TPU 的温度略有下降，但它们也能满足可穿戴柔性加热元件的要求。对于 CC 和 CCF/TPU，功率和温度以及功率密度和温度之间也存在线性正相关。柔性可穿戴电加热元件不仅需要在低电压（<12 V）下达到合适的温度，还应具有良好的加热稳定性和电阻稳定性，从而满足实际应用中重复使用和连续使用的要求。图 5-46（c）显示了 CCF/6TPU 在不同加热—冷却循环下随时间变化的温度曲线。最高温度平衡温度差只有

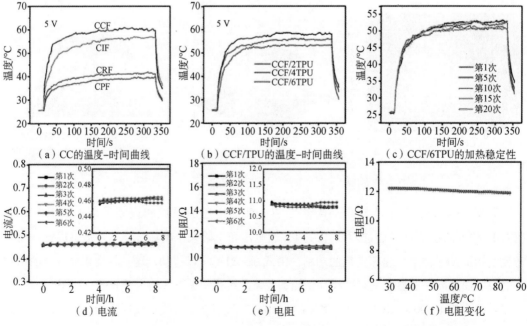

图 5-46　在 5 V 电压下，CC 和 CC/TPU 在 1 000 ℃下炭化的电加热性能

2.68 ℃，经 20 次循环后，温度变化趋势没有明显变化。这种优异的循环稳定性证实了 CCF/TPU 作为电加热元件的可靠性，其加热行为具有一致性。此外，还记录了连续 6 天每天工作 8 h 的 CCF/6TPU 的电流和电阻［图 5-46（d）和（e）］。在长期实验中，CCF/6TPU 表现出长期的热稳定性和电阻稳定性，电阻变化率为 1.72%。该结果确保了加热元件的 CCF/TPU 的可用性，而不会影响其在长期和重复加热处理下的加热性能。同时，随着环境温度的升高，CCF/6TPU 的电阻略有降低［图 5-46（f）］，这意味着环境温度（30～85 ℃）对 CCF/6TPU 的导电性几乎没有影响，显示出良好的加热均匀性，并实现加热功能。

② 炭化聚丙烯腈纳米纤维复合膜（CNFF）：基于聚丙烯腈纳米膜制备的各样品的加热过程也可分为升温阶段、稳态阶段和降温阶段。如图 5-47 所示，在相同电压下，CNFF-1000 柔性电子元件（CNFF-HSE-1000）的电流和最高平衡温度均大于 CNFF-HSE-900 的电流和最高平衡温度，说明施加一定电压时，炭化温度越高，CNFF-HSE 的电阻越小，通过导体的电流越大，导体单位时间内产生的热量越多，因此，膜表面的最高平衡温度越大。从图 5-47（b）可以看出 4 V 电压时就可达到目标最高平衡温度为 66.82 ℃，通过 CNFF-HSE-1000 的电流为 0.19 mA，且图 5-47（c）～（d）中，CNFF-HSE-900 和 CNFF-HSE-1000 的电流和最高平衡温度均随着电压的升高而增大。CNFF-HSE-900 和 CNFF-HSE-1000 的电流与电压、最高平衡温度与电压的线性相关系数均大于 0.98，决定系数均大于 0.97，即电流与电压、最高平衡温度与电压均呈现高度线性正相关关系，且线性拟合程度优。

图 5-47（e）～（f）为最高平衡温度与功率、最高平衡温度与功率密度的关系图像，可以看出 CNFF-HSE-900 和 CNFF-HSE-1000 的最高平衡温度与功率、功率密度呈正相关。经计算得知，CNFF-HSE-900 和 CNFF-HSE-1000 在 4 V 的功率密度分别为 31.56 mW/cm²

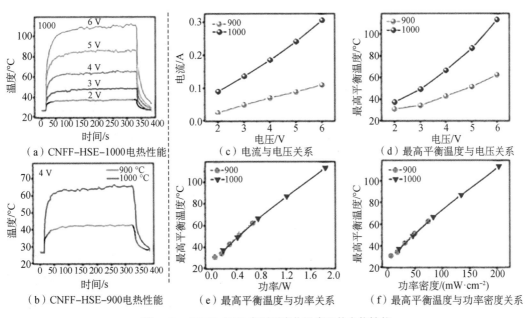

图 5-47　CNFF-HSE 在不同炭化温度下的电热性能

和 82.67 mW/cm²；CNFF－HSE－1000 在 3 V、4 V 和 5 V 时 的 功 率 密 度 为 45.67 mW/cm²、82.67 mW/cm² 和 134.45 mW/cm²，所对应的最高平衡温度分别为 49.56 ℃、66.82 ℃和 87.30 ℃。随着炭化温度的升高，电流增大，功率增大、功率密度增大。

③ 碳纳米管膜的柔性加热元件：图 5-48 为 CNFF－HSE－900、CNFF－HSE－1000 在 4 V 电压下在加热过程中达到稳态阶段时的表面温度热红外图像和三维红外温度图及其截面图，可以看出 CNFF－HSE 表面温度比较均匀，加热区域未出现局部温度过高或过低的现象，CNFF－HSE 具有良好的加热均匀性。

对不同规格碳纳米管膜制备的加热片进行电热性能测试，探究通电后规格尺寸对其电热性能的影响。按照串联及并联电路制备出单片式（CNTs－1）、并联两片式（PCNTs－2）、并联三片式加热片（PCNTs－3）。随着负载电压的升高，三种不同规格的加热片，在加热过程中呈现升温、稳态和降温三个阶段，且三个阶段均呈现相同的温升趋势。当负载电压为 5 V 时，CNTs－1、PCNTs－2 和 PCNTs－3 加热片在通电后，表面最高平衡温度分别达到 49.32 ℃、48.89 ℃和 49.19 ℃。

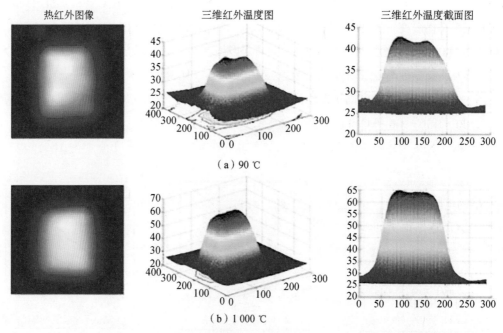

图 5-48  4 V 电压下 CNFF-HSE 的表面温度热红外图像、三维红外温度图及其截面图

由图 5-49（a）可知，负载电压与电流之间存在显著的线性相关性，其中，三种规格的加热片负载电压与电流曲线线性拟合中，相关系数分别为 0.979 94、0.999 16 和 0.998 48，表现出高度线性正相关。由图 5-49（b）可知，随着负载电压的增加，三种加热片的表面平衡温度增加。由图 5-49（c）和（d）可知，表面最高平衡温度与功率呈正相关，三种规格加热织物在 50.29 mW/cm²、51.68 mW/cm² 和 52.47 mW/cm² 的功率密度下，温度分别达到 59.12 ℃、58.89 ℃和 60.78 ℃。功率密度结合实际消耗功率和单位发热面积两种因素，可以通过施加电

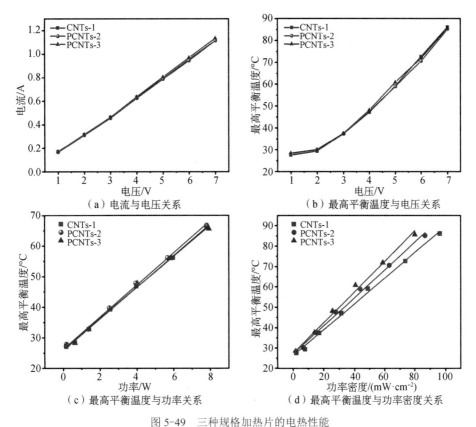

（a）电流与电压关系　　　　（b）最高平衡温度与电压关系

（c）最高平衡温度与功率关系　　　　（d）最高平衡温度与功率密度关系

图 5-49　三种规格加热片的电热性能

源的负载电压控制功率消耗，从而决定加热的温度，实现良好的加热控制。

（3）传感性能分析

① 炭化棉织物 / TPU 复合织物：图 5-50 显示了不同织物组织的炭化棉 / TPU 柔性压阻传感器的电阻相对变化率—压强曲线，可以看出，这四种传感器的电阻相对变化率均随着压强的增大而逐渐增大。CC/TPU 柔性压力传感器的原理图和结构如图 5-50（a）所示。CC/TPU 被切割成 1 cm × 1 cm，然后将 CC/TPU 夹在聚乙烯（PE）薄膜和叉指电极之间，制作压力传感器。为了研究织物结构对压力传感性能的影响，使用柔性传感器测量系统测量了 CCF/4TPU、CPF/4TPU、CRF/4TPU 和 CIF/4TPU 压力传感器的传感性能。

图 5-50（b）显示了 4 kPa 以下不同织物结构的 CC/TPU 压力传感器的压力相对电阻变化（$\Delta R/R_0$）曲线。曲线的斜率表示传感器的灵敏度。在 0.75 kPa 的外加压力下，CCF/4TPU、CPF/4TPU、CRF/4TPU 和 CIF/4TPU 压力传感器的灵敏度分别为 85.17 kPa$^{-1}$、75.89 kPa$^{-1}$、98.77 kPa$^{-1}$ 和 57.59 kPa$^{-1}$。因此，可以得出结论，织物 CC 的结构显著影响 CC/TPU 压力传感器的灵敏度。此外，CIF/4TPU 压力传感器显示出较高的灵敏度，而 CCF/4TPU 压力传感器显示出较低的灵敏度。这可以归因于 CCF 具有令人满意的导电性和较大的变形范围。导电纤维和纱线之间的接触面积在较小的应力下迅速增加，因此，CIF/4TPU 压力传感器具有较高的相对电阻变化和灵敏度。尽管 CCF 也表现出良好的导电性，但其变形范围和耐按压性限制了压

力传感器的电阻变化，导致 CCF/4TPU 压力传感器具有相对较低的灵敏度。为了研究 TPU 含量对压力传感性能的影响，制作并测量了 CIF/2TPU、CIF/4TPU 和 CIF/6TPU 压力传感器。可以看出，与 CIF/2TPU 和 CIF/6TPU 压力传感器相比，CIF/4TPU 压力传感器显示更高的 $\Delta R/R_0$[图 5-50（c）]。在 0.75 kPa 的外加压力下，CIF/2TPU、CIF/4TPU 和 CIF/6TPU 压力传感器的灵敏度为 83.32 kPa$^{-1}$、98.77 kPa$^{-1}$ 和 70.85 kPa$^{-1}$。因此，压力传感器的灵敏度与 TPU 含量有关，这可归因于过量 TPU 影响炭化纤维的接触和复合材料的导电性，而 TPU 含量较低使炭化纤维容易受到机械力的破坏。根据上述分析，CIF/4TPU 压力传感器显示出更高的灵敏度。

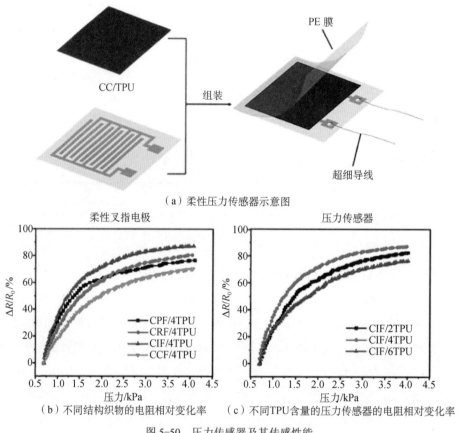

图 5-50　压力传感器及其传感性能

图 5-51（a）显示了 CIF/4TPU 传感器在 0~16 kPa 的压力下的 $\Delta R/R_0$ 曲线。根据压力分布，曲线可分为四个区域。压力传感器在 0~2 kPa、2~4 kPa、4~8 kPa 和 8~16 kPa 的灵敏度可以达到 98.77 kPa$^{-1}$、13.95 kPa$^{-1}$、2.36 kPa$^{-1}$ 和 0.56 kPa$^{-1}$。显然，CIF/4TPU 柔性压力传感器具有较宽的工作范围（0~16 kPa）和较高的低压灵敏度，这可归因于炭化纤维形成的多孔导电网络。图 5-52（b）显示了 CIF/4TPU 传感器在 3 kPa 压力下以 0.1 mm/s 的恒定速率进行 4 000 次循环加载时的响应。可以看出，CIF/4TPU 传感器具有显著的重复性和耐久性，在长期循环压力加载下，压力传感性能没有发生明显变化。优异的循环稳定性证实了 CIF/TPU 作为压力传感器敏感材料的可靠性，由于 CIF/4TPU 压力传感器的高灵敏度、宽工作范围和良好的

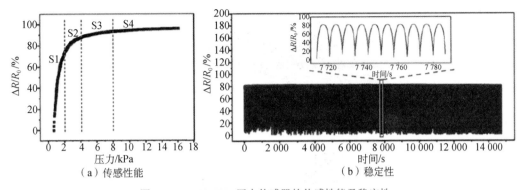

图 5-51 CIF/4TPU 压力传感器的传感性能及稳定性

稳定性，它可以作为可穿戴电子设备用于实时检测压力变化。

② 炭化聚丙烯腈纳米纤维复合膜和碳纳米管膜的柔性加热元件：根据上述测试分别对 CNFF-HSE-1000 和 SCF-240 进行传感性能测试，并进行分段拟合。CNFF-HSE-1000 和 SCF-240 分别在 0～3 kPa 和 0.5～12 kPa 的工作范围内，电阻相对变化率随着压强的增大而增大。随着压力的增大，电阻相对变化率呈单调上升趋势，且上升趋势具有阶段性。将电阻相对变化率—压强曲线图分段拟合，计算得出灵敏度。通过对导电膜进行压缩加载—卸载测试，评价该过程中电阻的相对变化率的偏差，判断导电膜压阻响应迟滞性。柔性压阻传感器不仅需要响应灵敏，还应满足实际应用中多次重复使用和稳定输出电信号的需求。为了评估制备的柔性压阻传感器的稳定性和可重复性，对 CIF/4TPU 柔性压阻传感器、CNFF-HSE-1000 柔性传感器和 SCF-240 柔性传感器进行加载 / 卸载循环重复测试，得出三种柔性传感器的传感性能，见表 5-10。

表 5-10 不同传感器的传感性能表

| 样品名称 | 压强 /kPa | 灵敏度 /（kPa$^{-1}$） | 迟滞性 / % | 重复性 / 次 | 工作范围 /kPa |
|---|---|---|---|---|---|
| CIF/4TPU | 0.75 | 98.77 | — | > 4 000 | 0～16.0 |
| CNFF-HSE-1000 | 0.70 | 83.02 | 23.2 | > 3 000 | 0～3.0 |
| SCF-240 | 0.50 | 63.47 | 8.45 | > 4 000 | 0.5～12.0 |

对 CIF/4TPU 柔性压阻传感器、CNFF-HSE-1000 柔性传感器和 SCF-240 柔性传感器进行传感性能测试，三种传感器均显示出高灵敏度、宽量程和可重复性，可以作为可穿戴电子设备用于实时检测压力变化。

### 5.5.1.3 压力感知柔性加热织物的应用

对上述材料制备的电子元件进行应用测试，图 5-52（a）和（b）中，以炭化棉 /TPU 复合织物和黏合衬、锦纶（尼龙）反射银面料为原料，采用热压黏合的方法制作了柔性电加热片。如图 5-52（c）所示，将 CNFF-HSE 与超薄加压护腕结合制备便携式健康监测护腕，穿戴者穿戴后，内部的 CNFF-HSE 检测动脉搏动时产生的压力变化，将之转换成电信号输出。

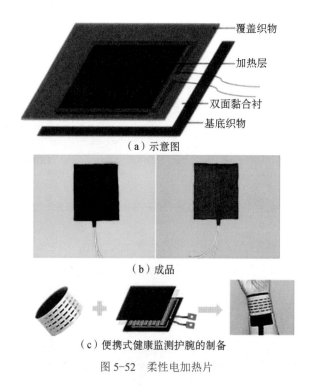

（a）示意图

（b）成品

（c）便携式健康监测护腕的制备

图 5-52　柔性电加热片

图 5-52 中，基底织物为尼龙反射银面料，覆盖织物为黑色单面黏合衬。加热层为 CCF/6TPU 复合织物，制得的加热片的厚度仅为 0.72 mm。该加热片在 5 V 电压下 100 s 内进入稳态阶段，表面最高平衡温度达到 54 ℃，升温降温迅速，具有良好的电热温升性能。图 5-53（b）～（d）可以看出，该加热片表面温度分布均匀，能够满足柔性电加热元件的使用需求。将该加热片与服装、护膝、护腰、护腕等结合，即可实现电加热功能。以传感性能最优的 CIF/4TPU 柔性压阻传感器为测试样品，将该柔性压阻传感器与万用电表连接，使用 LabVIEW 软件记录柔性压阻传感器在监测脉搏跳动、手指弯曲以及手指按压条件下的电阻变化，然后对测试数据进行分析。图 5-53（e）～（g）可以看出，该传感器可以监测到脉搏波（P 波、T 波和 D 波），电阻相对变化率在 0～1.1% 范围内规律变化，当手指按压及弯曲时，传感器的电阻相对变化率迅速变化，输出电信号变化规律，这说明炭化棉 /TPU 柔性压阻传感器具有进行人体运动监测的应用潜力。

分别采用 CNFF-HSE 和 SCF-240 制备的柔性传感器在监测脉搏运动、肘部运动和手指按压弯曲时显示出良好的响应。图 5-54（a）和（b）可以看出便携式健康监测护腕是可以检测出人体微弱的生理信号，通过电阻的相对变化可以监测肘部弯曲-伸展运动情况，表明 CNFF-HSE 可以监测人体关节的大幅度活动。

如图 5-54（c）所示，由图可知，当手指按压传感器时，电阻的相对变化率迅速上升，手指松开后，电阻的相对变化率迅速下降。按照三种不同速率进行按压，在三种速率内，最大的电阻相对变化率分别为 25.974%、16.306% 和 26.912%，组内变化率为 3.000%，每种速率的 10 次按压 / 松开循环过程中，传感器呈现出规律的电信号变化规律。图 5-54（d）中，手指在

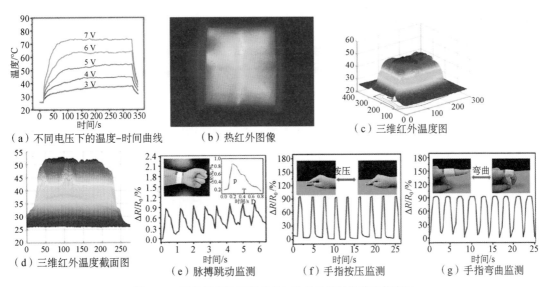

（a）不同电压下的温度-时间曲线　（b）热红外图像　（c）三维红外温度图

（d）三维红外温度截面图　（e）脉搏跳动监测　（f）手指按压监测　（g）手指弯曲监测

图 5-53　炭化棉织物基制备的加热片及柔性传感器的应用

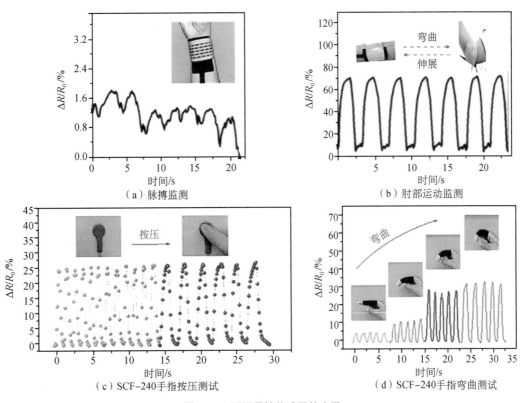

（a）脉搏监测　　　　　　　　　　　（b）肘部运动监测

（c）SCF-240 手指按压测试　　　　　（d）SCF-240 手指弯曲测试

图 5-54　不同柔性传感器的应用

四种不同弯曲状态下，最大的电阻变化率分别为 5.553%、13.099%、28.551% 和 32.944%，由此，利用电阻变化信号能够准确判断手指的弯曲程度，进而解读出相应的动作信息，为进一步的应用提供相应的借鉴意义。

### 5.5.2 温度感知柔性加热织物

#### 5.5.2.1 温度感知柔性加热织物的制备

采用 31 g/m$^2$、26 g/m$^2$ 的非织造衬布和 20 g/m$^2$ 的机织衬布作为柔性可熔衬布（FFIF）和黏合织物的基材，尼龙织物 25 g/m$^2$，棉织物 20 g/m$^2$，采用直径为 0.1 mm 的铜线作为温敏导电材料，将它们以"S"型等距放置在 FFIF 的基底上，并用电熨斗将它们黏附在黏合织物上。用这种方法制备了 8 个温度感知柔性加热织物（FHF-TPs）样品。FHF-TPs 样品的原理和实物照片如图 5-55 所示。

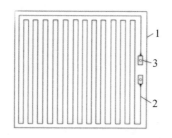

图 5-55　FHF-TPs 样品的原理和实物照片

#### 5.5.2.2 温度感知柔性加热织物的测试结果分析

图 5-56（a）和（b）显示，在 80 ℃ 和 100 ℃ 环境温度下，随着老化时间的延长，铜线的电阻和断裂强力没有明显变化；然而，由于试样的差异和测量误差，铜线的电阻波动小于 13.93%。图 5-56（c）显示，与初始值 23.18% 相比，随着 80 ℃ 和 100 ℃ 下老化时间的增加，铜线断裂时的伸长率分别降低了 5.00% 和 5.89%。一个可能的原因是铜被部分氧化，在 10 天的老化过程中变得更脆。图 5-57 显示了三种 FFIF 的断裂强力和伸长率曲线。由于 FFIF 的类型不同，FFIF 的伸长率和强度之间的关系也不同。可以看出，经过 10 天的老化，31 g/m$^2$ 非织造衬布的断裂强度随着老化时间和温度的增加而显著增加，甚至超过 60 N，26 g/m$^2$ 非织造衬布的断裂强力在 2.5 N 范围内略有下降。因为由经纱和纬纱组成的紧密结构，20 g/m$^2$ 非织造衬布的热机械性能几乎不受老化时间和温度的影响。

图 5-58 显示了在 TM3030 扫描电子显微镜中放大 50 倍和 150 倍的 FHF-TP 的横截面。中间层的铜线部分粘接，因为 FFIF 和黏合的织物通过热熔胶粘接在一起，所述热熔黏合剂以颗粒形式放置在聚酰胺可熔衬层基材上。可以看出，当环境温度从 30 ℃ 增加到 100 ℃ 时，电阻增加。在四次重复实验中，样品在 100 ℃ 下的平均电阻比 30 ℃ 时增加 1.3 Ω，平均电阻变化达到 24%，表明 FHF-TP 的电阻对环境温度非常敏感。可以发现，四组数据的标准偏差非常小，均低于 0.1，表明铜的电阻稳定性肯定更好。铜是最重要的温度敏感材料之一，一直是温度传感器的材料。根据表中的数据，可以计算出灵敏度为 0.019 Ω/℃，滞后误差、重复性误差和线性误差分别为 1.64%、2.84% 和 1.45%。

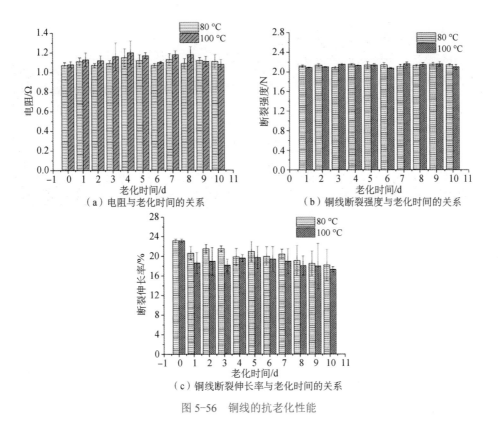

（a）电阻与老化时间的关系

（b）铜线断裂强度与老化时间的关系

（c）铜线断裂伸长率与老化时间的关系

图 5-56　铜线的抗老化性能

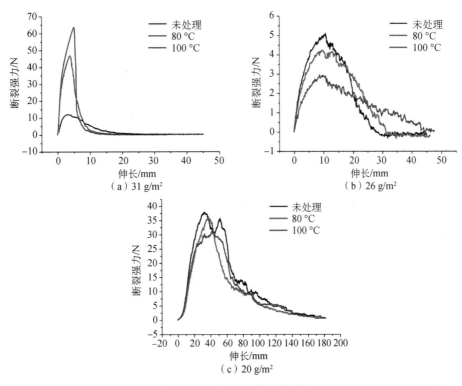

（a）31 g/m²

（b）26 g/m²

（c）20 g/m²

图 5-57　三种 FFIF 的力学性能

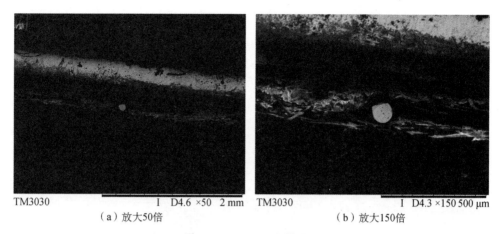

TM3030      I D4.6 ×50 2 mm     TM3030      I D4.3 ×150 500 μm

（a）放大50倍          （b）放大150倍

图 5-58 FHF-TP 的横截面

当设定烘箱温度时，电恒温鼓风烘箱的温度在大约 5 000 s 后达到 100 ℃，加热速率在 2 560 s 上升到 90 ℃ 而减慢。在图 5-59（a）中，电阻和温度随时间变化的曲线显示出两者均随时间上升和同步趋势，表明 FHF-TP 的电阻对环境温度非常敏感。在图 5-59（b）中，FHF-TP 的电阻与其温度之间存在显著的线性相关性，线性拟合函数为 $y = 4.982\,56 + 0.018\,56x$，其中 $x$ 为温度，$y$ 为电阻。结果表明，FHF-TP 的电阻每摄氏度增加 0.018 56 Ω，TCR 为 0.003 73 mg/(L·℃)，标准值为 0.003 9 mg/(L·℃)。电阻温度系数测量值与标准值之间的差异可能是由于铜的成分不纯造成的。此外，从高相关系数（$r$）为 0.999 09 的线性拟合函数可以推断，当温度为 0 ℃ 时，FHF-TP 的温度为 4.98 Ω。图 5-60 显示了加载电压为 1～8 V 时样品的表面温度随时间变化的曲线。可以看出，加载电压越高，FHF-TP 的表面温度越高，在前 50 s 内加热速度越快。当对样品施加 8 V 加载恒定电压时，最高平衡温度可能高达 61.79 ℃，可满足电加热元件的温度要求。50 s 后，随着升温速率的逐渐减小，温度趋于稳定。原因在于 FHF-TP 的加热速率高于接通电源初始阶段的散热速率。然后，表面温度逐渐升高，并达到平衡，因为表面散热率等于一段时间后稳定条件下的加热率。然后在 230 s 断电时，温度急剧下降。这表明 FHF-TP 具有良好的热电性能和加热能力。

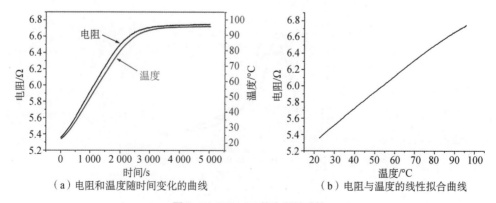

（a）电阻和温度随时间变化的曲线     （b）电阻与温度的线性拟合曲线

图 5-59 FHF-TP 的电阻敏感性

图 5-61 显示了负载电压、电流、电阻、功率和最高平衡温度之间的关系。电阻和功率的数据是根据负载电压、电流和表面温度计算的，当达到表面最高平衡温度时，时间记录在 220 s 处。负载电压与电流、负载电压与最高平衡温度、电阻与最高平衡温度、功耗与最高平衡温度之间存在显著的线性相关，其相关系数分别为 0.995 95、0.979 94、0.999 2和 0.998 17，显示出较好的热稳定性。因此，可以通过施加电源的负载电压和设计铜线的电阻来控制功耗，从而确定 FHF-TP 的加热温度。

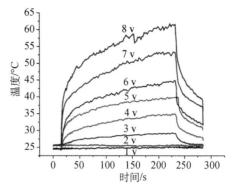

图 5-60 不同电压下的温度-时间曲线

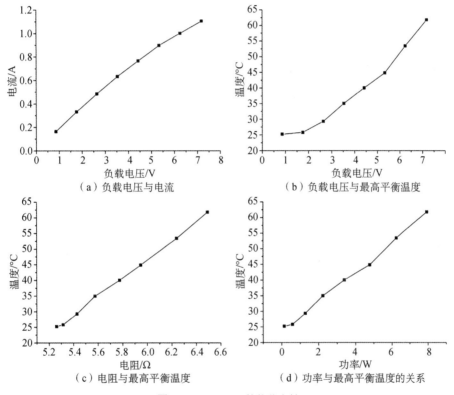

（a）负载电压与电流

（b）负载电压与最高平衡温度

（c）电阻与最高平衡温度

（d）功率与最高平衡温度的关系

图 5-61 FHF-TP 的热稳定性

根据热传导理论，推导了柔性加热元件的平衡温度与功耗之间的关系，以验证试验结果。在 FHF-TP 的加热过程中，表面温度高于环境温度，热量从 FHF-TP 的表面传递到周围环境，可以通过方程式（5-22）的牛顿冷却定律计算。

$$\frac{\mathrm{d}Q}{\mathrm{d}t} = A \times h \times (T - T_0) \tag{5-22}$$

式中：$Q$ 代表传热（J）；$t$ 是时间（s）；$A$ 是 FHF-TP 的传热面积（m²）；$h$ 是传热系数

$[W/(m^2 \cdot \mathcal{C})]$；$T$ 和 $T_0$ 分别是 FHF-TP 的起始温度（℃）和冷却温度（℃）。

负载电压下 FHF-TP 产生的热量可通过式（5-23）计算，其中 $U$ 是负载电压（V），$R$ 是电阻（$\Omega$），$P$ 是 FHF-TP 的功耗（W）。

$$\frac{dW}{dt} = P = \frac{U^2}{R} \tag{5-23}$$

在产生的热量等于传递的热量之后，FHF-TP 的表面温度才会继续上升。因此，可以根据等式（5-22）和等式（5-23）得到等式（5-24）：

$$A \cdot h \cdot (T - T_0) = P \tag{5-24}$$

因此，FHF-TP 的平衡温度 $T$ 可以用公式（5-25）表示：

$$T = T_0 + \frac{P}{A \cdot h} \tag{5-25}$$

从式（5-25）可以推断，FHF-TP 的平衡温度与功率消耗或功率密度呈线性关系。实验结果与公式（5-25）所示的理论函数高度一致。

图 5-62 显示了 FHF-TP 样品 F、A 和 G 的热红外图像、二维和三维图像，这些 Matlab 图像显示在 5 V 下 220 s 内温度变化。从这些图像中可以清楚地看出，铜线电路是串联设计，图像上的亮条和黑条代表导电和非导电材料交替分布，这意味着 FFIF 的导热系数比铜线小得

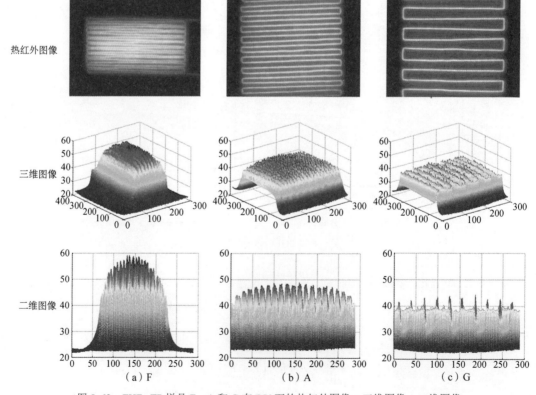

图 5-62　FHF-TP 样品 F、A 和 G 在 5 V 下的热红外图像、三维图像、二维图像

多，因此，热量不能从铜线快速传导到 FFIF，从而产生一定的温差。导线间距越大，温差越大，条带越明显。

### 5.5.2.3　温度感知柔性加热织物的应用

模拟加热服装由三层材料组成，覆盖织物由 1 cm 厚的涤纶纺摇粒绒、FHF-TP 和棉织物制成。模拟加热服装在不同预设平衡温度（20 ℃、25 ℃、30 ℃、3 ℃和 40 ℃）和不同冷环境温度（0 ℃、–10 ℃及 –20 ℃）由温度控制和功耗测量装置进行测量。在模拟加热服装和棉织物之间放置三个温度传感器，棉织物由代表人体的隔热人体模型模拟内衣料。

图 5-63（a）显示了在恒温恒湿环境下，所有 FHF-TPs 样品在不同电压水平下的功耗。因为它们的电阻差异非常小，所有样品的功耗曲线相似。然而，因为 FFIF 和黏合织物的导热性，FHF-TP 样品模拟加热服装的功耗与其不同。图 5-63（b）显示了五个 FHF-TP 样品在未处理、老化和洗涤条件下的剥离强力有明显变化。在 100 ℃环境温度下进行 240 h 老化后，所有 FHF-TP 样品的剥离强力与未经处理的样品相比急剧增加，尤其是对于样品 C，其剥离强力已从 9.58 N 增加到 30.87 N。在 10 天老化期间，FFIF 和黏合织物通过熔融黏合剂牢固黏合。然而，经过 30 次洗涤后，所有 FHF-TP 样品的剥离强力没有明显变化，这意味着 FHF-TP 具有良好的洗涤性能。总之，根据上述数据和分析，FHF-TPs 的电气性能、热性能和力学性能稳定，这可能有助于开发安全耐用的 FHF-TPs 产品。

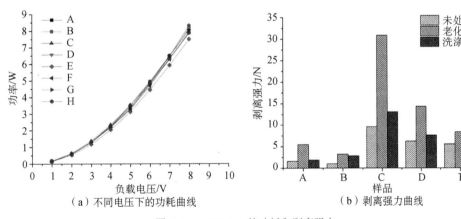

（a）不同电压下的功耗曲线　　（b）剥离强力曲线

图 5-63　FHF-TPs 的功耗和剥离强力

## 5.6　总结与展望

本章根据制备工艺对柔性电加热织物进行了介绍，主要包括机织、针织、刺绣、丝网印刷、化学镀层、炭化、热黏合等工艺制备的柔性电加热织物。首先介绍了电加热的基本原理和以热动力学为基础的热量传导机理，并且整理归纳柔性电加热织物相关的测试仪器和方法，并针对不同工艺制备的样品性能进行表征和示范应用。由于智能可穿戴服装和设备的飞速发展，多功能柔性电子元件亟待开发，作者团队也已经积极在加热—压阻和加热—温度感知的多功能织物方向上进行深入研究。综上，本章对于柔性电加热织物及其应用的研究为智能加热元件的研发奠定了基础，有助于推动智能可穿戴领域的发展。

# 全称缩写表

| 简写 | 全称 |
| --- | --- |
| PU | 聚氨酯 |
| WPU | 水性聚氨酯 |
| PPy | 聚吡咯 |
| PVDF | 聚偏二氟乙烯 |
| m-PDMS | 聚二甲基硅氧烷 |
| BaTiO$_3$ | 钛酸钡 |
| PZT | 锆钛酸铅 |
| ZnO | 氧化锌 |
| Ag | 银 |
| AgCl | 氯化银 |
| PLGA | 聚乳酸-羟基乙酸共聚物 |
| RGO | 氧化石墨烯 |
| AgNW | 银纳米线 |
| CNT/CNTs | 碳纳米管 |
| ECG | 心电信号/心电图 |
| EEG | 脑电信号 |
| EMG | 肌电信号 |
| EOG | 眼电信号 |
| MWCNT/MWNT | 多壁碳纳米管 |
| m-MWNT | 改性多壁碳纳米管 |
| KH550 | 硅烷偶联剂 |
| SDBS | 十二烷基苯磺酸钠 |
| MNF | 微结构杂化纳米复合膜 |
| DMF | *N*，*N*-二甲基甲酰胺 |
| PI | 聚酰亚胺 |
| PET | 聚对苯二甲酸乙二醇酯 |
| AAO | 阳极氧化铝模板 |
| t-AAO | 锥形阳极氧化铝模板 |
| OCA | 纳米锥 PMMA/PPy 阵列 |
| IOCA | 互锁纳米锥 PMMA/PPy 阵列 |

| 简写 | 全称 |
| --- | --- |
| TPU | 热塑性聚氨酯 |
| CF | 棉织物 / 碳纤维 |
| CCF | 炭化（平纹）棉织物 |
| WA | 木气凝胶 |
| CWA | 碳木气凝胶 |
| PMMA | 聚甲基丙烯酸甲酯 |
| PDMS | 聚二甲基硅氧烷 |
| micro-CT | 三维 X 射线显微镜 |
| AC/DC | 交流 / 直流 |
| VDC/Vrms | 直流电压 / 电压有效值 |
| PTFE | 聚四氟乙烯 |
| SNR | 信噪比 |
| E-0 | 氯化时间 0 s 的刺绣电极 |
| E-30 | 氯化时间 30 s 的刺绣电极 |
| E-60 | 氯化时间 60 s 的刺绣电极 |
| E-90 | 氯化时间 90 s 的刺绣电极 |
| E-120 | 氯化时间 120 s 的刺绣电极 |
| EDS | 能量色散光谱仪 |
| SEM | 扫描电子显微镜 |
| OCP | 开路电位 |
| SOCP | 静态开路电位 |
| DOCP | 动态开路电位 |
| △DOCP | 动态开路电位变化量 |
| RH | 相对湿度 |
| PENWF | 聚酯非织造布 |
| PANWF | 聚丙烯酸非织造布 |
| PE-E | 聚酯基电极 |
| PA-E | 聚丙烯酸基电极 |
| PUS | 聚氨酯海绵 |
| PSD | 功率谱密度 |
| FXbs | 仿"苍耳子"倒钩结构 |
| FXsbs | 仿"苍耳子"小尺寸倒钩结构 |
| FXmbs | 仿"苍耳子"中尺寸倒钩结构 |
| FXlbs | 仿"苍耳子"大尺寸倒钩结构 |
| PAA | 多孔阳极氧化铝 |
| M-PAA | 单层多孔阳极氧化铝 |
| ANI | 苯胺 |
| PANI | 聚苯胺 |
| PAA/PANI-M1 | 阳极氧化时间 1 min 的聚苯胺 / 单层多孔阳极氧化铝模板 |

续表

| 简写 | 全称 |
| --- | --- |
| PAA/PANI-M5 | 阳极氧化时间 5 min 的聚苯胺 / 单层多孔阳极氧化铝模板 |
| PAA/PANI-M10 | 阳极氧化时间 10 min 的聚苯胺 / 单层多孔阳极氧化铝模板 |
| PAA/PANI-M15 | 阳极氧化时间 15 min 的聚苯胺 / 单层多孔阳极氧化铝模板 |
| PAA/PANI-M20 | 阳极氧化时间 20 min 的聚苯胺 / 单层多孔阳极氧化铝模板 |
| M-PAA/PANI/TPU | 热塑性聚氨酯填充的聚苯胺 / 单层多孔阳极氧化铝模板 |
| PANI/TPU | 聚氨酯填充的聚苯胺 |
| PANI/TPU-ME1 | 阳极氧化时间 1 min 的聚苯胺 / 热塑性聚氨酯电极 |
| PANI/TPU-ME5 | 阳极氧化时间 5 min 的聚苯胺 / 热塑性聚氨酯电极 |
| PANI/TPU-ME10 | 阳极氧化时间 10 min 的聚苯胺 / 热塑性聚氨酯电极 |
| PANI/TPU-ME15 | 阳极氧化时间 15 min 的聚苯胺 / 热塑性聚氨酯电极 |
| PANI/TPU-ME20 | 阳极氧化时间 20 min 的聚苯胺 / 热塑性聚氨酯电极 |
| PANI/TPU-PE | 平面聚苯胺 / 热塑性聚氨酯电极 |
| W-E | 商用湿电极 |
| LOD 检测限 | LOD 检测限 |
| $NaMc^+$ | 钠离子络合物 |
| PEDOT | 聚（3，4-乙撑二氧噻吩） |
| PANi | 聚苯胺 |
| ES | 祖母绿盐 |
| EB | 祖母绿碱 |
| SHE | 标准氢电极 |
| R | 气体常数 / FHF 的电阻 |
| [RED] | 还原物质的活度 |
| [OX] | 氧化物质的活度 |
| ISE | 离子选择传感器 |
| ISM | 离子选择性膜 |
| WE | 工作电极 |
| RE | 参比电极 |
| LOx | 乳酸氧化酶 |
| FAD | 黄素腺嘌呤二核苷酸 |
| $FAD/FADH_2$ | 氧化还原中心 |
| CE | 对电极 |
| PET | 聚对苯二甲酸乙二醇酯 |
| ITO | 氧化铟锡 |
| EDOT | 3，4-乙撑二氧噻吩 |
| NaPSS | 聚（4-苯乙烯磺酸钠） |
| PEDOT/CF | 在碳纤维上电化学沉积 PEDOT 的电极 |
| PANi/CF | 在碳纤维上电化学沉积聚苯胺的电极 |
| mV/lg [$Na^+$] | 毫伏每十倍 $Na^+$ 浓度 |
| RSD | 相对标准偏差 |

| 简写 | 全称 |
|---|---|
| LDH | 层状双氢氧化物 |
| NiCo-LDH | 镍钴氢氧化物 |
| CNF@NiCo-LDH | 碳纳米纤维涂覆双氢氧化镍钴层 |
| Au@NiCo-LDH | 空心核壳金纳米结构双氢氧化镍钴层 |
| S/N | 信噪比 |
| SCNF | 镀银纱线 |
| SCNF@Ni | 镀镍镀银纱线 |
| SCE | 饱和甘汞电极 |
| NF | 泡沫镍 |
| NFA | 核壳纳米纤维阵列 |
| MOFN | 有机骨架 |
| CNF | 碳纳米纤维 |
| GCE | 玻碳电极 |
| Man | 甘露糖 |
| AP | 对乙酰氨基苯酚 |
| UA | 尿酸 |
| AA | 抗坏血酸 |
| DA | 多巴胺 |
| Fru | 果糖 |
| Urea | 尿素 |
| FHF | 机织加热织物 |
| RA | 褶皱回复角 |
| KHF | 针织加热织物 |
| PSF | 平纹针织物 |
| RSF | 罗纹针织物 |
| ILK | 双罗纹针织物 |
| SPYHF | 镀银纱线加热织物 |
| SPY | 镀银纱线 |
| NCP | 纳米陶瓷粉体 |
| SF | 银丝 |
| CSY | 镀银纱 |
| CSKF | 镀银针织物 |
| RVRs | 电阻变化率 |
| TCF | 厚棉布 |
| CWF | 粗毛织物 |
| CKF | 棉针织物 |
| PDA | 聚多巴胺 |
| SPPAF/PU | 镀银聚酰胺 / 聚氨酯织物 |
| CC | 棉织物 |
| CC/TPU | 炭化棉 / 热塑性聚氨酯复合材料 |

| 简写 | 全称 |
| --- | --- |
| CCF/TPU | 炭化棉织物 /TPU 复合织物 |
| CCF/4TPU | TPU 质量分数为 4% 的炭化棉织物 |
| CPF | 炭化纬平针棉织物 |
| CRF | 炭化罗纹棉织物 |
| CIF | 炭化双罗纹棉织物 |
| PAN | 聚丙烯腈 |
| NFF | 纳米纤维膜 |
| PNFF | 预氧化制备预氧化纳米纤维膜 |
| CNFF | 炭化聚丙烯腈纳米纤维复合膜 |
| CNFF/TPU | 炭化聚丙烯腈纳米纤维复合膜 / 热塑性聚氨酯 |
| CNFF-HSE | 柔性电子元件 |
| CNFF-HSE-900 | 炭化温度为 1 000 ℃的柔性电子元件 |
| MWCNT/PU | 多壁碳纳米管 / 聚氨酯 |
| FCF | 平面膜 |
| SCF-240 | 240 目砂纸结构导电膜 |
| CNT-1 | 单片式 |
| PCNT-2 | 并联两片式 |
| PCNT-3 | 并联三片式 |
| FFIF | 柔性可熔衬布 |
| FHF-TP | 温度感知柔性加热织物 |

# 参考文献

［1］ GU K, HA N, LI M, et al. Evolution of wearable devices with real-time disease monitoring for personalized healthcare ［J］. Nanomaterials, 2019, 9 (6): 813.

［2］ AMJADI MORTEZA, KYUNG KI-UK, PARK INKYU, et al. Stretchable, skin-mountable, and wearable strain sensors and their potential applications: A Review ［J］. Advanced Functional Materials, 2016, 26 (11): 1678-1698.

［3］ 章艳. 基于石墨烯的柔性可穿戴式传感器的制备及应用［D］. 重庆：重庆医科大学, 2020.

［4］ 付如民. 基于丙烯腈柔性压电材料的制备及其在可穿戴传感器上的应用［D］. 广州：华南理工大学, 2019.

［5］ 姜永涛. 基于脉搏波速法的可穿戴动态连续血压监护［D］. 上海：东华大学, 2010.

［6］ 新浪手机. 规模达到 1 500 亿美元 10 年后智能穿戴式市场的规模将扩大 5 倍［J/OI］. 可穿戴设备网. ［2016-07-12］. http: //wearable.ofweek.com.

［7］ HAN ST, PENG HY, SUN QJ, et al. An overview of the development of flexible sensors ［J］. Advanced Materials, 2017, 29 (33): 1700375.

［8］ CHEN J, ZHENG J, GAO Q, et al. Polydimethylsiloxane (PDMS)—Based flexible resistive strain sensors for wearable applications ［J］. Applied Sciences, 2018, 8 (3): 345-355.

［9］ XIONG Y, SHEN Y, TIAN L, et al. A flexible, ultra-highly sensitive and stable capacitive pressure sensor with convex microarrays for motion and health monitoring ［J］. Nano Energy. 2020, 70 (Issue C): 104436.

［10］ Li X, Li Y, Li X, et al. Highly sensitive, reliable and flexible piezoresistive pressure sensors featuring polyurethane sponge coated with MXene sheets ［J］. Journal of Colloid and Interface Science, 2019, 542: 54-62.

［11］ CHEN C, WANG Z, LI W, et al. Novel flexible material-based unobtrusive and wearable body sensor networks for vital sign monitoring ［J］. IEEE Sensors Journal, 2019, 19 (19SI): 8502-8513.

［12］ WANG R, XU W, SHEN W, et al. A highly stretchable and transparent silver nanowire/thermoplastic polyurethane film strain sensor for human motion monitoring ［J］. Inorganic Chemistry Frontiers, 2019, 6 (11): 3119-3124.

［13］ DING Y, XU T, ONYILAGHA O, et al. Recent advances in flexible and wearable pressure sensors based on piezoresistive 3D monolithic conductive sponges ［J］. ACS Applied Materials & Interfaces, 2019, 11 (7): 6685-6704.

［14］ XU F, LI X, SHI Y, et al. Recent developments for flexible pressure sensors: a review ［J］. Micromachines, 2018, 9 (10): 580.

［15］ 常胜男, 李津, 刘皓. 基于生物衍生材料的柔性应变/压力传感器的研究进展［J］. 材料导报, 2020, 34（19）: 19173-19182.

［16］ 范路洁. 基于木气凝胶的柔性压力传感器的研究［D］. 天津：天津工业大学, 2021.

［17］ WU Y H, LIU H Z, Chen S, et al. Channel crack-designed gold @PU sponge for highly elastic piezoresistive sensor with excellent detectability ［J］. ACS Applied Materials & Interfaces, 2017, 9 (23): 20098.

［18］ PAN L, CHORTOS A, YU G, et al. An ultra-sensitive resistive pressure sensor based on hollow-sphere microstructure induced elasticity in conducting polymer film ［J］. Nature Communications, 2014, 5: 3002.

［19］JIAN M, XIA K, Wang Q, et al. Flexible and highly sensitive pressure sensors based on bionic hierarchical structures［J］. Advanced Functional Materials, 2017, 27 (9): 1606066.

［20］张鹏，陈昱丞，张建，等. 基于双层微结构电极的柔性电容式压力传感器［J］. 仪表技术与传感器，2020（05）：11-17.

［21］LEE J, KWON H, SEO J, et al. Sensors: conductive fiber-based ultrasensitive textile pressure sensor for wearable electronics［J］. Advanced Materials, 2015, 27 (15): 2433-2439.

［22］PARK S W, DAS P S, CHHETRY A, et al. A flexible capacitive pressure sensor for wearable respiration monitoring system［J］. IEEE Sensors Journal, 2017, 17 (20): 6558-6564.

［23］ZHUO B, CHEN S, ZHAO M, et al. High sensitivity flexible capacitive pressure sensor using polydimethylsiloxane elastomer dielectric layer micro-structured by 3-D printed mold［J］. IEEE Journal of the Electron Devices Society, 2017, 5 (3): 219-223.

［24］赵程，蒋春燕，张学伍，等. 压电传感器测量原理及其敏感元件材料的研究进展［J］. 机械工程材料，2020，44（6）：93-98.

［25］WU W, WEN X, WANG Z L. Taxel-Addressable matrix of vertical-nanowire piezotronic transistors for active and adaptive tactile imaging［J］. Science, 2013, 340 (6135): 952-957.

［26］PERSANO L, DAGDEVIREN C, SU Y, et al. High performance piezoelectric devices based on aligned arrays of nanofibers of poly vinylidenefluoride-co-trifluoroethylene［J］. Nature Communications, 2013, 4: 1633.

［27］WANG Y R, ZHENG J M, REN G Y, et al. A flexible piezoelectric force sensor based on PVDF fabrics［J］. Smart Materials and Structures, 2011, 20: 045009.

［28］GAO J W, LU Q B, ZHENG L, et al. Flexible sensing technology for bioelectricity , Materials Reports, 2020, 34, (1).

［29］ACHARYA U R, SREE S V, SWAPNA G, et al. Automated EEG analysis of epilepsy: A review［J］. Knowl.-Based Syst., 2013, 45, 147-165.

［30］YAO S, ZHU Y. Nanomaterial-Enabled dry electrodes for electrophysiological sensing : A review［J］. JOM, 2016, 68 (4): 1-11.

［31］O'MAHONY C, PINI F, BLAKE A, et al. Microneedle-based electrodes with integrated through-silicon via for biopotential recording［J］. Sensors and Actuators A-Physical, 2012, 186 (SI): 130-136.

［32］HSU L, TUNG S, KUO C, et al. Developing barbed microtip-based electrode arrays for biopotential measurement［J］. Sensors, 2014, 14 (7): 12370-12386.

［33］LEI R, JIANG Q, CHEN K, et al. Fabrication of a micro-needle array electrode by thermal drawing for bio-signals monitoring［J］. Sensors, 2016, 16 (6): 908.

［34］BAEK J, AN J, CHOI J, et al. Flexible polymeric dry electrodes for the long-term monitoring of ECG［J］. Sensors and Actuators A-Physical, 2008, 143 (2): 423-429.

［35］FIEDLER P, PEDROSA P, GRIEBEL S, et al. Novel multipin electrode cap system for dry electroencephalography［J］. Brain Topography, 2015, 28 (5): 647-656.

［36］SONG Y, LEE H, KANG D, et al. Textile electrodes of jacquard woven fabrics for biosignal measurement［J］. Journal of the Textile Institute Proceedings & Abstracts, 2010, 101 (8): 758-770.

［37］YAPICI M K, ALKHIDIR T, SAMAD Y A, et al. Graphene-clad textile electrodes for electrocardiogram monitoring［J］. Sensors & Actuators B Chemical, 2015, 221: 1469-1474.

［38］GRISS P, ENOKSSON P, TOLVANEN-LAAKSO H K, et al. Micromachined electrodes for biopotential measurements［J］. Journal of Microelectr Omechanical Systems, 2001, 10 (1): 10-16.

［39］DIAS N S, CARMO J P, DA SILVA A F, et al. New dry electrodes based on iridium oxide (IrO) for non-invasive biopotential recordings and stimulation［J］. Sensors and Actuators A-Physical, 2010, 164 (1-2): 28-34.

［40］WANG Y, GUO K, PEI W, et al. Fabrication of dry electrode for recording bio-potentials［J］. Chinese Physics Letters, 2011, 28: 0107011.

［41］PATRICK G, TOLVANEN-LAAKSO H K, PEKKA M, et al. Characterization of micromachined spiked biopotential electrodes［J］. IEEE Trans Biomed Eng, 2002, 49 (6): 597-604.

［42］MATTEUCCI M, CARABALONA R, FABRIZIO E D, et al. Micropatterned dry electrodes for brain-computer interface［J］. Microelectronic Engineering, 2007, 84 (5-8): 1737-1740.

［43］CUI J, BIAN X, HE Z, et al. A 3D nano-resolution scanning probe for measurement of small structures with high aspect ratio [J]. Sensors & Actuators A Physical, 2015, 235: 187-193.

[44] CHEN Y, PEI W, Chen S, et al. Poly (3, 4-ethylenedioxythiophene) (PEDOT) as interface material for improving electrochemical performance of microneedles array-based dry electrode [J]. Sensors & Actuators B Chemical, 2013, 188 (11): 747-756.

[45] CHEN Y H, OP D B M, VANDERHEYDEN L, et al. Soft, comfortable polymer dry electrodes for high quality ECG and EEG recording [J]. Sensors, 2014, 14 (12): 23758-23780.

[46] SAKUMA J, ANZAI D, WANG J. Performance of human body communication-based wearable ECG with capacitive coupling electrodes [J]. Healthcare Technology Letters, 2016, 3 (3): 222.

[47] LEE S M, SIM K S, KIM K K, et al. Thin and flexible active electrodes with shield for capacitive electrocardiogram measurement [J]. Medical & Biological Engineering & Computing, 2010, 48 (5): 447.

[48] SONG W, LAI D, WANG F, et al. Evaluating the cold protective performance (CPP) of an electrically heated garment (EHG) and a chemically heated garment (CHG) in cold environments [J]. Fibers and Polymers, 2015, 16 (12): 2689-2697.

[49] LEE E, ROH J, KIM S, et al. User-centered interface design approach for a smart heated garment [J]. Fibers and Polymers, 2018, 19 (1): 238-247.

[50] BAI Y, LI H, GAN S, et al. Flexible heating fabrics with temperature perception based on fine copper wire and fusible interlining fabrics [J]. Measurement, 2018, 122: 192-200.

[51] SUN H, CHEN D, YE C, et al. Large-area self-assembled reduced graphene oxide/electrochemically exfoliated graphene hybrid films for transparent electrothermal heaters [J]. Applied Surface Science, 2018, 435: 809-814.

[52] ZHANG X F, LI D, LIU K, et al. Flexible graphene-coated carbon fiber veil/polydimethylsiloxane mats as electrothermal materials with rapid responsiveness [J]. International Journal of Lightweight Materials and Manufacture, 2019, 2 (3): 241-249.

[53] MA J, ZHAO Q, ZHOU Y, et al. Hydrophobic wrapped carbon nanotubes coated cotton fabric for electrical heating and electromagnetic interference shielding [J]. Polymer Testing, 2021, 100: 107240.

[54] FANG S, WANG R, NI H, et al. Thermal field distribution investigation and simulation of silver paste heating fabric by screen printing based on Joule heating effect [J]. Journal of Materials Science: Materials in Electronics, 2021, 32 (23): 27762-27776.

[55] YANG M, PAN J, XU A, et al. Conductive cotton fabrics for motion sensing and heating applications [J]. Polymers, 2018, 10 (6): 568.

[56] REPON M, MIKUČIONIENĖ D. Progress in flexible electronic textile for heating application: A critical review [J]. Materials, 2021, 14 (21): 6540.

[57] ZHANG X, WANG X, LEI Z, et al. Flexible MXene-decorated fabric with interwoven conductive networks for integrated joule heating, electromagnetic interference shielding, and strain sensing performances [J]. ACS applied materials & interfaces, 2020, 12 (12): 14459-14467.

[58] BAI Y, LI H, GAN S, et al. Flexible heating fabrics with temperature perception based on fine copper wire and fusible interlining fabrics [J]. Measurement, 2018, 122: 192-200.

[59] TIAN T, WEI X, ELHASSAN A, et al. Highly flexible, efficient, and wearable infrared radiation heating carbon fabric [J]. Chemical Engineering Journal, 2021, 417: 128114.

[60] JIN I S, CHOI J, JUNG J W. Silver-Nanowire-Embedded photopolymer films for transparent film heaters with ultra-flexibility, quick thermal response, and mechanical reliability [J]. Advanced Electronic Materials, 2021, 7 (2): 2000698.

[61] HA J H, SONG H, KIM H, et al. Flexible thin carbon nanotube web film for curved heating elements under high temperature conditions [J]. Journal of Nanoscience and Nanotechnology, 2021, 21 (3): 1809-1814.

[62] LIANG S, WANG H, Tao X. Conductive biomass films containing graphene oxide and cationic cellulose nanofibers for electric-heating applications [J]. Nanomaterials, 2021, 11 (5): 1187.

[63] JIA Y, SUN R, PAN Y, et al. Flexible and thin multifunctional waterborne polyurethane/Ag film for high-efficiency electromagnetic interference shielding, electro-thermal and strain sensing performances [J]. Composites Part B: Engineering, 2021, 210: 108668.

[64] GAO Q, PAN Y, ZHENG G, et al. Flexible multilayered MXene/thermoplastic polyurethane films with excellent electromagnetic interference shielding, thermal conductivity, and management performances [J]. Advanced Composites and Hybrid Materials, 2021, 4 (2): 274-285.

［65］ZHAO X, WANG L Y, TANG C Y, et al. Smart $Ti_3C_2T_x$ MXene fabric with fast humidity response and joule heating for healthcare and medical therapy applications［J］. ACS Nano, 2020, 14 (7): 8793−8805.

［66］JEERAPAN I, SEMPIONATTO J R, PAVINATTO A, et al. Stretchable biofuel cells as wearable textile-based self-powered sensors［J］. Journal of Materials Chemistry A, 2016, 4 (47): 18342−18353.

［67］BARIYA M, SHAHPAR Z, PARK H, et al. Roll-to-Roll gravure printed electrochemical sensors for wearable and medical devices［J］. ACS Nano, 2018, 12 (7): 6978−6987.

［68］MARTIN A, KIM J, KURNIAWAN J F, et al. Epidermal microfluidic electrochemical detection system: Enhanced sweat sampling and metabolite Detection［J］. ACS Sensors, 2017, 2 (12): 1860−1868.

［69］CHEN S, LIU S, WANG P, et al. Highly stretchable fiber-shaped e-textiles for strain/pressure sensing, full-range human motions detection, health monitoring, and 2D force mapping［J］. Journal of Materials Sicence, 2018.

［70］ZHOU B, ALTAMIRANO C, ZURIAN H. et al. Textile pressure mapping sensor for emotional touch detection in human-robot interaction［J］. Sensors , 2017, 17 (11): 2585.

［71］AMJADI M, KYUNG K-U, PARK I, et al. Stretchable, skin-mountable, and wearable strain sensors and their potential applications: a review［J］. Adv. Funct. Mater. , 2016, 26 (11): 1678−1698 .

［72］QIAN X, SU M, LI F, et al. Research progress in flexible wearable electronic sensors［J］.Acta Chimica Sinica, 2016, 74 (7): 565−575.

［73］CHANG S, LI J, HE Y, et al. Effects of carbonization temperature and substrate concentration on the sensing performance of flexible pressure sensor［J］. Applied Physics A, 2020, 126 (1): 1−10.

［74］CHANG S, LI J, HE Y , et al. A high-sensitivity and low-hysteresis flexible pressure sensor based on carbonized cotton fabric［J］. Sensors and Actuators A: Physical, 2019, 294: 45−53.

［75］ZHENG Y, LI Y, ZHOU Y, et al., High-performance wearable strain sensor based on graphene/cotton fabric with high durability and low detection limit［J］. ACS Appl. Mater. Interfaces, 2020, 12 (1): 1474−1485.

［76］HE Y, ZHAO L, WANG X, et al., Microstructured hybrid nanocomposites flexible piezoresistive sensor and its sensitivity analysis by mechanic finite-element simulation［J］. Nanotechnology, 2020, 31 (18): 185502.

［77］LU Y, HE Y, QIAO J, et al. Highly Sensitive interlocked piezoresistive sensors based on ultrathin ordered nanocone array films and their sensitivity simulation［J］. ACS Applied Materials & Interfaces, 2020, 12 (49): 55169−55180.

［78］赵利端.基于碳纳米管的柔性压阻传感器的制备与应用［D］.天津: 天津工业大学, 2020.

［79］常胜男.基于碳化棉织物的柔性压力传感器的研究［D］.天津: 天津工业大学, 2020.

［80］FALLEH R. Al, A. A. Al-Ghamdi, MAHMOUD W E . Piezoresistive behavior of graphite nanoplatelets based rubber nanocomposites［J］. Polymers for Advanced Technologies, 2012, 23 (3): 478−482.

［81］GÓMEZ C M, CULEBRAS M, CANTARERO A , et al. An experimental study of dynamic behaviour of graphite-polycarbonatediol polyurethane composites for protective coatings［J］. Applied Surface Science, 2013, 275: 295−302.

［82］WANG Z, LI S, WU Z. The fabrication and properties of a graphite nanosheet/polystyrene composite based on graphite nanosheets treated with supercritical water［J］. Composites Science & Technology, 2015, 112: 50−57.

［83］WANG L, DING T, PENG W. thin flexible pressure sensor array based on carbon black/silicone rubber nanocomposite［J］. IEEE Sensors Journal, 2009, 9 (9): 1130−1135.

［84］ZHANG S, ZHANG H, YAO G, et al. Highly stretchable, sensitive, and flexible strain sensors based on silver nanoparticles/carbon nanotubes composites［J］. Journal of Alloys and Compounds, 2015, 652: 48−54.

［85］CHEN S, GUO X. Improving the sensitivity of elastic capacitive pressure sensors using silver nanowire mesh electrodes［J］. IEEE Transactions on Nanotechnology, 2015, 14 (4): 619−623.

［86］HU L, HAN S K, LEE J Y, et al. Scalable coating and properties of transparent, flexible, silver nanowire electrodes.［J］. Acs Nano, 2010, 4 (5): 2955−2963.

［87］HE Y, MING Y, LI W, et al. Highly stable and flexible pressure sensors with modified multi-walled carbon nanotube/polymer composites for human monitoring［J］. Sensors, 2018, 18 (5): 1338.

［88］HE Y, LI W, YANG G L, et al. A novel method for fabricating wearable, piezoresistive, and pressure sensors based on modified-graphite/polyurethane composite films［J］. Materials, 2017, 10 (7): 684.

［89］何銮.微纳米碳材料柔性压阻传感器的研究及在智能服饰中的应用［D］.天津: 天津工业大学, 2018.

［90］金凡, 吕大伍, 张天成, 等.基于微结构的柔性压力传感器设计、制备及性能［J］.复合材料学报, 2021, 38 (10): 3133−3150.

［91］ 杨进，孟柯妤，王雪. 柔性压力传感技术及发展趋势［J］. 自动化仪表，2021，42（1）：1-9.

［92］ 李凤超，孔振，吴锦华，等. 柔性压阻式压力传感器的研究进展［J］. 物理学报，2021，70（10）：7-24.

［93］ PAŠTI IA, JANOŠEVIĆ LEŽAIĆ A, ĆIRIĆ-MARJANOVIĆ G.a, et al. Resistive gas sensors based on the composites of nanostructured carbonized polyaniline and Nafion［J］. Journal of Solid State Electrochemistry, 2016, 20 (11): 1-9.

［94］ XIAO P W, MENG Q, ZHAO L, et al. Biomass-derived flexible porous carbon materials and their applications in supercapacitor and gas adsorption［J］. Materials & Design, 2017, 129: 164-172.

［95］ CHAO, CHEN, RUI, et al. An efficient flexible electrochemical glucose sensor based on carbon nanotubes/carbonized silk fabrics decorated with Pt microspheres［J］. Sensors and Actuators, B. Chemical, 2018, 256: 63-70.

［96］ YANG C, LI L, ZHAO J, et al. Highly sensitive wearable pressure sensors based on three-scale nested wrinkling microstructures of polypyrrole films［J］. ACS Appl. Mater. Interfaces, 2020, 10 (30): 25811-25818.

［97］ SOURI H, BHATTACHARYYA D. Highly sensitive, stretchable and wearable strain sensors using fragmented conductive cotton fabric［J］. Journal of Materials Chemistry C, 2018, 6 (39): 10524-10531.

［98］ LIN L, LIU S, ZHANG Q, et al. Towards tunable sensitivity of electrical property to strain for conductive polymer composites based on thermoplastic elastomer［J］. ACSApplied Materials & Interfaces, 2013, 5 (12): 5815-5824.

［99］ DENG H, JI M, YAN, D, et al. Towards tunable resistivity-strain-behavior through construcion of oriented and selectively distributed conductive networks in conductive polymer composites［J］.Joumal of Matenals Chemistry A, 2014, 2 (26): 10048-10058.

［100］ RUI Z, HUA D, VALEN CA R, et al. Strain sensing behaviour of elastomeric composite films containing carbon nanotubes under cyclic loading［J］. Composites Science & Technology, 2013, 74: 1-5.

［101］ ZHANG Y, GUO X, WANG W, et al. Highly sensitive, low hysteretic and flexible strain sensor based on ecoflex-AgNWs-MWCNTs flexible composite materials［J］. IEEE Sensors Journal, 2020 (99): 1.

［102］ 许杰. 基于银纳米线的柔性薄膜压力传感器的研究［D］. 天津：天津工业大学，2017.

［103］ 李伟. 基于 AGNWS/PDMS 柔性拉伸应变传感器的研究［D］. 天津：天津工业大学，2018.

［104］ 彭军. 基于银纳米线和多壁碳纳米管的柔性可拉伸应变传感器研究［D］. 天津：天津工业大学，2019.

［105］ 高久伟，卢乾波，郑璐，等. 柔性生物电传感技术［J］. 材料导报，2020，34，（1）：1095-1106.

［106］ EUN, KWANG, LEE, et al. Skin-Mountable biosensors and therapeutics: A review.［J］. Annual Review of Biomedical Engineering, 2019, 21: 299-323.

［107］ YAO S, SWETHA P, ZHU Y. Nanomaterial-Enabled wearable sensors for healthcare［J］. Advanced Healthcare Materials, 2017, 7 (1): 1700889.

［108］ FU Y, ZHAO J, DONG Y, et al. Dry electrodes for human bioelectrical signal monitoring［J］.Sensors, 2020, 20, 13.

［109］ LIU H, TAO X, XU P, et al. A dynamic measurement system for evaluating dry bio-potential surface electrodes［J］. Measurement Journal of the International Measurement Confederation, 2013, 46 (6): 1904-1913.

［110］ HERSEK S, H TÖREYIN, TEAGUE C N, et al. Wearable vector electrical bioimpedance system to assess knee joint health［J］. IEEE Transactions on Biomedical Engineering, 2017 (10): 1.

［111］ DA S P S, HOSSAIN M F, PARK J Y. Chemically reduced graphene oxide-based dry electrodes as touch sensor for electrocardiograph measurement［J］. Microelectronic Engineering, 2017, 180: 45-51.

［112］ FONSECA C, F VAZ, BARBOSA M A. Electrochemical behaviour of titanium coated stainless steel by r.f. sputtering in synthetic sweat solutions for electrode applications［J］. Corrosion Science, 2004, 46 (12): 3005-3018.

［113］ MOTA A R, DUARTE L, RODRIGUES D, et al. Development of a quasi-dry electrode for EEG recording［J］. Sensors and Actuators A Physical, 2013, 199 (9): 310-317.

［114］ LIU L, MA M, TANG D, et al. Fabrication and characterization of moisture slow-releasing embroidered electrode and ECG monitoring belt［J］. Fibers and Polymers, 2020, 21 (12): 3000-3008.

［115］ SHAO L, GUO Y, LIU W, SUN T, WEI D, A flexible dry electroencephalogram electrode based on graphene materials［J］. Materials Research Express, 2019 (6): 085619.

［116］ JIN G J, UDDIN M J, SHIM J S. Biomimetic cilia-patterned rubber electrode using ultra conductive polydimethylsiloxane［J］. Advanced Functional Materials, 2018, 28 (50): 1804351.

［117］NIU X, WANG L, LI H, et al. Fructus xanthii-inspired low dynamic noise dry bioelectrodes for surface monitoring of ECG［J］. ACS Appl. Mater. Interfaces, 2022, 14: 6028−6038.

［118］LIU H, ZHU L, HE Y, et al. A novel method for fabricating elastic conductive polyurethane filaments by in-situ reduction of polydopamine and electroless silver plating［J］. Materials & Design, 2017, 113: 254−263.

［119］WANG Y, GUO K, PEI W H, et al. Fabrication of dry electrode for recording bio-potentials［J］. Chinese Physics Letters, 2011, 28: 010701.

［120］ODMAN S, OBERG P A. Movement-induced potentials in surface electrodes［J］. Medical & Biological Engineering & Computing, 1982, 20 (2): 159.

［121］ZHANG L, KUMAR K S, HE H, et al. Fully organic compliant dry electrodes self-adhesive to skin for long-term motion-robust epidermal biopotential monitoring［J］. Natural Communication, 2020, 11 (1): 13.

［122］WAN H, YIN H, LIN L, et al. Miniaturized planar room temperature ionic liquid electrochemical gas sensor for rapid multiple gas pollutants monitoring［J］. Sensors and Actuators B: Chemical, 2018, 255: 638−646.

［123］YIN H, MU X, LI H, et al. CMOS monolithic electrochemical gas sensor microsystem using room temperature ionic liquid［J］. IEEE Sensors Journal, 2018, 18 (19): 7899−7906.

［124］WANG N, KANHERE E, KOTTAPALLI A G P, et al. Flexible liquid crystal polymer-based electrochemical sensor for in-situ detection of zinc (II) in seawater［J］. Microchimica Acta, 2017, 184 (8): 3007−3015.

［125］CAGNANI G R, IBÁÑEZ-REDÍN G, TIRICH B, et al. Fully-printed electrochemical sensors made with flexible screen-printed electrodes modified by roll-to-roll slot-die coating［J］. Biosensors and Bioelectronics, 2020, 165: 112428.

［126］LI J, BO X. Laser-enabled flexible electrochemical sensor on finger for fast food security detection［J］. Journal of Hazardous Materials, 2021, 423(PA): 127014.

［127］LI R, QI H, MA Y, et al. A flexible and physically transient electrochemical sensor for real-time wireless nitric oxide monitoring［J］. Nature Communications, 2020, 11 (1): 3207.

［128］HUI X, SHARIFUZZAMAN M, SHARMA S, et al. High-Performance flexible electrochemical heavy metal sensor based on layer-by-layer assembly of $Ti_3C_2Tx$ /MWNTs nanocomposites for noninvasive detection of copper and zinc ions in human biofluids［J］. ACS Applied Materials & Interfaces, 2020, 12 (43): 48928−48937.

［129］MAZZARACCHIO V, TSHWENYA L, MOSCONE D, et al. A Poly (propylene imine) dendrimer and carbon black modified flexible screen printed electrochemical sensor for lead and cadmium co-detection［J］. Electroanalysis, 2020, 32 (12): 3009−3016.

［130］YANG Y, GAO W. Wearable and flexible electronics for continuous molecular monitoring［J］. Chemical Society Reviews, 2019, 48 (6): 1465−1491.

［131］KIM J, CAMPBELL A S, DE ÁVILA B E F, et al. Wearable biosensors for healthcare monitoring［J］. Nature Biotechnology, 2019, 37 (4): 389−406.

［132］LIN Y, BARIYA M, JAVEY A. Wearable biosensors for body computing［J］. Advanced Functional Materials, 2021, 31 (39): 2008087.

［133］PARK H, PARK W, LEE C H. Electrochemically active materials and wearable biosensors for the in situ analysis of body fluids for human healthcare［J］. NPG Asia Materials, 2021, 13 (1): 23.

［134］XU J, ZHANG Z, GAN S, et al. Highly stretchable fiber-based potentiometric ion sensors for multichannel real-time analysis of human sweat［J］. ACS Sensors, 2020, 5 (9): 2834−2842.

［135］MADDIPATLA D, SAEED T S, NARAKATHU B B, et al. Incorporating a novel hexaazatriphenylene derivative to a flexible screen-printed electrochemical sensor for copper ion detection in water samples［J］. IEEE Sensors Journal, 2020, 20 (21): 12582−12591.

［136］ZHANG H, SUN L, SONG C, et al. Integrated solid-state wearable sweat sensor system for sodium and potassium ion concentration detection［J］. Sensor Review, 2022, 42 (1): 76−88.

［137］POSSANZINI L, DECATALDO F, MARIANI F, et al. Textile sensors platform for the selective and simultaneous detection of chloride ion and pH in sweat［J］. Scientific Reports, 2020, 10 (1): 17180.

［138］BARIYA M, LI L, GHATTAMANENI R, et al. Glove-based sensors for multimodal monitoring of natural sweat［J］. Science Advances, 2020, 6 (35): 8308.

［139］DICULESCU V C, BEREGOI M, EVANGHELIDIS A, et al. Palladium/palladium oxide coated electrospun fibers for wearable sweat pH-sensors［J］. Scientific Reports, 2019, 9 (1): 8902.

［140］PADMANATHAN N, SHAO H, RAZEEB K M. Multifunctional nickel phosphate nano/microflakes 3D electrode for electrochemical energy storage, nonenzymatic glucose, and sweat pH sensors［J］. ACS Applied Materials & Interfaces, 2018, 10 (10): 8599−8610.

［141］OH S Y, HONG S Y, JEONG Y R, et al. Skin-Attachable, stretchable electrochemical sweat sensor for glucose and pH detection［J］. ACS Applied Materials & Interfaces, 2018, 10 (16): 13729−13740.

［142］HE W, WANG C, WANG H, et al. Integrated textile sensor patch for real-time and multiplex sweat analysis［J］. Science Advances, 2019, 5 (11): 0649.

［143］POOLAKKANDY R R, NEELAKANDAN A R, PUTHIYAPARAMBATH M F, et al. Nickel cobaltite/multi-walled carbon nanotube flexible sensor for the electrochemical detection of dopamine released by human neural cells［J］. Journal of Materials Chemistry C, 2022, 10 (8): 3048−3060.

［144］TENG H, SONG J, XU G, et al. Nitrogen-doped graphene and conducting polymer PEDOT hybrids for flexible supercapacitor and electrochemical sensor［J］. Electrochimica Acta, 2020, 355: 136772.

［145］PARK Y M, CHOI Y S, LEE H R, et al. Flexible and highly ordered nanopillar electrochemical sensor for sensitive insulin evaluation［J］. Biosensors and Bioelectronics, 2020, 161: 112252.

［146］GANGULY A, RICE P, LIN K C, et al. A combinatorial electrochemical biosensor for sweat biomarker benchmarking［J］. Slas Technology: Translating Life Sciences Innovation, 2020, 25 (1): 25−32.

［147］UPASHAM S, TANAK A, JAGANNATH B, et al. Development of ultra-low volume, multi-bio fluid, cortisol sensing platform［J］. Scientific Reports, 2018, 8 (1): 16745.

［148］DE Oliveira G C M, CAMARGO J R, VIEIRA N C S, et al. A new disposable electrochemical sensor on medical adhesive tape［J］. Journal of Solid State Electrochemistry, 2020, 24 (10): 2271−2278.

［149］RADHA SHANMUGAM N, MUTHUKUMAR S, CHAUDHRY S, et al. Ultrasensitive nanostructure sensor arrays on flexible substrates for multiplexed and simultaneous electrochemical detection of a panel of cardiac biomarkers［J］. Biosensors and Bioelectronics, 2017, 89: 764−772.

［150］BARFIDOKHT A, MISHRA R K, SEENIVASAN R, et al. Wearable electrochemical glove-based sensor for rapid and on-site detection of fentanyl［J］. Sensors and Actuators B: Chemical, 2019, 296: 126422.

［151］HAN Y, FANG Y, DING X, et al. A simple and effective flexible electrochemiluminescence sensor for lidocaine detection［J］. Electrochemistry Communications, 2020, 116: 106760.

［152］SILVA R R, RAYMUNDO-PEREIRA P A, CAMPOS A M, et al. Microbial nanocellulose adherent to human skin used in electrochemical sensors to detect metal ions and biomarkers in sweat［J］. Talanta, 2020, 218: 121153.

［153］MISHRA R K, SEMPIONATTO J R, LI Z, et al. Simultaneous detection of salivary Δ 9-tetrahydrocannabinol and alcohol using a wearable electrochemical ring sensor［J］. Talanta, 2020, 211: 120757.

［154］TAI L, GAO W, CHAO M, et al. Methylxanthine drug monitoring with wearable sweat sensors［J］. Advanced Materials, 2018, 30 (23): 1707442.

［155］WANG Z, SHIN J, PARK J, et al. Engineering materials for electrochemical sweat sensing［J］. Advanced Functional Materials, 2021, 31 (12): 2008130.

［156］DAVID JP, SHARON E, et al. The importance of acidification in atopic eczema: An underexplored avenue for treatment［J］. Journal of Clinical Medicine, 2015, 4 (5): 970−978.

［157］SCHMID-WENDTNER M H, KORTING H C. The pH of the skin surface and its impact on the barrier function.［J］. Skin Pharmacology and Physiology, 2006, 19 (6): 296−302.

［158］CYRINE, SLIM, et al. Polyaniline films based ultramicroelectrodes sensitive to pH［J］. Journal of Electroanalytical Chemistry, 2008, 612 (1): 53−62.

［159］JONES A M, CARTER H. The effect of endurance training on parameters of aerobic fitness［J］. Sports Medicine, 2000, 29 (6): 373−386.

［160］IMANI S, BANDODKAR A J, MOHAN A M V, et al. A wearable chemical-electrophysiological hybrid biosensing system for real-time health and fitness monitoring［J］. Nature Communications, 2016, 7: 11650.

［161］PAVINATTO, ADRIANA, IMANi, et al. Eyeglasses based wireless electrolyte and metabolite sensor platform［J］. Lab on a Chip, 2017, 17 (10): 1834−1842.

［162］BANDODKAR A J, JEERAPAN I, WANG J. Wearable chemical sensors: present challenges and future prospects［J］. ACS Sensors, 2016, 1 (5): 464−482.

［163］ZHANG X, YANG R, LI Z, et al. Electroanalytical study of infrageneric relationship of Lagerstroemia using glassy carbon electrode recorded voltammograms [J]. Revista Mexicana de Ingeniería Química, 2020, 19 (1): 281−291.

[164] FU L, WANG Q, ZHANG M, et al. Electrochemical sex determination of dioecious plants using polydopamine-functionalized graphene sheets [J]. Frontiers in Chemistry, 2020, 8: 92.

[165] ZHOU J, YIN H, CHEN J, et al. Electrodeposition of bimetallic NiAu alloy dendrites on carbon papers as highly sensitive disposable non-enzymatic glucose sensors [J]. Materials Letters, 2020, 273: 127912.

[166] TERSE-THAKOOR T, PUNJIYA M, MATHARU Z, et al. Thread-based multiplexed sensor patch for real-time sweat monitoring [J]. NPJ Flexible Electronics, 2020, 4 (1): 18.

[167] WANG S, BAI Y, YANG X, et al. Highly stretchable potentiometric ion sensor based on surface strain redistributed fiber for sweat monitoring [J]. Talanta, 2020, 214: 120869.

[168] KAZUO, AKAGI. Interdisciplinary chemistry based on integration of liquid crystals and conjugated polymers: development and progress [J]. Bulletin of the Chemical Society of Japan, 2019, 92 (9): 1509−1655.

[169] TANG H, DING Y, ZANG C, et al. Effect of temperature on electrochemical degradation of polyaniline [J]. International Journal of Electrochemical Science, 2014, 9 (12): 7239−7252.

[170] WA Marmisollé. Functionalization strategies of PEDOT and PEDOT: PSS films for organic bioelectronics applications [J]. Chemosensors, 2021, 9 (8): 212.

[171] WANG L, ZHANG Y, Yu J, et al. A green and simple strategy to prepare graphene foam-like three-dimensional porous carbon/Ni nanoparticles for glucose sensing [J]. Sensors and Actuators B Chemical, 2017, 239: 172−179.

[172] QIN L, HE L, ZHAO J, et al. Synthesis of Ni/Au multilayer nanowire arrays for ultrasensitive non-enzymatic sensing of glucose [J]. Sensors & Actuators B Chemical, 2017, 240: 779−784.

[173] DA RVISHI S, SOUISSI M, F Karimzadeh, et al. Ni nanoparticle-decorated reduced graphene oxide for non-enzymatic glucose sensing: An experimental and modeling study [J]. Electrochimica Acta, 2017, 240: 388−398.

[174] LIU Y, PANG H, WEI C, et al. Mesoporous ZnO-NiO architectures for use in a high-performance nonenzymatic glucose sensor [J]. Microchimica Acta, 2014, 181 (13−14): 1581−1589.

[175] CAO F, SHU G, MA H, et al. Nickel oxide microfibers immobilized onto electrode by electrospinning and calcination for nonenzymatic glucose sensor and effect of calcination temperature on the performance [J]. Biosensors & Bioelectronics, 2011, 26 (5): 2756−2760.

[176] LI X, HU A, JIANG J, et al. Preparation of nickel oxide and carbon nanosheet array and its application in glucose sensing [J]. Journal of Solid State Chemistry, 2011, 184 (10): 2738−2743.

[177] GUO M MAN, YIN X LE, ZHOU C HUI, et al. Ultrasensitive nonenzymatic sensing of glucose on Ni (OH)$_2$-coated nanoporous gold film with two pairs of electron mediators [J]. Electrochimica Acta, 2014, 142: 351−358.

[178] XIAO Q, WANG X, HUANG S. Facile synthesis of Ni (OH)$_2$ nanowires on nickel foam via one step low-temperature hydrothermal route for non-enzymatic glucose sensor [J]. Materials Letters, 2017, 198 (1): 19−22.

[179] LI Z, ZHANG J Q, SONG J F. Ni (II)-quercetin complex modified multiwall carbon nanotube ionic liquid paste electrode and its electrocatalytic activity toward the oxidation of glucose [J]. Electrochimica Acta, 2009, 54 (19): 4559−4565.

[180] MIAO Y, OUYANG L, ZHOU S, et al. Electrocatalysis and electroanalysis of nickel, its oxides, hydroxides and oxyhydroxides toward small molecules [J]. Biosensors & Bioelectronics, 2014, 53: 428−439.

[181] WARSI M F, SHAKIR I, SHAHID M, et al. Conformal coating of cobalt-nickel layered double hydroxides nanoflakes on carbon fibers for high-performance electrochemical energy storage supercapacitor devices [J]. Electrochimica Acta, 2014, 135: 513−518.

[182] FU R, LU Y, DING Y, et al. A novel non-enzymatic glucose electrochemical sensor based on CNF@Ni-Co layered double hydroxide modified glassy carbon electrode [J]. Microchemical Journal, 2019, 150: 104106.

[183] SHAO M, XU X, HAN J, et al. Magnetic-field-assisted assembly of layered double hydroxide/metal porphyrin ultrathin films and their application for glucose sensors. [J]. Langmuir, 2011, 27 (13): 8233−8240.

[184] CAO F, WANG Z, CHEN Y, et al. Cellular Ni sheet created by a simple oxidation-reduction process for enhanced supercapacitor performance [J]. Journal of Alloys and Compounds, 2017, 711: 287−293.

［185］ WEI Y, DAN W, BOTTE G G. Nickel and cobalt bimetallic hydroxide catalysts for urea electro-oxidation［J］. Electrochimica Acta, 2012, 61: 25−30.

［186］ DING YYU , WANG Y, SU L, et al. Electrospun $Co_3O_4$ nanofibers for sensitive and selective glucose detection ［J］. Biosensors & Bioelectronics, 2011, 26 (2): 542−548.

［187］ 陈康. 金属镍、氧化镍复合石墨烯催化材料的制备及其在葡萄糖检测中的应用［D］. 太原：太原理工大学，2019.

［188］ NASR-ESFAHANI P, ENSAFI A A, REZAEI B. MWCNTs/ionic liquid/ graphene quantum dots nanocomposite coated with nickel-cobalt bimetallic catalyst as a highly selective non-enzymatic sensor for determination of glucose［J］. Electroanalysis, 2018.

［189］ KANNAN P, MAIYALAGAN T, MARSILI E, et al. Hierarchical 3−dimensional nickel-iron nanosheet arrays on carbon fiber paper as a novel electrode for non-enzymatic glucose sensing［J］. Nanoscale, 2015, 8.

［190］ HJJ A, AS A, HSJ C, et al. Highly sensitive non-enzymatic wireless glucose sensor based on Ni−Co oxide nanoneedle-anchored polymer dots［J］. Journal of Industrial and Engineering Chemistry, 2020, 89: 485−493.

［191］ HUANG W, CAO Y, CHEN Y, et al. Fast synthesis of porous $NiCo_2O_4$ hollow nanospheres for a high-sensitivity non-enzymatic glucose sensor［J］. Applied Surface Science, 2017, 396 (1): 804−811.

［192］ YUE Z A, NA L A, YX A, et al. A flexible non-enzymatic glucose sensor based on copper nanoparticles anchored on laser-induced graphene［J］. Carbon, 2020, 156: 506−513.

［193］ HAO L, XIN W, JIN L, et al. Fabrication and characterization of nano — SiC/thermoplastic polyurethane hybrid heating membranes based on fine silver filaments［J］. Journal of Applied Polymer Science, 2015, 132 (8).

［194］ 倪海粟. 基于碳化棉织物的柔性加热元件和传感元件的研究［D］. 天津：天津工业大学，2021.

［195］ 杨颖. 基于碳化聚丙烯腈纳米纤维膜的加热及传感性能研究［D］. 天津：天津工业大学，2022.

［196］ 王探宇. 基于碳纳米管膜的压力感知柔性加热织物的制备与应用［D］. 天津：天津工业大学，2022.

［197］ BAI Y, LI H, GAN S, et al. Flexible heating fabrics with temperature perception based on fine copper wire and fusible interlining fabrics［J］. Measurement, 2018, 122: 192−200.

［198］ CHEN H, SU Z, SONG Y, et al. Omnidirectional bending and pressure sensor based on stretchable CNT-PU sponge［J］. Advanced Functional Materials, 2017, 27 (3): 1604434.

［199］ ZHOU G, BYUN J H, OH Y, et al. Highly sensitive wearable textile-based humidity sensor made of high-strength, single-walled carbon nanotube/poly (vinyl alcohol) filaments［J］. ACS Appl Mater Interfaces, 2017, 9 (5): 4788−4797.

［200］ HE Z, ZHOU G, BYUN J, et al. Highly stretchable multi-walled carbon nanotube/thermoplastic polyurethane composite fibers for ultrasensitive, wearable strain sensors［J］. Nanoscale, 2019, 11 (13): 5884−5890.

［201］ TAO L, ZHANG K, TIAN H, et al. Graphene-Paper pressure sensor for detecting human motions［J］. ACS Nano, 2017, 11 (9): 8790−8795.

［202］ LIU H, DONG M, HUANG W, et al. Lightweight conductive graphene/thermoplastic polyurethane foams with ultrahigh compressibility for piezoresistive sensing［J］. Journal of Materials Chemistry C, 2017, 5 (1): 73−83.

［203］ HANIFF M A S M, HAFIZ S M, HUANG N M, et al. Piezoresistive effect in plasma doping of graphene sheet for high-performance flexible pressure sensing application［J］. ACS Applied Materials & Interfaces, 2017, 9 (17): 15192−15201.

［204］ PARK H, KIM J W, HONG S Y, et al. Microporous polypyrrole-coated graphene foam for high-performance multifunctional sensors and flexible supercapacitors［J］. Advanced Functional Materials, 2018, 28 (33): 1707013.

［205］ LUO D, SUN H, LI Q, et al. Flexible sweat sensors: From films to textiles［J］. ACS Sensors, 2023, 8 (2): 465−481.